面向新工科普通高等教育系列教材

U0182311

信号与系统

华宇宁　梁　英　国一兵　李　环　编著

机械工业出版社

本书系统地阐述了确定信号与线性非时变系统的基本概念、理论和分析方法。利用类比的方法循序渐进地介绍了本课程从信号到系统、从连续到离散、从时域到变换域的基本内容。全书共 6 章，内容包括：信号与系统基础知识；连续时间系统的时域分析；连续时间信号与系统的频域和复频域分析；离散时间系统的时域分析；离散时间信号与系统的 z 域分析。书中采用二维码技术，实现关键知识点的动态演示，可进一步加强学生对抽象理论知识的理解。书中每章配有大量的例题、难点和重点的解释与分析以及章后习题，并且每节都安排有对应知识点的课堂练习题，便于学生自学和教师授课。

本书可作为高等院校通信工程、电子信息工程、测控技术与仪器、自动化、计算机等相关专业的本科生及成人自学者的教材、教学参考书和考研用书，也可作为相关工程技术人员的参考资料。

本书配有电子教案、仿真实验素材、习题参考答案等电子资源，需要的读者可登录 www.cmpedu.com 免费注册，审核通过后下载，或联系编辑索取（微信：15910938545，电话：010-88379739）。

图书在版编目（CIP）数据

信号与系统/华宇宁等编著．—北京：机械工业出版社，2022.2
（2025.1 重印）
面向新工科普通高等教育系列教材
ISBN 978-7-111-70044-9

Ⅰ.①信… Ⅱ.①华… Ⅲ.①信号系统-高等学校-教材
Ⅳ.①TN911.6

中国版本图书馆 CIP 数据核字（2022）第 013423 号

机械工业出版社（北京市百万庄大街 22 号 邮政编码 100037）
策划编辑：尚 晨 责任编辑：尚 晨 秦 菲
责任校对：张艳霞 责任印制：张 博
北京雁林吉兆印刷有限公司印刷
2025 年 1 月第 1 版第 4 次印刷
184mm×260mm·15.5 印张·399 千字
标准书号：ISBN 978-7-111-70044-9
定价：69.00 元

电话服务   网络服务
客服电话：010-88361066   机 工 官 网：www.cmpbook.com
          010-88379833   机 工 官 博：weibo.com/cmp1952
          010-68326294   金 书 网：www.golden-book.com
封底无防伪标均为盗版   机工教育服务网：www.cmpedu.com

前　言

"信号与系统"是电子信息、通信工程、测控技术与仪器、自动控制、电气工程等电类专业的一门重要专业基础课，主要研究信号与线性系统分析的基本概念、原理、方法与工程应用，在教学计划中起着承前启后的作用。它一方面以"高等数学""工程数学""电路分析基础"等课程为基础，另一方面又是后续"数字信号处理""通信原理""自动控制原理"等专业课程的基础，也是学生将来从事专业技术工作的重要理论基础。

"信号与系统"的主要内容是传统经典的，现有的经典教材注重教学内容的严谨、完美，且加有不少相关专业的内容。在实际教学过程中，一方面授课学时有限，很难将教材的全部内容讲授完整；另一方面还要顾及高校不断扩招后，地方院校本科学生的基础情况。本书的编写目的是通过精选课程的基本内容，删繁就简，使学生尽快掌握本课程的基本概念、基本理论和基本方法。

本书的特点体现在如下几个方面：

1）在教材内容上，以基本原理和基本方法为主导，以三大变换为主线，删除部分与后续专业课相重叠的内容，突显其在通信、控制、电子信息等专业基础方面的地位与作用。

2）在教材组织上，采用先信号后系统、先连续后离散、先时域后变换域，利用类比的方法，循序渐进，注重难点和重点的解释和分析，在保证知识结构完整和内容全面的基础上，尽可能减少公式、性质的推导，避免了一些复杂而烦琐的计算，重在培养学生应用信号与系统的分析、处理方法解决实际问题的能力。

3）在教材的讲解中，穿插了较多的例题用以强化学生对基本概念和原理的理解和掌握。每节配有适当的练习题，以选择和判断为主，主要用于课堂练习。习题的题型与教学内容紧密结合，难易适中，对一些绝大多数高等院校不常涉及的内容，酌情进行调整，以适应现今的教学要求。

4）本书在适当的位置嵌入了二维码，学生可以通过扫描各章节中的二维码，获取相关知识点的动态演示过程，这种可视化的仿真过程很好地将抽象的概念转变为形象、生动、直观的图形显示，从而大大增强了学生对抽象理论知识的理解，提高学生主动学习和继续探索的内在动力。

5）本书提供了基于 LabVIEW 的信号与系统虚拟仿真实验系统及仿真实验教程。学生在理论学习的基础上，通过自主研发的虚拟仪器实验平台，可相继完成三类不同层次的实验内容：基于教学的基础性实验、综合设计性实验和工程应用实例。该实验平台能够有效地提升学生的学习兴趣，引导学生把理论知识与实际相结合。受本书篇幅所限，读者可以免费索取配套的虚拟仪器仿真实验系统和相关实验教程。

本书适合通信工程、电子信息工程、测控技术与仪器、自动化、计算机科学等相关专业。具体实施可根据专业要求对内容进行取舍，建议学时数为 40～72。

本书第 1、2 章由华宇宁执笔；第 3、4 章由国一兵执笔；第 5、6 章由梁英执笔；随书附赠的基于 LabVIEW 的信号与系统虚拟仿真实验系统及仿真实验教程由华宇宁、李环共同开发和执笔。华宇宁负责全书统稿。此外，在本书的编辑和出版过程中，得到了机械工业出版社的帮助与支持，在此表示诚挚的感谢；还要感谢本书参考文献中的诸位作者，他们的编写理念与思想，对本书的编者很有启发。

由于编者水平有限，书中难免有不足之处，请广大读者批评指正。

编　者

目 录

第1章 信号与系统基础知识

"信号与系统"的理论和分析方法，已经广泛应用到各个科学技术领域之中，如雷达、通信、语音、图像、石油、医学、生物学等。那么，什么是信号？什么是系统？又为什么把信号与系统联系在一起？本章将逐一解答。

本章首先介绍信号与系统的基本概念、信号的描述和分类以及信号与系统分析中常用的典型信号，详细阐述阶跃信号、冲激信号及其特性；在此基础上，介绍信号的基本运算和分解；然后介绍系统的描述与分类，重点讨论线性非时变系统的特性；最后概述线性非时变系统的分析方法，并对虚拟仪器仿真实验进行介绍。

1.1 信号与系统概述

1. 信号的概念

在日常生活中，人们几乎每时每刻都与各种各样的信号打交道。例如，上课的铃声就是一种信号，汽车的喇叭声也都是一种信号，这些是声信号；交通红绿灯是一种信号，是光信号；收音机和电视机从天线接收到的电磁波是一种信号，电路的输入、输出电压或电流也是信号，这些是电信号。无论是声信号、光信号、电信号，还是其他形式的信号，它们都有两个共同特点：其一，它们本身都是一种变化着的物理量；其二，它们都包含一定意义，这些意义统称为信息。例如，上课的铃声信号，表示上课时间到了的信息；交通红绿灯指示车辆允许通过或禁止通过的信息，等等。因此可以说，信号就是载有一定信息的一种变化着的物理量。信号是信息的表现形式，信息则是信号的具体内容。

自古以来，人们就在不断地寻求各种方法以实现信息的传输。比如我国古代利用烽火台的狼烟传送警报，用击鼓鸣金传达命令等。然而，这些方法在距离、速度、有效性与可靠性等方面，都有诸多不足。19世纪初，人们开始研究利用电信号进行信息的传输，1837年，莫尔斯（S. F. B. Morse）发明了电报，使用点、划、空适当组合的代码表示字母和数字，这种代码称为莫尔斯电码。1876年，贝尔（A. G. Bell）发明了电话，直接将语音信号转变为电信号沿导线传送。19世纪末，赫兹（H. R. Hertz）、波波夫（A. C. ПоПоB）、马可尼（G. Marconi）等人研究用电磁波传送无线电信号问题。1901年，马可尼成功地实现了横跨大西洋的长距离无线电通信。电信号在信息传播中，具有传播速度快、传播方式多等显著的优点，因此，传输电信号的通信方式得到了广泛的应用与迅速发展。现在，电话、无线电广播、电视、网络等利用电信号的通信方式，已成为人们日常生活中不可缺少的内容和手段。还要指出，电信号与许多非电信号之间可以比较方便地进行相互转换。实际中的许多非电物理量如声音、图像、温度、压力等都可以转换成电信号进行传输和处理，经传输后在接收端再将电信号还原成原始的消息。

本书只研究电信号的特性和分析方法。所谓电信号一般指载有信息的随时间而变化的电量，以后简称为信号。最常用的电信号有电压、电流，也可以是电容上的电荷、线圈中的磁通等。

2. 系统的概念

所谓系统是指由若干相互作用和相互依赖的单元组成的，具有某种特定功能的整体。系统的含义很广泛，可以是自然系统也可以是人工系统，可以是物理系统也可以是非物理系统。太阳系、生态系统和动物神经组织等是自然系统；计算机网、交通运输网和水利灌溉网等是人工系统。通信系统、电力系统、机械系统属于物理系统；经济组织、生产管理等则属于非物理系统。构成系统的单元可小可大，可简可繁。一只电阻和一只电容可以构成具有一定微分或积分功能的简单系统；将通信系统、控制系统、计算机系统与指挥系统共同组合而成一个繁杂的整体，可以构成一个宇宙航行的综合系统。

在"信号与系统"课程中研究的系统一般是电系统，它是由电阻、电感、电容等元件组成，具有某种功能（比如微分、积分、放大以及信号的处理、传输等）的整体。通常，电系统的主要部件包括大量的、多种类的电路。电路亦称为网络，当研究一般性的抽象规律时往往用网络一词，而讨论一些指定的具体问题时常称之为电路。在电子技术领域中，"系统""电路""网络"三个名词在一般情况下常常通用。

3. 信号与系统的关系

信号与系统是相互依赖的。信号一般由系统产生、发送、传输与接收，离开系统没有孤立存在的信号；同样，系统也离不开信号，系统的重要功能就是对信号进行加工、变换与处理。没有信号，系统就没有存在的意义。因此在实际应用中，信号与系统必须成为相互依赖的整体，才能实现信号与系统各自的功能。

一般来说，系统的基本功能就是对输入信号进行某种加工或变换产生一个输出信号，因此系统还可以看作是信号的变换器或处理器。通常系统可以用图 1-1 所示的框图来表示。

系统的输入信号 $e(t)$ 又称为激励，系统的输出信号 $r(t)$ 又称为响应。输入信号 $e(t)$ 经过系统变换成另一个输出信号 $r(t)$。

图 1-1 系统的框图表示

为了叙述和书写简便，激励 $e(t)$ 经过系统产生响应 $r(t)$，也常表示为

$$e(t) \rightarrow r(t)$$

或

$$r(t) = H[e(t)]$$

式中，$H[\cdot]$ 表示系统的特性。

信号的自变量可以是连续时间变量 t，也可以是离散变量 n，对应的信号就是连续时间信号和离散时间信号，对应的系统就是连续时间系统和离散时间系统。

4. 信号与系统的应用举例

信号与系统理论的应用已经深入人们生活和工作的许多领域。在通信领域，信号与系统的理论，可用于实现信号的传输、滤波、调制、复用等技术；在生物医学工程领域，可以更好地描述系统，如生物神经系统中神经元的等效电路就是以非线性系统描述的，从而使该类系统能实现计算机分析与仿真；在控制领域，信号与系统分析中的系统函数，可以有效地分析和控制系统的传输性和稳定性，以保证系统稳定、快速响应。在信号处理领域，信号与系统的时域和变换域分析方法用以实现信号的去噪、恢复、检测、谱分析等。总之，信号与系统理论和分析方法已经成为人们生活和工作中不可或缺的理论基础。下面再举两个应用实例。

图 1-2 是生物医学信号处理应用举例，其上图是体表检测人体心电信号的波形，这个信号中混杂着多种噪声干扰。为了得到不失真的原始心电信号，可以通过信号处理技术对信号进行

滤波处理，下面的图是经过滤波处理滤除了噪声后的心电信号波形。

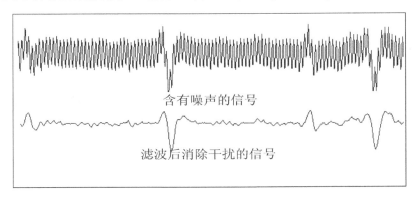

图 1-2　生物医学信号处理

　　图 1-3 所示为无线电广播系统的例子。在这个系统中，广播电台播音员的声信号经传声器（转换器Ⅰ）转变成电信号，这个电信号是一个低频的电信号。要把这个低频的电信号发射出去，必须经发射机调制。发射机能够产生一种反映上述信号变化的、便于传播的高频电信号。然后，高频电信号通过天线转换为电磁波发射出去。电磁波在空间自由传播，在接收端，接收天线捕获在空间自由传播的电磁波，把它变成高频电信号送至接收机。接收机的作用正好与发射机相反，它能把高频电信号解调，恢复出原来的低频电信号。最后，这个低频电信号通过扬声器（转换器Ⅱ）转化成播音员的声信号。这个信息传输过程可以用图 1-3 所示的框图表示。这个框图也表示了一般通信系统的组成，所以一个通信系统的工作，主要包括信号的转换、信号的处理和信号的传输，有时还要对信号进行监测。

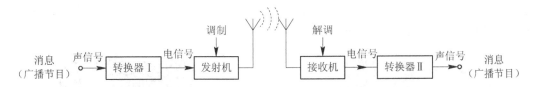

图 1-3　无线电广播系统的组成

　　以上两例是信号处理和信息传输的例子，由此可以看出，信号与系统的基本理论和基本分析方法是检测、通信、控制、计算机等学科研究和学习所必须具备的知识基础。

1.2　信号的描述与分类

1.2.1　信号的描述

　　所谓信号的描述，就是如何表示信号。信号的描述有多种方式，一般最常用的信号表示方式有如下三种。

1. 函数表达式

　　如前所述，信号是随时间变化的物理量，那么信号就可以用时间函数来描述，在数学上就可以表示为一个或多个变量的函数。本书用 $f(t)$ 表示连续时间信号。

例如，下面是一正弦信号和单边指数信号的函数表达式。

（1） $f(t) = A\sin t$

（2） $f(t) = \begin{cases} 0 & t < 0 \\ \mathrm{e}^{-\frac{t}{\tau}} & t \geqslant 0 \end{cases}$

2. 信号的波形

信号随时间 t 变化的情况，还可以用波形来描述。例如上述正弦信号和单边指数信号的波形如图1-4所示。

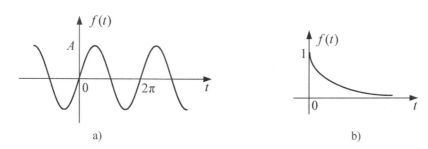

图1-4　正弦信号波形与单边指数信号波形

a）正弦信号　b）单边指数信号

信号随时间变化的波形曲线可以通过仪器观测到。图1-5是利用 LabVIEW 编程，用计算机声卡采集的语音信号波形。

3. 信号的频谱

对信号进行频域分析可以得到信号频域中的表达式，进而得到信号的频谱图，频谱图反映信号随频率的变化情况。图1-6是利用 LabVIEW 编程，用声卡采集的语音信号频谱图。关于信号频谱的内容会在第3章详细介绍。

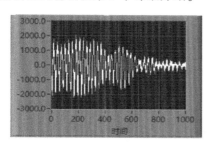

图1-5　语音信号波形

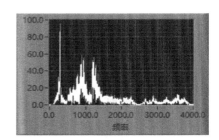

图1-6　语音信号频谱图

利用 LabVIEW 编程实现的语音信号的实时采集和频谱演示可扫描二维码1-1观看。

为了便于讨论，本书中的信号和函数两个名词通用，不予区分。例如正弦信号也称为正弦函数。

1-1　语音信号及频谱

1.2.2　信号的分类

信号的形式多种多样，种类很多，从不同的角度可以有不同的分类方法，常用的有如下几种分类。

1. 确定信号与随机信号

按照信号是否能用确定的时间函数表示，可以把信号分为确定信号与随机信号。

确定信号是指能够用确定的时间函数表示的信号，也称规则信号。其在定义域内任意时刻都有确定的函数值，例如正弦信号、指数信号、直流信号和各种周期信号等都是确定信号。

随机信号也称为不确定信号，它不能给出确切的函数表达式，只能知道它的统计特性，如在某时刻取某一数值的概率。在信号传输过程中遇到的干扰和噪声都是随机信号。图 1-7 所示为确定信号与随机信号的波形示例。

噪声信号波形示例演示可扫描二维码 1-2 观看。

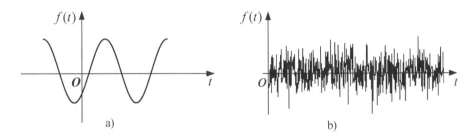

图 1-7　确定信号与随机信号波形示例
a）确定信号　b）随机信号

一般来说，现实中的信号都具有某种不确定性，如果传输的信号都是确定信号，接收者就接收不到新的信息。但确定信号与随机信号有着密切的联系，确定信号作为理想化的信号，其基本理论和分析方法是研究随机信号的基础。本书只研究确定信号。

2. 周期信号与非周期信号

按照函数值是否具有重复性，确定信号又可以分为周期信号和非周期信号。

周期信号是每隔一个固定的时间间隔重复变化、无始无终的信号。一般表示为

$$f(t) = f(t+nT) \quad n = 0, \pm 1, \pm 2, \cdots \tag{1-1}$$

其中，T 为周期信号的周期，即最小重复时间间隔。

非周期信号在时间上不具有重复性。若令周期信号的重复周期 T 趋于无穷大，则周期信号就成为非周期信号。如图 1-8 所示，周期为 T 的矩形脉冲信号，当 $T \to \infty$ 时，$f(t)$ 就变为单个矩形脉冲信号。

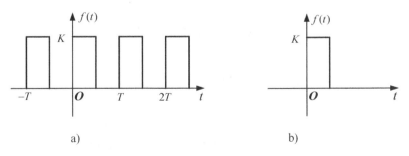

图 1-8　周期信号与非周期信号波形示例
a）周期信号　b）非周期信号

3. 连续时间信号与离散时间信号

按照函数的时间变量 t 取值是否连续，信号可以划分为连续时间信号和离散时间信号。

连续时间信号是指自变量 t 取值是连续的信号，其在所讨论的时间范围内（除若干不连续点外），对于任意时间值都有确定的函数值与之对应，通常用 $f(t)$ 表示。连续时间信号也简称为连续信号。连续时间信号的幅值可以是连续的，也可以是离散的。如图 1-9a、b 均为连续时间信号。

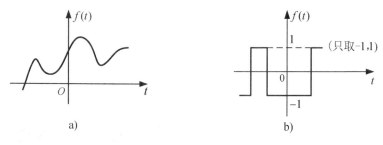

图1-9 连续时间信号示例

离散信号也称为序列，其时间自变量是离散的，通常设为整数，用 n 表示。离散信号只在某些不连续的时间点上给出函数值，其他时间没有定义，通常用 $x(n)$ 表示。如图 1-10 所示为离散时间信号。

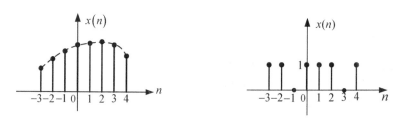

图1-10 离散时间信号示例

这里再区分几个常用信号名词：模拟信号、抽样信号和数字信号，如图 1-11 所示。

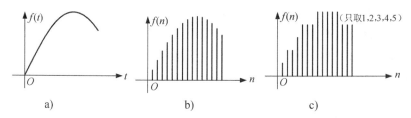

图1-11 模拟信号、抽样信号和数字信号
a）模拟信号 b）抽样信号 c）数字信号

模拟信号：时间变量和函数值均为连续的信号。在实际应用中，对模拟信号和连续信号两名词往往不予区分。

抽样信号：时间变量为离散的，函数值为连续的信号。抽样信号是从连续信号中每隔一定时间抽取的一系列离散样值而得到的信号，抽样信号属于离散信号。

数字信号：时间变量和函数值均为离散的信号。抽样信号的函数值再经过量化可以得到相应的数字信号。

【例1-1】 判断下列波形是连续时间信号还是离散时间信号，若是离散时间信号是否为数字信号?

解: 图1-12a所示信号的时间变量和函数值均为连续的，所以它是连续信号。图1-12b所示信号时间变量为离散的，函数值为连续的，它是离散信号，同时也是抽样信号。图1-12c所示时间变量为离散的，幅值也是离散的，它是离散信号也是数字信号。

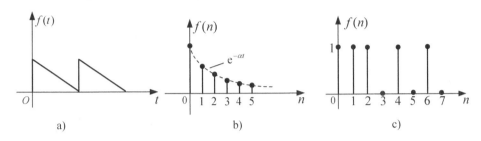

图1-12 例1-1题图

4. 能量信号和功率信号

按能量特点来划分，信号通常分为能量信号和功率信号。

如果把信号$f(t)$看作随时间变化的电压或电流，则当信号$f(t)$通过1Ω电阻时，信号在时间间隔$-T/2 \leqslant t \leqslant T/2$内所消耗的能量称为归一化能量，即

$$E = \lim_{T \to \infty} \int_{-T/2}^{T/2} |f(t)|^2 \mathrm{d}t \tag{1-2}$$

而在上述时间间隔$-T/2 \leqslant t \leqslant T/2$内的平均功率称为归一化功率，即

$$P = \lim_{T \to \infty} \frac{1}{T} \int_{-T/2}^{T/2} |f(t)|^2 \mathrm{d}t \tag{1-3}$$

通常若信号的归一化能量为非零有限值，而归一化功率为零，即$0 < E < \infty$，$P = 0$，则信号称为能量有限信号，简称能量信号。此类信号只能从能量角度去加以研究，而无法从功率角度去研究。非周期信号、单脉冲信号、只存在于有限时间内的信号属于能量信号。

如果信号的归一化功率为非零有限值，即$0 < P < \infty$，而信号的归一化能量为无穷大，则称此信号为功率有限信号，简称功率信号。此类信号只能从平均功率角度去研究，而无法从能量角度去研究。直流信号和周期信号都是功率信号。

如果信号的能量E趋于无穷大，且功率P趋于无穷大，则其为非能量非功率信号，例如信号$\mathrm{e}^{-\alpha t}$。也就是说，一个信号不可能既是能量信号又是功率信号，但可能既不是能量信号又不是功率信号。

5. 因果信号与非因果信号

按信号所存在的时间范围，可以把信号分为因果信号与非因果信号。

将$t \geqslant 0$接入系统的信号（即当$t < 0$时，信号$f(t) = 0$），称为因果信号。反之，若$t < 0$时不等于零的信号，则称为非因果信号。

课堂练习题

1.2-1 下列信号的分类方法不正确的是 （　）

A. 数字信号和离散信号

B. 确定信号和随机信号

C. 周期信号和非周期信号

D. 因果信号和非因果信号

1.2-2 关于题图 1.2-1 信号 $x(t)$，下列描述不正确的是 （　　）

A. 该信号是连续信号　　　　　　　B. 该信号是能量信号

C. 该信号是奇异信号　　　　　　　D. 该信号是周期信号

1.2-3 下列叙述正确的是 （　　）

A. 各种数字信号都是离散信号　　　B. 各种离散信号都是数字信号

C. 数字信号的幅度只能取 1 或 0　　D. 将模拟信号抽样直接可得数字信号

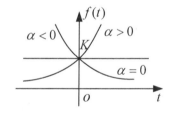

题图 1.2-1

1.2-4 信号 $f(t) = 3\cos(4t + \pi/3)$ 的周期是 （　　）

A. 2π　　　　　B. π　　　　　C. $\pi/2$　　　　　D. $\pi/4$

1.3 典型信号

下面给出一些典型连续时间信号的表达式及其波形，后面会常用到这些信号。对于典型信号将分两类介绍：常用连续信号和奇异信号。

典型信号的波形演示可扫描二维码 1-3 观看。

1-3 典型信号
波形

1.3.1 常用连续信号

1. 指数信号

在信号与系统分析中，指数信号是最常用的基本信号之一，它的函数表达式为

$$f(t) = Ke^{\alpha t} \tag{1-4}$$

式中，α 是实数。若 $\alpha > 0$，$f(t)$ 随时间增长；若 $\alpha < 0$，$f(t)$ 随时间衰减。若 $\alpha = 0$，$f(t) = K$ 是一常数，称为直流信号。常数 K 表示信号在 $t = 0$ 时的初始值。指数信号的波形如图 1-13 所示。

$|\alpha|$ 的绝对值大小反映信号随时间增长或衰减的快慢。通常把 $|\alpha|$ 的倒数称为指数信号的时间常数。记作 τ，即 $\tau = 1/|\alpha|$，τ 越大，指数信号增长或衰减的速率越慢。

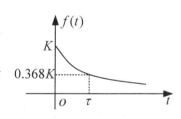

图 1-13 指数信号波形

实际中，遇到较多的是单边衰减指数信号，其波形如图 1-14 所示，表达式为

$$f(t) = \begin{cases} Ke^{-\frac{t}{\tau}} & t \geq 0 \\ 0, & t < 0 \end{cases} \tag{1-5}$$

在 $t = 0$ 时，$f(0) = K$；当 $t = \tau$ 时，$f(\tau) = \dfrac{K}{e} = 0.368K$。即经过时间 τ，信号衰减为原初始值的 36.8%。

指数信号的特点是它对时间的微分和积分仍然是指数形式。

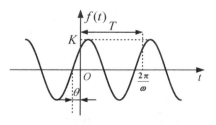

图 1-14 单边指数信号波形

2. 正弦信号

正弦信号和余弦信号仅在相位上相差 $\dfrac{\pi}{2}$，一般统称为正弦信号。其表达式为

$$f(t) = K\sin(\omega t + \theta) \tag{1-6}$$

其中，K 为振幅，ω 为角频率，θ 为初相位。这三个量是正弦信号的三要素。其波形如图 1-15 所示。

图 1-15 正弦信号波形

正弦信号的周期为 T，T 与角频率 ω 和频率 f 的关系为 $T = \dfrac{2\pi}{\omega} = \dfrac{1}{f}$

在信号与系统分析中，经常遇到的是衰减的正弦信号，其幅度按指数规律衰减，波形如图1-16所示，其表达式为

$$f(t) = \begin{cases} Ke^{-\alpha t}\sin(\omega t), & t \geqslant 0 \\ 0, & t < 0 \end{cases} \qquad (1\text{-}7)$$

与指数信号的特点类似，正弦信号对时间的微分与积分仍为同频率的正弦信号。

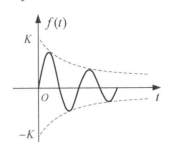

图1-16 指数衰减的正弦信号波形

3. 复指数信号

如果指数信号的指数因子为复数，则为复指数信号，其表达式为

$$f(t) = Ke^{st} \qquad (1\text{-}8)$$

式中，$s = \sigma + j\omega$，s 为复数，σ 为实部系数，ω 为虚部系数。

借助欧拉（Euler）公式，可将式（1-8）展开成如下形式：

$$f(t) = Ke^{st} = Ke^{(\sigma + j\omega)t} = Ke^{\sigma t}\cos(\omega t) + jKe^{\sigma t}\sin(\omega t) \qquad (1\text{-}9)$$

由式（1-9）可知，复指数信号可分解为实部和虚部，实部为按指数变化的余弦信号，虚部为按指数变化的正弦信号。σ 表征正弦与余弦信号振幅随时间的变化情况，ω 是正弦和余弦信号的角频率。若 $\sigma > 0$，正弦、余弦信号增幅振荡；若 $\sigma < 0$，正弦、余弦信号衰减振荡；若 $\sigma = 0$，正弦、余弦信号等幅振荡。当 $\omega = 0$ 时，$f(t)$ 为实指数信号；当 $\sigma = 0$，$\omega = 0$ 时，$f(t)$ 为直流信号。

由以上分析可以看出，虽然实际上不能产生复指数信号，但它概括了信号的多种情况，如直流、指数信号、正弦和余弦信号、增长和衰减的正弦和余弦信号。利用它可以使很多运算和分析得以简化，因此它也是一种重要的基本信号。

借用欧拉公式可以将正弦、余弦信号表示为复指数形式。由欧拉公式

$$e^{j\omega t} = \cos(\omega t) + j\sin(\omega t) \qquad (1\text{-}10)$$
$$e^{-j\omega t} = \cos(\omega t) - j\sin(\omega t) \qquad (1\text{-}11)$$

可得

$$\sin(\omega t) = \frac{1}{2j}(e^{j\omega t} - e^{-j\omega t}) \qquad (1\text{-}12)$$

$$\cos(\omega t) = \frac{1}{2}(e^{j\omega t} + e^{-j\omega t}) \qquad (1\text{-}13)$$

4. 抽样信号

抽样信号 $\mathrm{Sa}(t)$ 定义为 $\sin(t)$ 与 t 之比，表达式为

$$\mathrm{Sa}(t) = \frac{\sin t}{t} \qquad (1\text{-}14)$$

抽样函数 $\mathrm{Sa}(t)$ 的波形如图1-17所示。由图可知，$\mathrm{Sa}(t)$ 信号是偶函数，在 t 的正、负两方向振幅都逐渐衰减，且当 $t = \pm\pi$，$\pm 2\pi$，$\cdots$，$\pm n\pi$ 时，函数值为零。

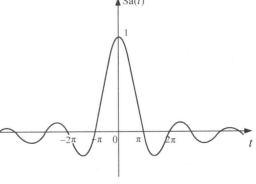

图1-17 $\mathrm{Sa}(t)$ 信号波形

抽样函数还具有如下性质：

$$\int_0^\infty \mathrm{Sa}(t)\mathrm{d}t = \frac{\pi}{2} \qquad (1\text{-}15)$$

$$\int_{-\infty}^\infty \mathrm{Sa}(t)\mathrm{d}t = \pi \qquad (1\text{-}16)$$

实际中遇到较多的是 $\mathrm{Sa}(at)$，表达式为式 (1-17)，其波形如图 1-18 所示。

$$\mathrm{Sa}(at) = \frac{\sin(at)}{at} \qquad (1\text{-}17)$$

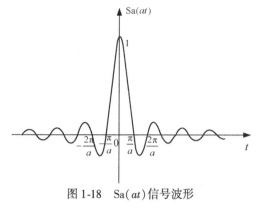

图 1-18　$\mathrm{Sa}(at)$ 信号波形

1.3.2　奇异信号

在信号与系统分析中，还有一类信号，其本身或其导数与积分有不连续点（跳变点），这类信号统称为奇异信号。典型的奇异信号主要有单位斜变信号、单位阶跃信号、单位冲激信号、单位冲激偶信号。其中单位阶跃信号和单位冲激信号是信号与系统研究中最重要的两种理想信号模型。

1. 单位阶跃信号

单位阶跃信号通常以符号 $u(t)$ 表示，定义式为

$$u(t) = \begin{cases} 1, & t > 0 \\ 0, & t < 0 \end{cases} \qquad (1\text{-}18)$$

其波形如图 1-19 所示。单位阶跃信号 $u(t)$ 在 $t = 0$ 处存在跳变点，在 $t = 0$ 处，函数值未定义。

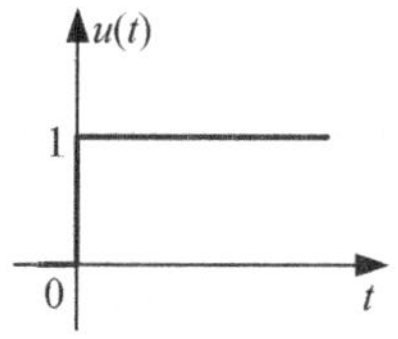

图 1-19　单位阶跃信号

单位阶跃信号的物理背景相当于某一电路系统在 $t = 0$ 时刻接入单位电源，并且无限持续下去。如图 1-20 所示，系统在 $t = 0$ 时刻接入 1 V 直流电压源，系统接入端电压即为单位阶跃信号 $u(t)$。

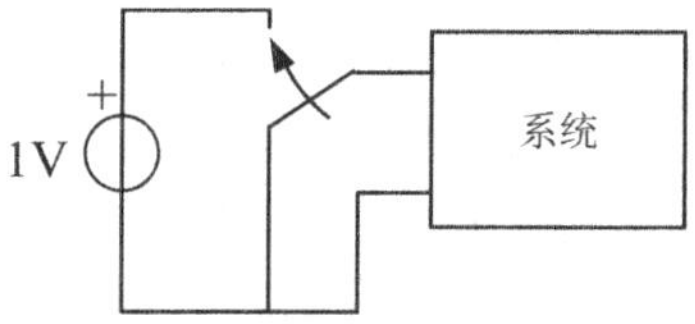

如果接入电源的时间为 $t = t_0$ 时刻，系统接入端电压则为一个延时的单位阶跃信号，其表达式为式 (1-19)，波形如图 1-21 所示。

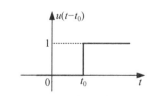

图 1-20　阶跃信号的物理背景图

$$u(t - t_0) = \begin{cases} 1, & t > t_0 \\ 0, & t < t_0 \end{cases} \qquad (1\text{-}19)$$

如果阶跃信号跳变值不是 1，而是 E，则表达式为 $Eu(t)$ 或 $Eu(t - t_0)$。

阶跃信号最重要的特性是单边特性，即任意信号 $f(t)$ 与阶跃信号相乘，将使信号在阶跃之前的幅度变为零，如式 (1-20) 所示。

图 1-21　延时的单位阶跃信号

$$f(t)u(t) = \begin{cases} f(t), & t > 0 \\ 0, & t < 0 \end{cases} \qquad (1\text{-}20)$$

利用这一特性，可以方便地用数学表达式描述信号的接入特性。还常利用阶跃信号与延时阶跃信号之差表示分段信号。

【例 1-2】　信号 $f(t) = \sin t$。信号 $f(t)$、$f_1(t)$、$f_2(t)$、$f_3(t)$ 的波形分别如图 1-22a、b、c、 d 所示。试用阶跃信号表示 $f_1(t)$、$f_2(t)$、$f_3(t)$。

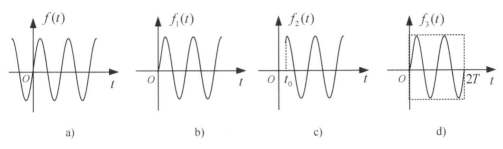

图 1-22　例 1-2 题图

解： 信号 $f_1(t)$ 在 $t=0$ 时刻接入，$t<0$ 时为零；信号 $f_2(t)$ 在 $t=t_0$ 时刻接入，在 $t<t_0$ 时为零；信号 $f_3(t)$ 为有限时宽的正弦信号，在 $0<t<2T$ 区间存在，在其他时间为零。根据阶跃信号的特性，上述各信号可分别表示为

$$f_1(t)=\sin t \cdot u(t)$$
$$f_2(t)=\sin t \cdot u(t-t_0)$$
$$f_3(t)=\sin t \cdot \left[u(t)-u(t-2T)\right]$$

这里的 $f_3(t)$ 有限时宽正弦信号是具有开关功能的正弦电源的数学模型。

【**例 1-3**】　用阶跃信号表示如图 1-23 所示的门函数和图 1-24 所示的符号函数。

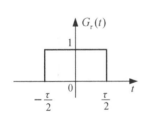

图 1-23　门函数的波形

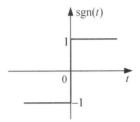

图 1-24　符号函数的波形

解： 门函数 $G_\tau(t)$ 是以原点为中心、宽度为 τ、幅度为 1 的矩形脉冲信号，也称为窗函数，其波形如图 1-23 所示，表达式为

$$G_\tau(t)=\begin{cases}1, & |t|<\dfrac{\tau}{2}\\[2mm] 0, & |t|>\dfrac{\tau}{2}\end{cases} \tag{1-21}$$

门函数用阶跃函数可表示为

$$G_\tau(t)=u\left(t+\frac{\tau}{2}\right)-u\left(t-\frac{\tau}{2}\right) \tag{1-22}$$

其他函数只要用门函数处理（乘以门函数），就只剩下门内的部分。

符号函数的波形如图 1-24 所示，表达式为

$$\text{sgn}(t)=\begin{cases}1, & t>0\\ -1, & t<0\end{cases} \tag{1-23}$$

符号函数用阶跃信号可表示为

$$\text{sgn}(t) = -u(-t) + u(t) \tag{1-24}$$
$$= 2u(t) - 1$$

2. 单位冲激信号

某些物理现象要用持续时间极短、幅值极大的函数来描述，比如闪电信号、力学中的瞬间冲击力、信号抽样中的抽样脉冲等，其理想模型就是冲激信号。

（1）定义

单位冲激函数用 $\delta(t)$ 表示，它有若干不同的定义方法。这里采用狄拉克（Dirac）定义，即在 $t \neq 0$ 时函数值均为零，而在 $t = 0$ 时函数值为无穷大，且函数积分为 1，定义式为

$$\begin{cases} \int_{-\infty}^{+\infty} \delta(t)\,\mathrm{d}t = 1 \\ \delta(t) = 0, \quad t \neq 0 \end{cases} \tag{1-25}$$

单位冲激函数的波形用一条带箭头的竖线表示，其波形如图 1-25 所示。它出现的时间表示冲激发生的时刻，箭头旁括号内的数字表示冲激强度，就是冲激信号对时间的定积分值。

如果冲激不是发生在 $t = 0$ 时刻，而是发生在 $t = t_0$ 时刻，则用 $\delta(t - t_0)$ 表示。其波形如图 1-26 所示，表达式为

$$\begin{cases} \int_{-\infty}^{+\infty} \delta(t - t_0)\,\mathrm{d}t = 1 \\ \delta(t - t_0) = 0, \quad t \neq t_0 \end{cases} \tag{1-26}$$

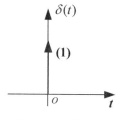

图 1-25 冲激信号

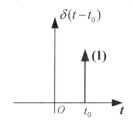

图 1-26 延时冲激信号

为了较直观地理解冲激信号的定义，可以将其看成是某些普通函数的极限。利用矩形脉冲信号取极限可以演变为冲激信号。

图 1-27 是宽为 τ、高为 $\dfrac{1}{\tau}$ 的矩形脉冲信号，当保持矩形脉冲的面积 $\tau \cdot \dfrac{1}{\tau} = 1$ 不变，而令脉冲宽度 $\tau \to 0$ 时，脉冲幅度 $\dfrac{1}{\tau}$ 趋于无穷大，这个极限情况就是单位冲激函数 $\delta(t)$，因此单位冲激函数还可以定义为

$$\delta(t) = \lim_{\tau \to 0} \frac{1}{\tau}\left[u\left(t + \frac{\tau}{2}\right) - u\left(t - \frac{\tau}{2}\right)\right] \tag{1-27}$$

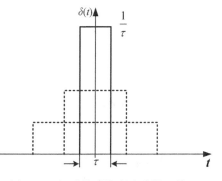

图 1-27 矩形脉冲演变为冲激函数

如果矩形脉冲的面积不是 1，而是 A，则表示一个冲激强度为 A 的冲激信号，即 $A\delta(t)$。其波形如图 1-28 所示。

其实，为引出冲激函数，规则函数的选取不限于对称矩形脉冲，还有一些面积为 1 的偶函

数，如对称三角形脉冲、双边指数函数、抽样函数 $\mathrm{Sa}(t)$ 等，它们的极限也可以演变为冲激函数，感兴趣的读者可参阅相应的参考书，这里就不一一介绍了。

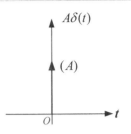

图 1-28　强度为 A 的冲激函数

（2）冲激函数的重要性质

① 抽样（筛选）性

若 $f(t)$ 在 $t=0$ 处连续（且处处有界），则有

$$f(t)\delta(t) = f(0)\delta(t) \tag{1-28}$$

于是

$$\int_{-\infty}^{\infty} f(t)\delta(t)\,\mathrm{d}t = \int_{-\infty}^{\infty} f(0)\delta(t)\,\mathrm{d}t = f(0)\int_{-\infty}^{\infty} \delta(t)\,\mathrm{d}t = f(0) \tag{1-29}$$

类似地，对延时的单位冲激信号有

$$f(t)\delta(t-t_0) = f(t_0)\delta(t-t_0) \tag{1-30}$$

和

$$\int_{-\infty}^{\infty} f(t)\delta(t-t_0)\,\mathrm{d}t = f(t_0) \tag{1-31}$$

式（1-29）和式（1-31）表明了冲激函数的抽样特性，也称"筛选"特性。即连续信号 $f(t)$ 与单位冲激信号 $\delta(t)$ 或 $\delta(t-t_0)$ 相乘，并在 $(-\infty, +\infty)$ 上积分，可以抽取（或筛选）出冲激所发生时刻的函数值 $f(0)$ 或 $f(t_0)$，如图 1-29 所示。

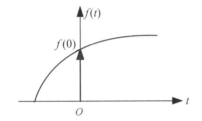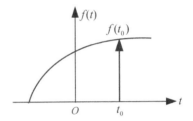

图 1-29　冲激函数的筛选特性

a）冲激发生在 0 时刻　b）冲激发生在 t_0 时刻

② 冲激函数为偶函数

$$\delta(t) = \delta(-t) \tag{1-32}$$

③ $\delta(t)$ 与 $u(t)$ 互为积分、微分关系

由冲激函数的定义，可得冲激函数的积分为

$$\int_{-\infty}^{t} \delta(\tau)\,\mathrm{d}\tau = \begin{cases} 1, & t > 0 \\ 0, & t < 0 \end{cases}$$

将该式与 $u(t)$ 函数的定义式（1-18）对比，可知单位冲激函数的积分等于单位阶跃函数，即

$$\int_{-\infty}^{t} \delta(\tau)\,\mathrm{d}\tau = u(t) \tag{1-33}$$

反之，单位阶跃函数的微分等于单位冲激函数，即

$$\frac{\mathrm{d}u(t)}{\mathrm{d}t} = \delta(t) \tag{1-34}$$

上式解释如下：阶跃函数在 $t \neq 0$ 时各点都是常数，其导数为零。而在 $t=0$ 时发生跳变，此跳变点的微分就产生冲激函数 $\delta(t)$。因此，以后在对信号求导时，信号跳变点处取微分，在跳变处就会产生一冲激函数。

【例 1-4】　利用冲激函数性质计算下列各式的值。

(1) $(t-2)\delta(t)$

(2) $\displaystyle\int_{-\infty}^{\infty}(\mathrm{e}^{-t}+t)\delta(t)\mathrm{d}t$

(3) $\displaystyle\int_{-1}^{1}(t^2+t+1)\delta(t)\mathrm{d}t$

(4) $\displaystyle\int_{-1}^{1}(t^2+t+1)\delta(t-5)\mathrm{d}t$

(5) $\displaystyle\int_{-\infty}^{\infty}(t^2+t+1)\delta(t-1)\mathrm{d}t$

解: (1) $(t-2)\delta(t)=-2\delta(t)$,因为 $(t-2)\big|_{t=0}=-2$

(2) $\displaystyle\int_{-\infty}^{\infty}(\mathrm{e}^{-t}+t)\delta(t)\mathrm{d}t=(\mathrm{e}^{-t}+t)\big|_{t=0}=1$

(3) $\displaystyle\int_{-1}^{1}(t^2+t+1)\delta(t)\mathrm{d}t=(t^2+t+1)\big|_{t=0}=1$

(4) $\displaystyle\int_{-1}^{1}(t^2+t+1)\delta(t-5)\mathrm{d}t=0$,因为 $\delta(t-5)$ 不在积分区间内

(5) $\displaystyle\int_{-\infty}^{\infty}(t^2+t+1)\delta(t-1)\mathrm{d}t=(t^2+t+1)\big|_{t=1}=3$

3. 单位斜变信号

单位斜变信号的波形如图 1-30 所示,定义式为

$$R(t)=\begin{cases}t, & t\geqslant0 \\ 0, & t<0\end{cases} \tag{1-35}$$

有延迟的单位斜变信号波形如图 1-31 所示,表达式为

$$R(t-t_0)=\begin{cases}t-t_0, & t\geqslant t_0 \\ 0, & t<t_0\end{cases} \tag{1-36}$$

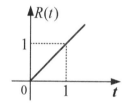

图 1-30　单位斜变信号

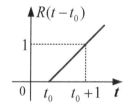

图 1-31　延迟的单位斜变信号

容易证明,单位斜变信号与单位阶跃信号互为微分和积分关系,即

$$\frac{\mathrm{d}R(t)}{\mathrm{d}t}=u(t) \tag{1-37}$$

$$R(t)=\int_0^t u(\tau)\mathrm{d}\tau \tag{1-38}$$

4. 单位冲激偶信号

对单位冲激信号求微分得到单位冲激偶信号,用 $\delta'(t)$ 表示。其定义为

$$\delta'(t)=\frac{\mathrm{d}\delta(t)}{\mathrm{d}t} \tag{1-39}$$

为求冲激偶信号,同样可以利用矩形脉冲取极限的概念引出,其演变过程如图 1-32 所示。因为 $\delta(t)$ 可表示为

$$\delta(t)=\lim_{\tau\to0}\frac{1}{\tau}\left[u\left(t+\frac{\tau}{2}\right)-u\left(t-\frac{\tau}{2}\right)\right]$$

所以
$$\delta'(t) = \frac{\mathrm{d}\delta(t)}{\mathrm{d}t} = \lim_{\tau \to 0}\frac{1}{\tau}\left[\delta\left(t + \frac{\tau}{2}\right) - \delta\left(t - \frac{\tau}{2}\right)\right] \tag{1-40}$$

式（1-40）取极限后是两个强度为无穷大的冲激函数，当 t 从负值趋向零时，是强度为无穷大的正的冲激函数；当 t 从正值趋向零时，是强度为无穷大的负的冲激函数，冲激偶信号的波形如图1-32b所示。

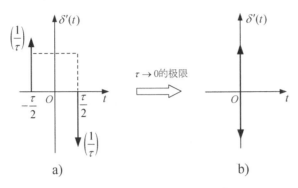

图1-32 矩形脉冲演变为冲激偶信号

a）矩形脉冲的导数 b）冲激偶信号

单位冲激偶信号主要有如下性质：

$$\int_{-\infty}^{\infty} f(t)\delta'(t)\mathrm{d}t = -f'(0) \tag{1-41}$$

$$\int_{-\infty}^{\infty} \delta'(t)\mathrm{d}t = 0 \tag{1-42}$$

式（1-41）可由分部积分展开得到证明。因为正、负两个冲激的面积相互抵消，于是有式（1-42）成立。

课堂练习题

1.3-1 关于抽样函数 $\mathrm{Sa}(t)$ 描述不正确的是 （ ）

A. 是偶函数   B. $\int_{-\infty}^{\infty}\mathrm{Sa}(t)\mathrm{d}t = \pi$ C. $\mathrm{Sa}(0)=1$ D. $\mathrm{Sa}\left(\frac{\pi}{2}\right) = 0$

1.3-2 已知信号 $f(t)$ 如题图1.3-1所示，其表达式是 （ ）

A. $u(t) + 2u(t-2) - u(t-3)$

B. $u(t-1) + 2u(t-2) - u(t-3)$

C. $u(t) + u(t-2) - u(t-3)$

D. $u(t-1) + u(t-2) - u(t-3)$

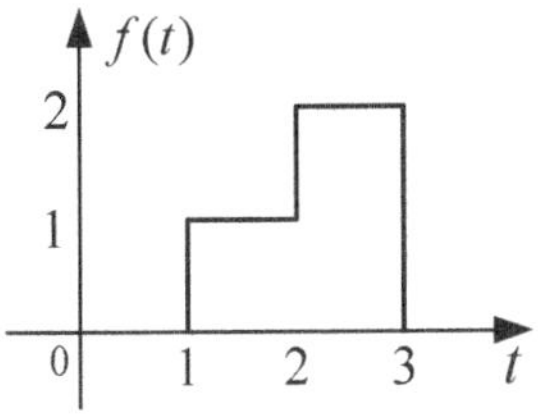

1.3-3 积分 $\int_{-\infty}^{\infty} e^{-t}\delta(t+3)\mathrm{d}t$ 的结果是 （ ）

A. e^{-1} B. e^{3} C. e^{-3} D. 1

题图1.3-1

1.3-4 积分 $\int_{4}^{6} e^{t}\delta(t-3)\mathrm{d}t$ 等于 （ ）

A. e^{3} B. e^{-3} C. 0   D. 1

1.3-5 下面关系式中，错误的是 （ ）

A. $\frac{\mathrm{d}u(t)}{\mathrm{d}t} = \delta(t)$ B. $\int_{-\infty}^{+\infty}\delta(t)\mathrm{d}t = u(t)$ C. $\frac{\mathrm{d}R(t)}{\mathrm{d}t} = u(t)$ D. $\frac{\mathrm{d}\delta(t)}{\mathrm{d}t} = \delta'(t)$

1.4 连续信号的运算

在信号的传输、处理等过程中,往往需要对信号进行变换,也就是信号的运算。信号的运算主要分三类,信号自变量的变换,包括时移、反褶、尺度变换;信号的微分与积分;信号的相加和相乘。

1.4.1 时移、反褶、尺度变换

1. 信号的时移

信号 $f(t)$ 的时移就是将 $f(t)$ 的自变量 t 用 $t-t_0$ 替换得到的信号,表达式为 $f(t-t_0)$,即

$$f(t) \rightarrow f(t-t_0) \tag{1-43}$$

时移信号 $f(t-t_0)$ 与原信号 $f(t)$ 相比,波形形状保持不变,是 $f(t)$ 波形沿时间轴左、右平移 $|t_0|$。若 $t_0>0$,信号波形沿 t 轴右移,这种情况也称为延时;若 $t_0<0$,信号波形沿 t 轴左移,这种情况也称为超前。如图 1-33 所示。

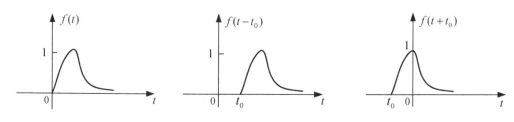

图 1-33 信号的时移

a) 原信号 b) 向右平移 c) 向左平移

在雷达、声呐以及地震信号检测等问题中容易找到信号时移现象的例子。比如发射信号经某种介质传送到不同距离的接收机,各接收机接收的信号相当于发射信号的时移。信号的时移变换在实际中可以用硬件实现,实现时移的硬件系统称为延时器。

2. 信号的反褶

信号 $f(t)$ 的反褶就是将 $f(t)$ 的自变量 t 用 $-t$ 替换得到的信号,表达式为 $f(-t)$,即

$$f(t) \rightarrow f(-t) \tag{1-44}$$

信号反褶的波形是原信号 $f(t)$ 波形以纵轴为轴翻转 180°,信号反褶波形如图 1-34 所示。

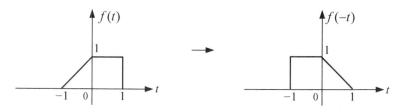

图 1-34 信号的反褶

3. 信号的尺度变换（展缩）

信号 $f(t)$ 的尺度变换就是将 $f(t)$ 的自变量 t 用 at 替换得到的信号,表达式为 $f(at)$,即

$$f(t) \rightarrow f(at) \tag{1-45}$$

$f(at)$ 的波形是 $f(t)$ 的波形在时间轴上扩展或压缩，纵轴上的值保持不变。其中 a 为正实常数，若 $0 < a < 1$，$f(at)$ 表示将原信号 $f(t)$ 在时间轴上扩展；若 $a > 1$，$f(at)$ 表示将原信号 $f(t)$ 在时间轴上压缩。设 $f(t) = \sin(\omega_0 t)$，则 $f(2t) = \sin(2\omega_0 t)$，$f\left(\dfrac{t}{2}\right) = \sin\dfrac{\omega_0 t}{2}$，它们的波形如图 1-35 所示。

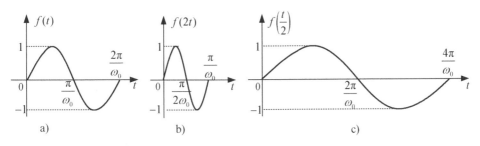

图 1-35　信号的尺度变换

a) $f(t) = \sin\omega_0 t$　b) $f(2t) = \sin2\omega_0 t$　c) $f\left(\dfrac{t}{2}\right) = \sin\dfrac{\omega_0 t}{2}$

上述信号变换可以这样理解，假设 $f(t)$ 是录制的一段图像信号，则 $f(-t)$ 就是倒放时的图像信号，$f(2t)$ 就是以二倍速度加快播放的图像信号，$f\left(\dfrac{t}{2}\right)$ 则是播放速度降为原来一半慢放时的信号。

【例 1-5】　已知信号 $f(t)$ 的波形如图 1-36a 所示，分别画出 $f(2t)$、$f\left(\dfrac{t}{2}\right)$ 的波形。

解： $f(2t)$ 是 $f(t)$ 在时间轴上压缩为原来的 $\dfrac{1}{2}$，$f\left(\dfrac{t}{2}\right)$ 是 $f(t)$ 在时间轴上扩展为原来的 2 倍，它们的波形分别如图 1-36b、c 所示。

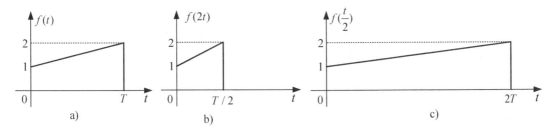

图 1-36　例 1-5 题的波形

4. 一般情况

在信号与系统分析中，经常遇到信号既有反褶，又有时移，又有尺度变换的情况，此时是将 $f(t)$ 的自变量 t 用 $at \pm b$ 替换，表达式为 $f(at \pm b)$，即

$$f(t) \longrightarrow f(at \pm b) = f[a(t \pm b/a)] \tag{1-46}$$

要注意的是，以上信号的反褶、时移和尺度变换都只是对函数自变量 t 而言的。在变换前后信号端点上的函数值（冲激函数除外）不变，因此，可以通过端点函数值不变这一关系来确定信号变换前后其波形中各端点的位置，也可以在变换之后进行验证。

【例 1-6】　已知信号 $f(t)$ 的波形如图 1-37a 所示，试画出 $f(-2t + 3)$ 的波形。

解：信号由 $f(t)$ 变换到 $f(-2t+3)$，包含信号的反褶、时移和尺度变换，几种变换的先后顺序可以是任意的。

① 尺度变换 $f(t) \rightarrow f(2t)$，波形如图 1-37b 所示。

② 反褶 $f(2t) \rightarrow f(-2t)$，波形如图 1-37c 所示。

③ 时移 $f(-2t) \rightarrow f(-2t+3) = f\left[-2\left(t-\dfrac{3}{2}\right)\right]$，波形如图 1-37d 所示。

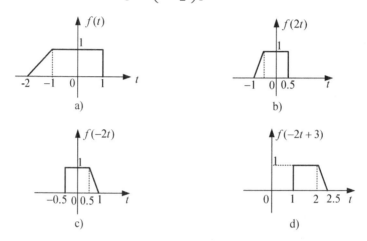

图 1-37　例 1-6 题的波形

可以通过计算端点值进行验证：

t	$-2t+3$	函数值
$t=-2$	$-2t+3=-2 \Rightarrow t=2.5$	0
$t=-1$	$-2t+3=-1 \Rightarrow t=2$	1
$t=1$	$-2t+3=1 \Rightarrow t=1$	1

如果改变上述运算顺序，比如先时移得 $f(t+3)$，再尺度变换得 $f(2t+3)$，最后反褶得 $f(-2t+3)$，同样可以得到相同结果，读者可自行画图练习。

1.4.2　微分与积分

1. 信号的微分

信号 $f(t)$ 的微分运算是 $f(t)$ 对 t 求导数，即

$$f'(t) = \frac{\mathrm{d}f(t)}{\mathrm{d}t} \tag{1-47}$$

信号的微分表示信号随时间变化的变化率。需要注意的是，当信号 $f(t)$ 有跳变点时，$f(t)$ 的微分 $f'(t)$ 在跳变点处会出现冲激信号，冲激的强度为原函数在跳变点处的跳变量，而在连续区间的导数即为常规意义上的导数。

【例 1-7】　信号 $f(t)$ 的波形如图 1-38a 所示，试求信号微分 $f'(t)$，并绘出其波形。

解：由图 1-38a 可知，$f(t)$ 是分段变化的信号，微分要分段求解。

① 当 $-\dfrac{\tau}{2} < t < 0$ 时，$f'(t) = \dfrac{2}{\tau}$。

② 当 $0 < t < \dfrac{\tau}{2}$ 时，$f'(t) = 0$。

③ 由于 $f(t)$ 在 $t = \dfrac{\tau}{2}$ 处有一跳变点，跳变量为 -1，则 $f'(t)$ 在 $t = \dfrac{\tau}{2}$ 处出现一冲激函数，其冲激强度为 -1，所以 $f'(t)$ 的波形如图 1-38b 所示。由图 1-38b 可写出 $f'(t)$ 的表达式为

$$f'(t) = \frac{2}{\tau}\left[u\left(t + \frac{\tau}{2}\right) - u(t)\right] - \delta\left(t - \frac{\tau}{2}\right)$$

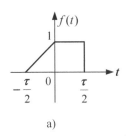 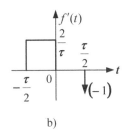

图 1-38　信号的微分

a）原信号波形　b）微分信号波形

可见，信号经微分后突出了信号的变化部分。若 $f(t)$ 是一幅黑白图像信号，那么，经微分运算后将使图像的边缘轮廓突出。

2. 信号的积分

信号 $f(t)$ 的积分运算是 $f(t)$ 在 $(-\infty, t)$ 的定积分，可写为 $f^{(-1)}(t)$，即

$$f^{(-1)}(t) = \int_{-\infty}^{t} f(\tau)\mathrm{d}\tau \tag{1-48}$$

信号 $f(t)$ 的积分在 t 时刻的值等于从 $-\infty$ 到 t 区间内 $f(t)$ 与时间轴所包围的面积。

【例 1-8】　信号 $f(t)$ 的波形如图 1-39a 所示，试求信号积分 $f^{(-1)}(t)$，并绘出其波形。

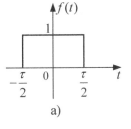

解：积分上限 t 是变量，它从 $-\infty$ 到 $+\infty$ 变化，当 t 取不同的值时，积分值也不同，因此，可分如下区间求解积分。

① 当 $t < -\dfrac{\tau}{2}$ 时，$f^{(-1)}(t) = 0$。

② 当 $-\dfrac{\tau}{2} < t < \dfrac{\tau}{2}$ 时，$f^{(-1)}(t) = \int_{-\frac{\tau}{2}}^{t}\mathrm{d}\tau = t + \dfrac{\tau}{2}$

③ 当 $t > \dfrac{\tau}{2}$ 时，$f^{(-1)}(t) = \int_{-\frac{\tau}{2}}^{\frac{\tau}{2}}\mathrm{d}\tau = \tau$

所以

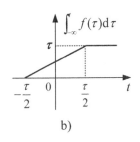

$$f^{(-1)}(t) = \begin{cases} 0, & t < -\dfrac{\tau}{2} \\ t + \dfrac{\tau}{2}, & -\dfrac{\tau}{2} < t < \dfrac{\tau}{2} \\ \tau, & t > \dfrac{\tau}{2} \end{cases}$$

图 1-39　信号的积分

a）$f(t)$ 的波形　b）$f^{(-1)}(t)$ 的波形

$f^{(-1)}(t)$ 的波形如图 1-39b 所示。由图可知，$t < -\dfrac{\tau}{2}$ 时，$f^{(-1)}(t)$ 为零；当 $-\dfrac{\tau}{2} < t < \dfrac{\tau}{2}$ 时，

$f(t)$ 与时间轴所包围的面积随着 t 的增加而增大；当 $t = \frac{\tau}{2}$ 时，所包围的面积达到最大值 τ；当 $t > \frac{\tau}{2}$ 时，所包围的面积不再增大，仍保持为 τ。

可见，积分后的信号 $f^{(-1)}(t)$ 与原信号相比，信号突变部分变得平滑，利用这一作用可削弱信号中混入的毛刺（噪声）的影响。

1.4.3 信号的相加和相乘

两信号的相加和相乘都是信号瞬时值相加或相乘而形成的新信号，即

$$f(t) = f_1(t) + f_2(t) \tag{1-49}$$
$$f(t) = f_1(t)f_2(t) \tag{1-50}$$

【例1-9】 已知 $f_1(t) = Ke^{-\alpha t}u(t)$，$f_2(t) = \cos(\omega t)$，画出 $f_1(t) \cdot f_2(t)$ 波形。

解：

$$f_1(t)f_2(t) = Ke^{-\alpha t}\cos(\omega t) \cdot u(t) = \begin{cases} Ke^{-\alpha t}\cos(\omega t), & t \geq 0 \\ 0, & t < 0 \end{cases}$$

$f_1(t)f_2(t)$ 是幅度按指数规律衰减变化的单边余弦信号，可以画出它的波形如图1-40c所示。一般情况下，两个信号相乘，变化慢的信号形成包络线，包络线反映了相乘信号总的变化趋势。

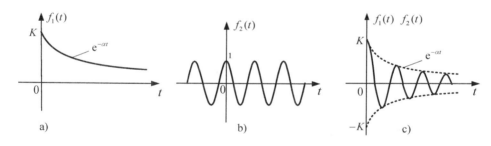

图1-40 例1-9题图

a）单边指数信号 b）余弦信号 c）幅度衰减的单边余弦信号

在通信系统的调制、解调等过程中将经常遇到两信号的相乘运算。

课堂练习题

1.4-1 将信号 $f(t)$ 变换为（　　），称为对信号 $f(t)$ 的反褶。

A. $f(t - t_0)$　　　　　B. $f(k - k_0)$　　　　　C. $f(at)$　　　　　D. $f(-t)$

1.4-2 信号 $f(3t)$ 的波形是信号 $f(t)$ 的波形　　　　　　　　　　　　　　　（　　）

A. 在时间轴上压缩　　B. 在时间轴上扩展　　C. 在纵轴上的值压缩　　D. 在纵轴上的值扩展

1.4-3 已知 $f(-2t)$ 的波形，则 $f(-2t+4)$ 的波形可由 $f(-2t)$（　　）得到。

A. 向右移动4个单位　　B. 向右移动2个单位　　C. 向左移动4个单位　　D. 向左移动2个单位

1.4-4 如题图1.4-1所示，$f(t)$ 为原始信号，$f_1(t)$ 为变换信号，则 $f_1(t)$ 的表达式是　　（　　）

A. $f(-t+1)$　　　　B. $f(t+1)$　　　　C. $f(-2t+1)$　　　　D. $f\left(-\dfrac{t}{2}+1\right)$

1.4-5 （判断）对信号 $f(t)$ 微分，当信号 $f(t)$ 有跳变点时，$f(t)$ 的微分在跳变点处会出现冲激信号，其冲激强度为原函数在该处的跳变量。

（　　）

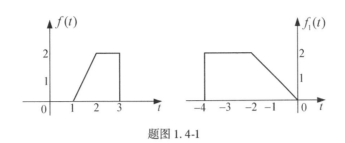

题图 1.4-1

1.5 连续信号的分解

在信号与系统分析中，往往要把一些比较复杂的信号分解为简单（基本）的信号分量之和，以便于信号的分析和处理，就像力学中力的分解一样。信号可以从不同角度进行分解，下面仅介绍四种基本的信号时域分解。

1.5.1 直流分量与交流分量

在电工学中，信号 $f(t)$ 可分解为直流分量 $f_D(t)$ 与交流分量 $f_A(t)$，即

$$f(t) = f_A(t) + f_D(t) \tag{1-51}$$

信号的直流分量就是信号的平均值，从原信号中去除直流分量即得信号的交流分量。

$$f_D(t) = \frac{1}{T} \int_{t_0}^{t_0+T} f(t)\,dt \tag{1-52}$$

图 1-41 所示为一个信号 $f(t)$ 分解为交流分量 $f_A(t)$ 和直流分量 $f_D(t)$。

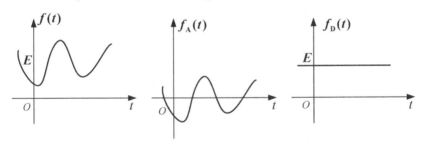

图 1-41　信号的交流分量与直流分量

1.5.2 偶分量与奇分量

将实信号分解为偶分量与奇分量，可以利用偶函数与奇函数的对称性简化信号运算。
偶分量 $f_e(t)$ 定义为

$$f_e(t) = f_e(-t) \tag{1-53}$$

奇分量 $f_o(t)$ 定义为

$$f_o(t) = -f_o(-t) \tag{1-54}$$

任何信号 $f(t)$ 都可分解为偶分量与奇分量之和，即

$$f(t) = f_e(t) + f_o(t) \tag{1-55}$$

因为

$$f(t) = \frac{1}{2}[f(t) + f(t) + f(-t) - f(-t)]$$

$$= \frac{1}{2}[f(t) + f(-t)] + \frac{1}{2}[f(t) - f(-t)] \qquad (1\text{-}56)$$

$$= f_e(t) + f_o(t)$$

所以

$$f_e(t) = \frac{1}{2}[f(t) + f(-t)]$$

$$\qquad\qquad (1\text{-}57)$$

$$f_o(t) = \frac{1}{2}[f(t) - f(-t)]$$

【例 1-10】 信号 $f(t)$ 的波形如图 1-42a 和图 1-42b 所示，绘出信号 $f(t)$ 的奇分量 $f_o(t)$ 和偶分量 $f_e(t)$ 的波形。

解：由式（1-57）可求 $f_e(t)$ 和 $f_o(t)$。

将 $f(t)$ 反褶可以绘出 $f(-t)$ 及 $-f(-t)$ 的波形，如图 1-42c、d 所示，再由式（1-57）可得到信号的偶分量 $f_e(t)$ 和奇分量 $f_o(t)$，如图 1-42e、f 所示。

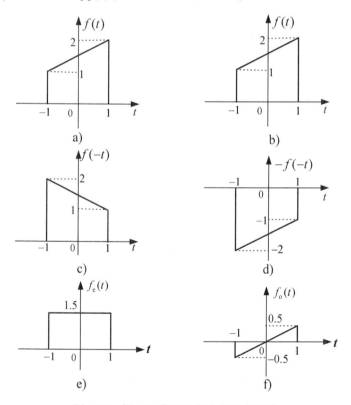

图 1-42　例 1-10 信号的偶分量与奇分量

1.5.3　信号的脉冲分量分解

任意信号的脉冲分量分解是把单位冲激信号或单位阶跃信号作为基本信号单元，将信号分解为单位冲激信号或单位阶跃信号的叠加。这种分解的优点是基本信号单元的响应容易求出，利用线性非时变（Linear Time Invariant，LTI）系统的叠加、均匀与时不变性，可以方便地求解复杂信号的响应。

1. 信号分解为单位冲激信号的叠加

图 1-43a 中所示曲线为任意信号 $f(t)$，这种分解思路是先把信号 $f(t)$ 近似分解成一系列宽度为 Δt，高度分别等于它左侧边界对应的函数值 $f(k\Delta t)$ 的矩形窄脉冲之和。

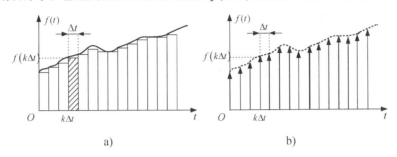

图 1-43 信号分解为冲激信号的叠加

这样，在某一时刻 $t = k\Delta t$ 的矩形窄脉冲可表示为

$$f(k\Delta t)\left[u(t - k\Delta t) - u(t - k\Delta t - \Delta t)\right]$$

将上述无穷多个矩形窄脉冲叠加，可得信号 $f(t)$ 的近似表达式

$$f(t) \approx \sum_{k=-\infty}^{\infty} f(k\Delta t)\left[u(t - k\Delta t) - u(t - k\Delta t - \Delta t)\right] \tag{1-58}$$

将式（1-58）的分子、分母同时乘以 Δt，并取 $\Delta t \to 0$ 的极限，于是得到

$$f(t) = \lim_{\Delta t \to 0} \sum_{k=-\infty}^{+\infty} f(k\Delta t) \frac{\left[u(t - k\Delta t) - u(t - k\Delta t - \Delta t)\right]}{\Delta t} \Delta t \tag{1-59}$$

由 $\delta(t)$ 的定义可知

$$\delta(t - k\Delta t) = \lim_{\Delta t \to 0} \frac{\left[u(t - k\Delta t) - u(t - k\Delta t - \Delta t)\right]}{\Delta t}$$

于是有

$$f(t) = \lim_{\Delta t \to 0} \sum_{k=-\infty}^{+\infty} f(k\Delta t)\delta(t - k\Delta t)\Delta t \tag{1-60}$$

式（1-60）说明，$f(t)$ 可以表示成一系列冲激函数之和，在波形上，当 $\Delta t \to 0$ 时，图 1-43a 中的各个矩形窄脉冲就变为图 1-43b 中的冲激信号。

当 $\Delta t \to 0$ 时，Δt 可以写成 $\mathrm{d}\tau$，$k\Delta t$ 变为连续时间变量可以写成 τ，对各项取和将转化为取积分，即式（1-60）变为

$$f(t) = \int_{-\infty}^{\infty} f(\tau)\delta(t - \tau)\mathrm{d}\tau \tag{1-61}$$

式（1-61）就是将任意信号表示为无限多个冲激函数叠加的积分。

信号分解为单位冲激信号的叠加的方法在信号与系统分析中应用很广，在第 2 章将由此引出卷积积分的概念，并进一步研究它的应用。

2. 信号分解为阶跃信号的叠加

将信号分解为阶跃信号的叠加，如图 1-44 所示，推导过程与分解为单位冲激信号叠加的过程相似，表达式可写为

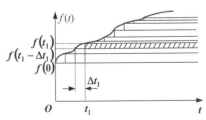

图 1-44 信号分解为阶跃信号的叠加

$$f(t) = f(0)u(t) + \int_0^\infty \frac{\mathrm{d}f(t_1)}{\mathrm{d}t_1}u(t - t_1)\mathrm{d}t_1 \tag{1-62}$$

这种方法与将信号分解为冲激信号的叠加相比，现在较少采用，这里不再做推导，感兴趣的同学可以查阅相关参考书。

1.5.4 信号的正交函数分量分解

在平面空间中，有正交矢量分解的概念，与之类似，在信号分析中，信号也可以分解为正交函数分量的叠加。将信号分解为正交函数分量的研究方法在信号与系统理论中占有重要地位。

1. 正交函数与正交函数集

设 $f_1(t)$ 和 $f_2(t)$ 是定义在区间 (t_1, t_2) 上的实函数，若在 (t_1, t_2) 上有

$$\int_{t_1}^{t_2} f_1(t)f_2(t) \,\mathrm{d}t = 0 \tag{1-63}$$

则称 $f_1(t)$ 和 $f_2(t)$ 在 (t_1, t_2) 内互为正交函数。

若实函数 $f_1(t), f_2(t), \cdots, f_n(t)$ 在区间 (t_1, t_2) 内两两互为正交，即有

$$\int_{t_1}^{t_2} f_i(t)f_j(t)\mathrm{d}t = \begin{cases} 0, & i \neq j \\ K_i, & i = j \end{cases} \tag{1-64}$$

则称此函数集 $\{f_1(t), f_2(t), \cdots, f_n(t)\}$ 在 (t_1, t_2) 内为正交函数集。

若 $\{f_1(t), f_2(t), \cdots, f_n(t)\}$ 是一个复变函数集，在区间 (t_1, t_2) 内满足

$$\int_{t_1}^{t_2} f_i(t)f_j^*(t)\mathrm{d}t = \begin{cases} 0, & i \neq j \\ K_i, & i = j \end{cases} \tag{1-65}$$

则称此复变函数集为正交复变函数集。其中 $f^*(t)$ 是 $f(t)$ 的共轭函数。

2. 完备的正交函数集

如果在正交函数集 $\{f_1(t), f_2(t), \cdots, f_n(t)\}$ 之外，不存在函数 $x(t)$ $\left(0 < \int_{t_1}^{t_2} x^2(t)\mathrm{d}t < \infty\right)$

满足等式

$$\int_{t_1}^{t_2} x(t)f_i(t)\mathrm{d}t = 0 \tag{1-66}$$

则该函数集称为完备的正交函数集。

3. 信号的正交函数分解

任意信号 $f(t)$ 在区间 (t_1, t_2) 内，可表示为完备的正交函数集的线性组合，表达式为

$$f(t) = c_1 f_1(t) + c_2 f_2(t) + \cdots + c_r f_r(t) + \cdots + c_n f_n(t) + \cdots = \sum_{r=1}^\infty c_r f_r(t) \tag{1-67}$$

式中，c_r 为加权系数，且有

$$c_r = \frac{\int_{t_1}^{t_2} f(t)f_r(t)\mathrm{d}t}{\int_{t_1}^{t_2} f_r^{\,2}(t)\mathrm{d}t} = \frac{\int_{t_1}^{t_2} f(t)f_r(t)\mathrm{d}t}{K_r} \tag{1-68}$$

若 $\{f_1(t), f_2(t), \cdots, f_n(t)\}$ 是复变函数集，系数为

$$c_r = \frac{\int_{t_1}^{t_2} f(t) f_r^*(t)\, \mathrm{d}t}{\int_{t_1}^{t_2} f_r(t) f_r^*(t)\, \mathrm{d}t} \qquad (1\text{-}69)$$

式（1-67）称为信号的正交展开式。

4. 傅里叶三角函数集与傅里叶指数函数集

（1）傅里叶三角函数集 $\{\cos(n\omega_1 t),\sin(n\omega_1 t)\}$，$n = 0$，1，$\cdots$

根据正交函数集的定义，可以证明在 $(t_0, t_0 + T)$ 内，傅里叶三角函数集是一个正交函数集，而且是一个完备的正交函数集。

（2）傅里叶指数函数集 $\{e^{jn\omega_1 t}\}$，$n = 0$，± 1，± 2，$\cdots$

同样可以证明，在 $(t_0, t_0 + T)$ 内，傅里叶指数函数集是一个完备的正交复变函数集。

本节介绍正交函数的目的，主要是为第 3 章周期信号的傅里叶级数的引入做铺垫。

课堂练习题

1.5-1　对于一个不为 0 的信号，下面描述不正确的是　　　　　　　　　　（　　）

A. 信号的奇分量是奇函数　　　　　　　　B. 偶函数的奇分量是 0

C. 信号的偶分量是偶函数　　　　　　　　D. 偶函数和奇函数相乘，结果为偶函数

1.5-2　（判断）任意信号可以分解为一个奇信号与一个偶信号的和。　　　　（　　）

1.5-3　（判断）任意信号 $f(t)$ 可以分解为无限多个冲激函数的叠加，可以用积分的形式来表示。（　　）

1.6　系统的描述与分类

1.6.1　系统的模型

为了进行系统分析，首先要建立系统的模型。所谓系统模型是系统物理特性的数学抽象，是以数学表达式或具有理想特性的符号组合图形来表征系统特性。

根据不同需要，系统模型往往具有不同形式。以电系统为例，它可以是由理想元器件互联组成的电路图；由基本运算单元（如加法器、乘法器、积分器等）构成的模拟框图；也可以是在上述电路图、模拟框图等的基础上，按照一定规则建立的用于描述系统特性的数学方程。这种数学方程也称为系统的数学模型。

例如，由电阻器、电感线圈组成的串联回路，可抽象表示为图 1-45 所示的电路图那样的模型。R 代表电阻器的阻值，L 代表线圈的电感量。若激励信号是电压源 $e(t)$，欲求解电流 $i(t)$，由元件的伏安特性与基尔霍夫电压定律（KVL）可以建立如下的微分方程式：

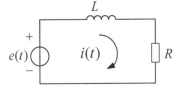

图 1-45　RL 串联电路

$$L \frac{\mathrm{d}i(t)}{\mathrm{d}t} + Ri(t) = e(t) \qquad (1\text{-}70)$$

这个微分方程就是图 1-45 所示 RL 串联电路的数学模型。

系统数学模型建立以后，如果已知系统的起始状态以及输入激励信号，即可运用数学方法求解其响应，进行系统分析。概括地说，系统分析的过程是从实际物理问题抽象为数学模型，经数学解析后再回到物理实际的过程。

关于系统数学模型的建立及一般形式的内容，在第 2 章再进一步介绍。

1.6.2 系统的模拟框图

除利用数学表达式描述系统模型之外，也可借助模拟框图来描述系统模型。系统模拟框图就是利用基本运算单元形象地表示系统功能的框图。

描述 LTI 系统数学模型的微分方程中，一般包含有三种运算：微分、标量相乘、相加，因此用三种基本运算器件：积分器、乘法器、加法器，可以实现相应的运算功能。因为微分和积分互为逆运算，在实际应用中，一般用积分器而不用微分器构成基本运算单元，这主要是因为积分器的性能比微分器好，能抑制突发干扰（噪声）信号的影响。

以上三种基本运算单元都可以在模拟计算机中实现，利用上述基本运算器件可以构建模拟系统，进行模拟实验。这里所说的系统模拟不是实验室中对系统的仿制，而是数学意义上的模拟，即模拟系统与实际系统具有相同的数学模型。通过对模拟系统进行分析，并研究系统参数变化与系统输出的变化情况，可确定系统的最佳参数，进而据此来构建实际系统。

1. 三种模拟器件

（1）加法器

两个输入信号相加

$$r(t) = e_1(t) + e_2(t) \tag{1-71}$$

多个输入信号相加

$$r(t) = e_1(t) + e_2(t) + \cdots + e_n(t) \tag{1-72}$$

图 1-46a 表示两个信号相加的加法器，图 1-46b 表示多个信号相加的加法器。

图 1-46　加法器

a）二输入加法器　b）多输入加法器

（2）标量乘法器

标量乘

$$r(t) = ae(t) \tag{1-73}$$

标量乘法器如图 1-47 所示。

$$e(t) \xrightarrow{\quad} \boxed{a} \xrightarrow{\quad r(t)} \qquad\qquad e(t) \xrightarrow{\quad a \quad} r(t) \text{（简化版）}$$

图 1-47　标量乘法器

（3）积分器

信号积分

$$r(t) = \int_{-\infty}^{t} e(t)\,\mathrm{d}t \tag{1-74}$$

$$e(t) \xrightarrow{\quad} \boxed{\int} \xrightarrow{\quad r(t)}$$

积分器如图 1-48 所示。

图 1-48　积分器

2. 系统模拟框图

用以上三种模拟器件（积分器、标量乘法器、加法器）就可以描述系统的数学模型，画出系统模拟框图。用模拟框图表示一个系统的功能常常比用数学表达式更为直观。下面举例说明。

【例1-11】 两个一阶系统的微分方程表达式如下所示，分别画出它们的模拟框图。

（1）$\dfrac{\mathrm{d}r(t)}{\mathrm{d}t} + a_0 r(t) = b_0 e(t)$

（2）$\dfrac{\mathrm{d}r(t)}{\mathrm{d}t} + a_0 r(t) = b_1 \dfrac{\mathrm{d}e(t)}{\mathrm{d}t}$

解：（1）将方程中输出信号的一阶导数项放到等式左侧，其他项移到等式另一侧。原方程改写为

$$\frac{\mathrm{d}r(t)}{\mathrm{d}t} = b_0 e(t) - a_0 r(t)$$

将等式左端响应的一阶导数项作为加法器的输出，等式右端各项作为加法器的输入。由此，可画出系统的模拟框图如图1-49a所示。

（2）原方程改写为

$$\frac{\mathrm{d}r(t)}{\mathrm{d}t} = -a_0 r(t) + b_1 \frac{\mathrm{d}e(t)}{\mathrm{d}t}$$

此方程中含有激励的导数项，将方程两端积分一次，得

$$r(t) = -a_0 \int r(t)\,\mathrm{d}t + b_1 e(t)$$

该系统模拟框图如1-49b所示。

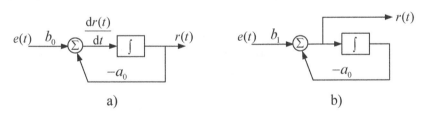

a)   b)

图1-49 例1-11 系统模拟框图

【例1-12】 某连续系统的输入输出方程为 $y''(t) + a_1 y'(t) + a_0 y(t) = f(t)$，试画出该系统的模拟框图。

解：将方程中输出信号的最高阶导数项放到等式左侧，其他各项移到等式另一侧，原方程改写为

$$y''(t) = -a_1 y'(t) - a_0 y(t) + f(t)$$

以 $y''(t)$ 作为加法器的输出，可画出系统的模拟框图如图1-50所示。

【例1-13】 请用积分器画出如下微分方程所代表的系统的模拟框图。

$$\frac{\mathrm{d}^2 r(t)}{\mathrm{d}t^2} + 3\frac{\mathrm{d}r(t)}{\mathrm{d}t} + 2r(t) = \frac{\mathrm{d}e(t)}{\mathrm{d}t} + e(t)$$

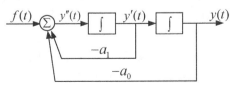

图1-50 例1-12 系统模拟框图

解：本例中，系统方程中不仅含有激励，还含有激励的导数项，对于这类系统，可以通过引用辅助函数的方法画出系统框图。设辅助函数 $x(t)$ 满足

$$x''(t) + 3x'(t) + 2x(t) = e(t)$$
$$r(t) = x'(t) + x(t)$$

由上两式可以画出系统的模拟框图，如图 1-51 所示。

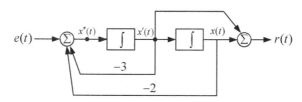

图 1-51　例 1-13 系统模拟框图

1.6.3　系统的分类

与信号相似，系统从不同的角度也可以进行不同的分类。不同的系统有不同的数学模型。

1. 连续时间系统与离散时间系统

如果系统的输入和输出都是连续时间信号，则此系统称为连续时间系统，也称为模拟系统。由 R、L、C 等元件组成的电路都是连续时间系统的例子。

如果系统的输入和输出都是离散时间信号，则此系统称为离散时间系统，也称为数字系统。数字计算机是典型的离散系统的例子。

实际中的系统，常常由连续时间系统和离散时间系统组合而成，这样的系统称为混合系统，如图 1-52 所示。

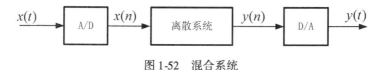

图 1-52　混合系统

连续时间系统的数学模型是微分方程；离散时间系统的数学模型是差分方程。本书先研究连续时间系统，然后研究离散时间系统。

2. 即时系统与动态系统

如果系统在任意时刻的响应仅决定于该时刻的激励，而与它过去的历史无关，则称之为即时系统（或静态系统）。全部由无记忆元件（如电阻）组成的系统是即时系统。

如果系统在任意时刻的响应不仅与该时刻的激励有关，而且与它过去的历史有关，则称之为动态系统（或记忆系统）。含有动态元件（如电容、电感）的系统是记忆系统。

即时系统的数学模型是代数方程；动态系统的数学模型是微分方程。

3. 集总参数系统与分布参数系统

由集总参数元件（如 R、L、C 等）所组成系统称为集总参数系统。含有分布参数元件（如传输线、波导等）的系统称为分布参数系统。

集总参数系统的数学模型是常微分方程；分布参数系统的数学模型是偏微分方程，这时描述系统的独立变量不仅是时间变量，还要考虑到空间位置。本书只研究集总参数系统。

4. 线性系统与非线性系统

线性系统是指具有线性特性的系统，线性特性包括均匀性与叠加性。均匀性也称齐次性，即系统的激励扩大 K 倍，响应也扩大 K 倍。叠加性是指当若干个输入信号同时作用于系统时，系统的输出响应是每个输入信号单独作用时所产生响应的叠加。

不满足线性特性的系统，即不满足均匀性或叠加性的系统是非线性系统。

一般来说，由线性元件（电阻、电感、电容）组成的系统称为线性系统；含有非线性元件（如晶体管）的系统则称为非线性系统。本书只研究线性系统。

5. 非时变系统与时变系统

如果系统的参数不随时间的变化而变化，则称此系统为非时变系统（或时不变系统）；如果系统的参数随时间改变，则称此系统为时变系统。

综合线性与非线性、时变与非时变两方面情况，可以有四种不同类型的系统：线性非时变系统、非线性非时变系统、线性时变系统、非线性时变系统。而以上每种系统又可分为连续系统和离散系统。

线性非时变系统的数学模型是线性常系数微分（或差分）方程；非线性非时变系统的数学模型为非线性常系数微分（或差分）方程；线性时变系统的数学模型是线性变参数微分（或差分）方程；非线性时变系统的数学模型则为非线性变参数微分（或差分）方程。

本书只研究线性非时变连续系统和线性非时变离散系统，它们也是系统理论的核心和基础。在本书的后续内容中，不做特殊说明的系统，都是指线性非时变系统。

除以上几种划分方式之外，还可将系统划分为因果系统与非因果系统、稳定系统与非稳定系统等，将在后续进行介绍。

课堂练习题

1.6-1　输入和输出都是连续时间信号的系统是　　　　　　　　　　　　　　　　（　　）

A. 混合系统　　　　　　B. 离散系统　　　　　　C. 数字系统　　　　　　D. 连续系统

1.6-2　下列哪种系统的数学模型是线性常系数微分（或差分）方程。　　　　　　（　　）

A. 线性非时变系统　　　B. 线性时变系统　　　C. 非线性常系数系统　　　D. 非线性时变系统

1.6-3　系统的模拟框图如题图 1.6-1 所示，该系统的微分方程为
　　　　　　　　　　　　　　　　　　　　　　　　　　　　（　　）

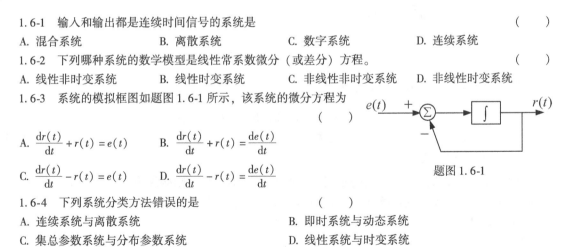

A. $\dfrac{\mathrm{d}r(t)}{\mathrm{d}t}+r(t)=e(t)$　　　B. $\dfrac{\mathrm{d}r(t)}{\mathrm{d}t}+r(t)=\dfrac{\mathrm{d}e(t)}{\mathrm{d}t}$

C. $\dfrac{\mathrm{d}r(t)}{\mathrm{d}t}-r(t)=e(t)$　　　D. $\dfrac{\mathrm{d}r(t)}{\mathrm{d}t}-r(t)=\dfrac{\mathrm{d}e(t)}{\mathrm{d}t}$

题图 1.6-1

1.6-4　下列系统分类方法错误的是　　　　　　　　　　　（　　）

A. 连续系统与离散系统　　　　　　　　　B. 即时系统与动态系统

C. 集总参数系统与分布参数系统　　　　　D. 线性系统与时变系统

1.7　线性非时变（LTI）系统

在信号与系统理论中，线性非时变系统占有重要的特殊地位，本书着重讨论确定信号作用下的线性非时变系统。为便于全书讨论，这里将线性非时变系统的基本特性做如下说明。

1.7.1 线性特性

线性特性包括均匀性和叠加性两个方面。

均匀性（齐次性）：若激励扩大 k 倍，产生的响应也扩大 k 倍。用框图表示如图 1-53 所示。

图 1-53　线性系统的均匀性

叠加性：当若干个输入信号同时作用于系统时，系统的输出响应是每个输入信号单独作用时所产生响应的叠加，如图 1-54 所示。

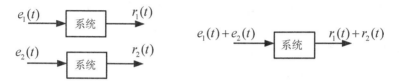

图 1-54　线性系统的叠加性

若系统同时满足均匀性和叠加性，该系统就称为线性系统。即若 $e_1(t)$、$r_1(t)$ 和 $e_2(t)$、$r_2(t)$ 分别代表两对激励与响应，则当激励为 $k_1e_1(t) + k_2e_2(t)$ 时，系统的响应为 $k_1r_1(t) + k_2r_2(t)$，如图 1-55 所示，该系统就是线性系统。

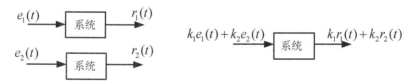

图 1-55　线性系统

线性特性用数学符号可以表示为

若
$$H[e_1(t)] = r_1(t), \ H[e_2(t)] = r_2(t)$$
则
$$H[k_1e_1(t) + k_2e_2(t)] = k_1H[e_1(t)] + k_2H[e_2(t)] = k_1r_1(t) + k_2r_2(t) \tag{1-75}$$
式中，k_1、k_2 为任意常数。

由常系数线性微分方程描述的系统，若起始状态不为零，则必须将外加激励信号与起始状态的作用分别考虑才能满足叠加性与均匀性，这将在 2.6 节进行讨论。

【例 1-14】　判断系统 $r(t) = e^2(t)$ 是否为线性系统？

解：根据线性系统的定义，若要判断系统为线性系统，则系统需同时满足均匀性和叠加性。但若系统不满足均匀性或叠加性中的任意一项，则系统就为非线性系统。

首先判断系统是否满足均匀性：

设 $e_1(t) = ke(t)$，则 $r_1(t) = H[e_1(t)] = [ke(t)]^2 = k^2e^2(t) \neq kr(t)$

系统不满足均匀性，所以系统为非线性系统。（因为系统已不满足均匀性，不必再判断是否满足叠加性。）

1.7.2　非时变性

对于非时变系统，由于系统参数本身不随时间改变，因此，在同样起始状态之下，系统响应与激励施加于系统的时刻无关。

如果激励为 $e(t)$，产生的响应为 $r(t)$，则当激励为 $e(t-t_0)$ 时，响应为 $r(t-t_0)$。即当激励延迟时间 t_0 时，其响应也延迟同样的时间 t_0，其波形形状保持不变，如图1-56所示。

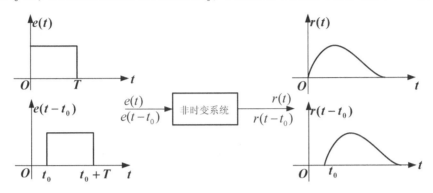

图1-56　系统的非时变特性

非时变性用数学符号可表示为

$$若\ H[e(t)] = r(t) \tag{1-76}$$
$$则\ H[e(t-t_0)] = r(t-t_0)$$

式中，t_0 为任意常数。

【例1-15】　判断下列两个系统是否为非时变系统。

（1）$r(t) = \cos[e(t)]$，$t > 0$

（2）$r(t) = e(t)\cos t$，$t > 0$

解: 由式（1-76）可知，如果信号先做时移，再经过系统，与信号先经过系统再时移，二者结果相等，则系统为非时变系统，否则为时变系统。判断过程如下:

（1）系统的作用是对输入信号进行余弦运算

① $e(t) \xrightarrow{\text{时移}\ t_0} e(t-t_0) \xrightarrow{\text{经过系统}} r_1(t) = \cos[e(t-t_0)]$，$t > 0$

② $e(t) \xrightarrow{\text{经过系统}} \cos[e(t)] \xrightarrow{\text{时移}\ t_0} r_2(t) = \cos[e(t-t_0)]$，$t > 0$

$r_1(t) = r_2(t)$

所以，此系统为时不变系统。

（2）系统的作用是输入信号乘 $\cos t$

① $e(t) \xrightarrow{\text{时移}\ t_0} e(t-t_0) \xrightarrow{\text{经过系统}} r_1(t) = e(t-t_0)\cos t$，$t > 0$

② $e(t) \xrightarrow{\text{经过系统}} e(t)\cos t \xrightarrow{\text{时移}\ t_0} r_2(t) = e(t-t_0)\cos(t-t_0)$，$t > 0$

$r_1(t) \neq r_2(t)$

所以，此系统为时变系统。

【例1-16】　$y(t) = tf(t)$，判断系统是否为线性非时变系统。

解: （1）判断系统是否为线性系统

由式（1-75）可知，如果信号先做线性运算再经过系统，与信号先经过系统再做线性运算所得的结果相等，则系统为线性系统；否则为非线性系统。判断过程如图 1-57 所示。

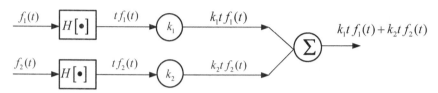

图 1-57　例 1-16 线性系统判断

$$H[k_1f_1(t) + k_2f_2(t)] = k_1H[f_1(t)] + k_2H[f_2(t)]$$

所以，此系统是线性系统。

（2）判断系统是否为时不变系统

① $f(t) \xrightarrow{\text{经过系统}} tf(t) \xrightarrow{\text{时移}\ t_0} y_1(t) = (t - t_0)f(t - t_0)$

② $f(t) \xrightarrow{\text{时移}\ t_0} f(t - t_0) \xrightarrow{\text{经过系统}} y_2(t) = tf(t - t_0)$

$y_1(t) \neq y_2(t)$

所以，此系统是时变系统。

综合上述两点，该系统为线性时变系统。

1.7.3　微分与积分特性

线性时不变系统满足微分特性与积分特性，用数学符号表示为

$$若\ e(t) \rightarrow r(t)$$

$$则\ \frac{\mathrm{d}e(t)}{\mathrm{d}t} \rightarrow \frac{\mathrm{d}r(t)}{\mathrm{d}t};\ \int_{-\infty}^{t} e(\tau)\mathrm{d}\tau \rightarrow \int_{-\infty}^{t} r(\tau)\mathrm{d}\tau \tag{1-77}$$

根据线性特性与时不变特性很容易证明上述结论，并可推广至高阶。微分与积分特性可用图 1-58 表示。

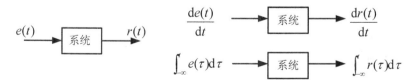

图 1-58　系统的微分与积分特性

1.7.4　因果性

因果系统是指系统在 t_0 时刻的响应仅与 $t = t_0$ 及 $t < t_0$ 时刻的激励有关，否则为非因果系统。也就是说，激励是产生响应的原因，响应是激励引起的结果，这种特性称为因果性。

因果系统的响应不会出现于激励加入之前，只有在激励加入之后，系统才可能有响应。

通常实际的物理系统都是因果系统，也称为物理可实现系统，非因果系统常用于数据预测，如气象预报等。

另外，借"因果"这一名词，常把 $t=0$ 时刻加入系统的信号（$t<0$ 时为零）也称为因果信号。对于因果系统，在因果信号激励下，响应也是因果信号。

【例 1-17】 判断下列系统的因果性

（1）$r(t)=e(t)+e(t-2)$

（2）$r(t)=e(t)+e(t+2)$

解：系统因果性的判断方法就是输出不超前于输入。

（1）当 $t=0$ 时，$r(0)=e(0)+e(-2)$

上式表明，系统此刻的响应等于系统此刻的激励与系统以前的激励之和。系统的响应不超前于激励，所以该系统为因果系统。

（2）当 $t=0$ 时，$r(0)=e(0)+e(+2)$

对于 $t=0$ 时刻，$e(+2)$ 是未来的激励，系统的响应与未来的激励有关，该系统是非因果系统。

课堂练习题

1.7-1　（判断）线性常系数微分方程表示的系统是 LTI 系统。　　　　　　　　（　　）

1.7-2　若系统激励信号为 $e(t)$，响应信号 $r(t)$，则系统 $r(t)=\dfrac{\mathrm{d}e(t)}{\mathrm{d}t}$ 为　　（　　）

A. 线性、时不变、因果系统　　　　　　　　B. 非线性、时不变、因果系统

C. 线性、时变、因果系统　　　　　　　　　D. 非线性、时变、因果系统

1.7-3　连续系统 $r(t)=(2t+1)e(t)$，$e(t)$ 为其输入，$r(t)$ 为其输出，该系统是　（　　）

A. 线性时变系统　　B. 线性时不变系统　　C. 非线性时变系统　　D. 非线性时不变系统

1.7-4　系统的输入输出关系为 $y(t)=f(3t)$，$f(t)$ 为输入，$y(t)$ 为输出，该系统是　（　　）

A. 线性时不变系统　　B. 线性时变系统　　C. 非线性时变系统　　D. 非线性时不变系统

1.7-5　系统的输入输出关系为 $r(t)=e(1-t)$，$e(t)$ 为输入，$r(t)$ 为输出，该系统是　（　　）

A. 线性、因果系统　　B. 非线性、因果系统　　C. 线性、非因果系统　　D. 非线性、非因果系统

1.8　线性非时变系统的分析方法及虚拟仪器仿真实验概述

在系统分析中，线性非时变（LTI）系统的分析具有重要意义。因为在实际应用中，经常遇到 LTI 系统，而且，有一些非线性系统或时变系统在一定条件下，也遵循线性时不变系统的规律。另一方面，LTI 系统的分析方法已经形成了完整的、严密的体系，日趋完善和成熟，它也是研究非线性或时变系统的基础。

为了使读者对本书的概貌有总体的了解，下面就系统分析方法和本书内容做一概述，着重说明线性非时变系统的分析方法。

所谓系统分析，简单地说就是在给定系统的结构、元件特性的情况下去研究系统对激励信号所产生的输出响应，其主要任务是建立与求解系统的数学模型。

1. 系统模型建立

在建立系统模型方面，系统的数学描述方法可分为两大类型：输入-输出描述法；状态变

量描述法。

（1）输入-输出描述法

输入-输出描述法在建立系统的数学模型时，侧重于系统的外部特性，一般不考虑系统内部变量，直接建立系统的输入与输出之间的函数关系。由此建立的系统方程直观而简单，适合于单输入单输出系统。在无线电技术中大量遇到的单输入单输出系统，应用这种方法比较方便。

利用输入-输出描述法建立的系统数学模型是一元 n 阶微分方程或差分方程。

（2）状态变量描述法

状态变量描述法不仅可以给出系统的响应，还可以描述系统内部各变量的情况，适用于多输入多输出系统。在现代控制系统理论研究中，广泛采用状态变量描述法。

利用状态变量描述法建立的系统数学模型是一阶联立微分方程组。

因课程学时和教材篇幅的限制，本书着重讲解输入-输出描述法。

2. 数学模型的求解

在建立了系统的数学模型后，还需要对其进行求解。系统数学模型的求解方法，主要有两大类：时域分析方法和变换域分析方法。

（1）时域分析方法

时域分析方法直接分析时间变量的函数，研究系统的时域特性。这种方法物理概念比较清楚，但计算过程较为烦琐。

时域分析方法主要包括时域经典解法和时域卷积法。对于输入-输出描述法建立的数学模型，可以利用经典法求解常系数线性微分方程或差分方程。对于状态变量描述的数学模型，则需求解矩阵方程。在线性系统时域分析方法中，卷积方法最受重视，本书中重点研究时域卷积法。

（2）变换域分析方法

对于高阶系统或激励信号较为复杂的情况，时域分析方法的计算过程繁复，不便求解。这时若采用变换域分析方法，问题就能迎刃而解。变换域分析方法将时间函数通过某种变换变成变换域的某种变量函数，通过变换，时域中的微分或差分方程转化成变换域中的代数方程，卷积运算变换为乘积运算，大大简化了求解计算过程。

变换域分析方法主要涉及的变换有傅里叶变换、拉普拉斯变换和 Z 变换等。对连续系统采用傅里叶变换或拉普拉斯变换的方法来分析；而对于离散系统常采用 Z 变换的方法来分析。傅里叶变换是从时域变换到频域，以频域特性为主要研究对象；而拉普拉斯变换及 Z 变换则分别从时域变换到复频域及 z 域，利用 s 域或 z 域的特性来分析系统。

线性非时变系统的研究，是以线性和时不变特性作为分析问题的基础的。按照这一观点去考查问题，时域分析方法与变换域分析方法并没有本质区别。两种方法都是把激励信号分解为某种基本单元，在这些单元信号分别作用的条件下求得系统的响应，然后叠加。例如，在时域卷积方法中这种单元是冲激函数，在傅里叶变换中是正弦函数或指数函数，在拉普拉斯变换中则是复指数信号。因此，变换域分析方法不仅可以视为求解数学模型的有力工具，而且能够赋予明确的物理意义，基于这种物理解释，时域分析方法与变换域分析方法得到了统一。

本书按照先连续后离散，先时域后变换域的顺序，研究线性非时变系统的基本分析方法，结合通信系统与控制系统的一般问题，初步介绍这些方法在信号传输与处理方面的简单应用。

3. 虚拟仪器仿真实验

信号与系统课程的特点是理论深涩、公式繁多,内容较为抽象。为了帮助学生理解和掌握课程中的基本概念、原理和分析方法,同时培养学生综合应用所学知识解决实际问题的能力,自主设计和研发了"基于 LabVIEW 的信号与系统虚拟仪器仿真实验平台",学生可通过内容简介中的电子资源获取方式索取进行学习。

该实验平台是以"信号与系统"课程为出发点的学习和科研引导性的虚拟实验仿真平台,为学生提供三个层次的实践教学内容:①以课程内容为主的基础实验;②针对具体问题的综合设计性实验;③与实际应用相关联的工程应用实例。

基础实验部分涵盖了信号与系统的所有知识要点,学生可以通过虚拟仪器的前面板建立信号与系统的模型,并能自主调节参数,实时观测、比较和分析仿真实验结果。虚拟仪器界面的动态仿真显示可以大大加深学生对抽象知识的理解和掌握。综合设计性实验主要解决课程与实际应用相关联的问题,配合课程理论学习,实现理论与实际的结合。工程应用实例部分是对实验教学更高层次的深入,学生在前面实验的基础上,进一步接触生产和生活中的实际应用实例,探究整个实例的设计、编程和实现过程。在此基础上学生可以仿照实例开发和实现自己的虚拟仪器,从而完成从理论到实际应用的飞跃。

习　题

1-1　分别判断题图 1-1 所示各波形是连续时间信号还是离散时间信号,若是离散时间信号是否为数字信号?

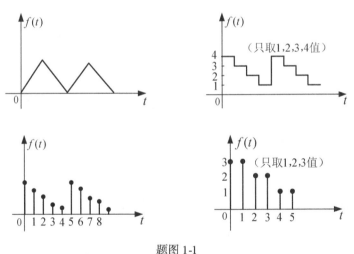

题图 1-1

1-2　分别判断下列各函数式属于连续时间信号还是离散时间信号,若是离散时间信号是否为数字信号?

(1) $e^{-\alpha t}\sin(\omega t)$

(2) e^{-nT}

(3) $\sin(n\omega_0)$ (ω_0 为任意值)

(4) $\left(\dfrac{1}{2}\right)^n$

以上式中 n 为正整数。

1-3　写出题图 1-2 所示各波形的函数式(用阶跃信号表示)。

1-4　绘出下列各时间函数的波形图。

(1) $f_1(t) = u(t^2 - 1)$

(2) $f_2(t) = e^{-(t-1)}\left[u(t-1) - u(t-2)\right]$

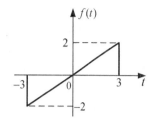 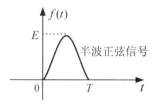 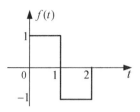

题图 1-2

(3) $f_3(t) = u(t) + u(t-1) + u(t-2)$

(4) $f_4(t) = \dfrac{\sin[a(t-t_0)]}{a(t-t_0)}$

(5) $f_5(t) = \mathrm{sgn}(t) + u(-t-2)$

1-5 绘出下列各时间函数的波形图，注意它们的区别。

(1) $t[u(t) - u(t-1)]$ (2) $tu(t-1)$

(3) $(t-1)u(t-1)$ (4) $t[u(t) - u(t-1)] + u(t-1)$

(5) $-(t-1)[u(t) - u(t-1)]$ (6) $(t-2)[u(t-2) - u(t-3)]$

1-6 绘出下列各时间函数的波形图，注意它们的区别。

(1) $f_1(t) = \sin(\omega t) \cdot u(t)$ (2) $f_2(t) = \sin[\omega(t-t_0)] \cdot u(t)$

(3) $f_3(t) = \sin(\omega t) \cdot u(t-t_0)$ (4) $f_4(t) = \sin[\omega(t-t_0)] \cdot u(t-t_0)$

1-7 粗略绘出下列各函数式的波形图。

(1) $f_1(t) = (2 - \mathrm{e}^{-t})u(t)$ (2) $f_2(t) = t\mathrm{e}^{-t}u(t)$

(3) $f_3(t) = \mathrm{e}^{-t}\cos(10\pi t)[u(t-1) - u(t-2)]$ (4) $f_4(t) = \dfrac{\mathrm{d}}{\mathrm{d}t}[\mathrm{e}^{-t}\cos t u(t)]$

1-8 应用冲激信号的性质，计算下列各式的函数值。

(1) $(t^2 + 2t - 2)\delta(t)$ (2) $\cos(2t)\delta(t-1)$

(3) $\displaystyle\int_{-\infty}^{\infty} f(t-t_0)\delta(t)\,\mathrm{d}t$ (4) $\displaystyle\int_{-\infty}^{\infty} (t + \sin t)\,\delta\left(t - \dfrac{\pi}{6}\right)\mathrm{d}t$

(5) $\displaystyle\int_{-1}^{1} (t^2 + 2t + 1)\,\delta(t+2)\,\mathrm{d}t$ (6) $\displaystyle\int_{-\infty}^{\infty} \delta(t-t_0)u(t-2t_0)\,\mathrm{d}t$

(7) $\displaystyle\int_{-10}^{10} (t^2 + 4)\delta(1-t)\,\mathrm{d}t$ (8) $\displaystyle\int_{-\infty}^{\infty} \mathrm{e}^{-j\omega t}[\delta(t) - \delta(t-t_0)]\,\mathrm{d}t$

1-9 已知 $f(t)$ 的波形如题图 1-3 所示，画出 $f\left(-\dfrac{1}{3}t + 1\right)$ 的波形图。

1-10 已知 $f(2t-3)$ 的波形如题图 1-4 所示，画出 $f(t)$ 的波形图。

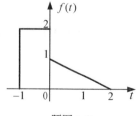   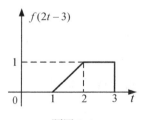

题图 1-3   题图 1-4

1-11 已知信号 $f(t)$ 波形如题图 1-5 所示，画出下列信号的波形图。

(1) $f_1(t) = f(2t)$ (2) $f_2(t) = f(2t)u(t)$

(3) $f_3(t) = f(t-3)$ (4) $f_4(t) = f(t-3)u(t)$

(5) $f_5(t) = f(t-3)u(t-3)$ (6) $f_6(t) = f(t+2)$

1-12 已知 $f(t)$ 的波形如题图 1-6 所示，画出 $f'(t)$ 的波形图，并写出 $f'(t)$ 的表达式。

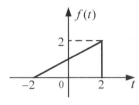

题图 1-5

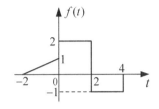

题图 1-6

1-13 对下列函数进行积分运算：$\int_{-\infty}^{t} f(\tau)\,\mathrm{d}\tau$，并画出积分后的波形图。

(1) $f_1(t) = u(t-1) - u(t-3)$ (2) $f_2(t) = \delta(t+1)$

1-14 粗略绘出题图 1-7 所示各信号的偶分量和奇分量的波形。

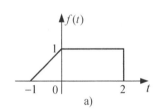 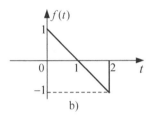 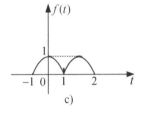

a)   b)   c)

题图 1-7

1-15 试画出阶跃信号的偶分量和奇分量的波形。

1-16 绘出下列系统的模拟框图。

(1) $\dfrac{\mathrm{d}r(t)}{\mathrm{d}t} + a_0 r(t) = b_1 \dfrac{\mathrm{d}e(t)}{\mathrm{d}t} + b_0 e(t)$

(2) $\dfrac{\mathrm{d}^2 r(t)}{\mathrm{d}t^2} + a_1 \dfrac{\mathrm{d}r(t)}{\mathrm{d}t} + a_0 r(t) = b_0 e(t)$

(3) $\dfrac{\mathrm{d}^2 r(t)}{\mathrm{d}t^2} + a_1 \dfrac{\mathrm{d}r(t)}{\mathrm{d}t} + a_0 r(t) = b_0 e(t) + b_1 \dfrac{\mathrm{d}e(t)}{\mathrm{d}t}$

1-17 判断下列系统是否为线性、时不变、因果系统。

(1) $r(t) = \dfrac{\mathrm{d}}{\mathrm{d}t}e(t) + e(t)$ (2) $r(t) = e(t)u(t)$

(3) $r(t) = \sin[e(t)]u(t)$ (4) $r(t) = e(1-t) + e(t-1)$

(5) $r(t) = e(2t)$ (6) $r(t) = 2e^2(t)$

(7) $\dfrac{\mathrm{d}^2}{\mathrm{d}t^2}r(t) + 3\dfrac{\mathrm{d}}{\mathrm{d}t}r(t) + 2r(t) = e(t)$ (8) $r(t) = \int_{-\infty}^{t} e(\tau)\,\mathrm{d}\tau$

1-18 有一线性时不变系统，当激励 $e_1(t) = u(t)$ 时，响应 $r_1(t) = e^{-\alpha t}u(t)$，试求当激励 $e_1(t) = \delta(t)$ 时，响应 $r_2(t)$ 的表示式（假定起始时刻系统无储能）。

1-19 某线性时不变系统，当激励 $e(t) = u(t)$ 时，其响应 $r(t) = (1-e^{-t})u(t)$。试求当激励为题图 1-8 所示的 $e_1(t)$ 时响应 $r_1(t)$ 的表达式（假设起始时刻系统无储能）。

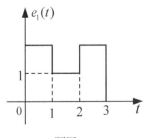

题图 1-8

第2章 连续时间系统的时域分析

LTI 系统的分析方法有两大类：时域分析方法和变换域分析方法。这一章研究连续时间系统的时域分析方法。

时域分析方法就是不涉及任何变换，直接求解系统的数学模型（微分方程式），系统的分析和计算全部都在时间域内进行，这种方法直观，物理概念清楚，是学习各种变换域分析方法的基础。

本章首先介绍线性非时变连续时间系统的数学模型，然后介绍线性非时变系统的求解方法。在线性非时变系统的求解方法中，首先介绍微分方程的时域经典解法，在此基础上引入并重点介绍系统的零输入响应与零状态响应的概念及解法。在零状态响应的求解中，着重介绍利用系统的冲激响应与激励的卷积积分求解系统的零状态响应的卷积积分法。卷积积分法是时域求解零状态响应的重要方法，利用卷积积分方法求解系统的零状态响应，物理概念清楚，并能够适应计算机编程求解，它在 LTI 系统理论中占有十分重要的地位，是近代系统分析的重要工具。本章最后对系统全响应及各响应分量加以总结。

2.1 LTI 系统的数学模型

1. 系统数学模型（微分方程）**的建立**

要进行系统分析，首先要建立系统的数学模型，即列写系统的微分方程。对于电系统来说，系统微分方程建立的主要根据是电网络两类约束特性，即元件特性约束和网络拓扑约束。

1）元件特性约束：表征元件特性的关系式。如电阻、电容、电感各自的电压与电流的关系等。

2）网络拓扑约束：由网络结构决定的电压、电流约束关系，如基尔霍夫电压定律（KVL）和基尔霍夫电流定律（KCL）等。

关于这方面的内容，同学们已在电路课程中进行了学习，这里不再赘述，下面由具体电路来举例说明系统数学模型的建立过程。

【例 2-1】 如图 2-1 所示的 RLC 串联电路，激励信号 $e(t)$ 为电压源，响应为回路电流 $i(t)$，试写出该电路的微分方程。

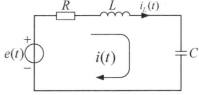

图 2-1 RLC 串联电路

解：设电阻、电感、电容上的电压分别 $v_R(t)$、$v_L(t)$、$v_C(t)$，以回路电流 $i(t)$ 为响应建立微分方程，由元件的电压与电流关系可知

$$v_R(t) = Ri(t) \tag{2-1}$$

$$v_L(t) = \frac{\mathrm{d}i_L(t)}{\mathrm{d}t} \tag{2-2}$$

$$v_C(t) = \frac{1}{C} \int_{-\infty}^{t} i(\tau)\mathrm{d}\tau \tag{2-3}$$

根据基尔霍夫电压定律（KVL）列回路电压方程，可得

$$v_R(t) + v_L(t) + v_C(t) = e(t)$$

代入上面的元件电压与电流关系得

$$Ri(t) + L\frac{\mathrm{d}}{\mathrm{d}t}i(t) + \frac{1}{C}\int_{-\infty}^{t}i(\tau)\mathrm{d}\tau = e(t)$$

上式是一个微、积分方程，对方程两边求导并乘以 C，得

$$LC\frac{\mathrm{d}^2}{\mathrm{d}t^2}i(t) + RC\frac{\mathrm{d}}{\mathrm{d}t}i(t) + i(t) = C\frac{\mathrm{d}}{\mathrm{d}t}e(t)$$

上式是图 2-1 所示电路系统的数学模型，这个电路是有两个独立储能元件的二阶系统，它的数学模型为二阶常系数线性微分方程。

【例 2-2】　图 2-2 所示互感耦合电路中，$e(t)$ 为电压源激励信号，试写出电流 $i_2(t)$ 的微分方程。

解：对于一、二次回路分别应用 KVL，可得如下两个方程

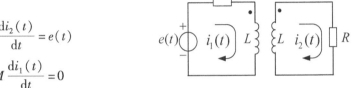

$$\begin{cases} L\dfrac{\mathrm{d}i_1(t)}{\mathrm{d}t} + Ri_1(t) - M\dfrac{\mathrm{d}i_2(t)}{\mathrm{d}t} = e(t) \\[2mm] L\dfrac{\mathrm{d}i_2(t)}{\mathrm{d}t} + Ri_2(t) - M\dfrac{\mathrm{d}i_1(t)}{\mathrm{d}t} = 0 \end{cases}$$

图 2-2　例 2-2 互感耦合电路

利用消元法求解联立方程，可得到 $i_2(t)$ 的微分方程

$$(L^2 - M^2)\frac{\mathrm{d}^2 i_2(t)}{\mathrm{d}t^2} + 2RL\frac{\mathrm{d}i_2(t)}{\mathrm{d}t} + R^2 i_2(t) = M\frac{\mathrm{d}e(t)}{\mathrm{d}t}$$

这个电路系统也含有两个独立储能元件，其数学模型也是一个二阶常系数线性微分方程。

从本节两例可以看出，系统微分方程的阶数就是系统的阶数，也就是系统中所包含的独立储能元件的个数。

2. n 阶 LTI 系统数学模型的一般形式

将以上讨论的两个例子推广到一般情况，对于一个 n 阶线性非时变连续时间系统，其激励信号 $e(t)$ 与响应信号 $r(t)$ 之间的关系，可以用下列形式的微分方程式来描述：

$$a_n\frac{\mathrm{d}^n r(t)}{\mathrm{d}t^n} + a_{n-1}\frac{\mathrm{d}^{n-1}r(t)}{\mathrm{d}t^{n-1}} + \cdots + a_i\frac{\mathrm{d}^i r(t)}{\mathrm{d}t^i} + \cdots + a_1\frac{\mathrm{d}r(t)}{\mathrm{d}t} + a_0 r(t)$$

$$= b_m\frac{\mathrm{d}^m e(t)}{\mathrm{d}t^m} + b_{m-1}\frac{\mathrm{d}^{m-1}e(t)}{\mathrm{d}t^{m-1}} + \cdots + b_j\frac{\mathrm{d}^j e(t)}{\mathrm{d}t^j} + \cdots + b_1\frac{\mathrm{d}e(t)}{\mathrm{d}t} + b_0 e(t)$$

$$(2\text{-}4)$$

式中，系数 a_i、b_j 均为常数。式 (2-4) 为一个 n 阶常系数线性微分方程。

课堂练习题

2.1-1　（判断）描述线性非时变连续时间系统的数学模型是常系数线性微分方程。　　　（　　）

2.1-2　（判断）对于一个电路系统，系统微分方程的阶次与系统储能元件的个数相等。　　（　　）

2.2　微分方程的时域经典解法与系统初始条件的确定

2.2.1　微分方程的时域经典解法

根据常系数线性微分方程的求解方法可知，式 (2-4) 微分方程的完全解由两个部分组成，一个是齐次方程的通解 $r_\mathrm{h}(t)$，也称齐次解；另一个是满足原方程的一个特解 $r_\mathrm{p}(t)$。即

$$r(t) = r_h(t) + r_p(t) \tag{2-5}$$

1. 齐次解 $r_h(t)$

齐次解 $r_h(t)$ 是当式 (2-4) 中的激励 $e(t)$ 及其各阶导数都为零时的解。即齐次解 $r_h(t)$ 满足

$$a_n \frac{d^n r(t)}{dt^n} + a_{n-1} \frac{d^{n-1} r(t)}{dt^{n-1}} + \cdots + a_1 \frac{dr(t)}{dt} + a_0 r(t) = 0 \tag{2-6}$$

式 (2-6) 称为式 (2-4) 对应的齐次方程。由高等数学知识可知，齐次解的形式是形如 $A e^{\alpha t}$ 函数的线性组合，将 $r(t) = A e^{\alpha t}$ 代入式 (2-6) 得

$$a_n A \alpha^n e^{\alpha t} + a_{n-1} A \alpha^{n-1} e^{\alpha t} + \cdots + a_1 A \alpha e^{\alpha t} + a_0 A e^{\alpha t} = 0 \tag{2-7}$$

经化简得

$$a_n \alpha^n + a_{n-1} \alpha^{n-1} + \cdots + a_1 \alpha + a_0 = 0 \tag{2-8}$$

如果 α_k 是式 (2-8) 的根，则 $r(t) = A e^{\alpha_k t}$ 将满足式 (2-6)。式 (2-8) 称为微分方程式 (2-4) 所对应的特征方程，它的 n 个根 α_1，α_2，$\cdots$，α_n 称为微分方程的特征根。

微分方程齐次解形式与特征根有关，有如下两种情况。

1) 当特征根为 n 个单根 α_1，α_2，$\cdots$，α_n 时，齐次解形式为

$$r_h(t) = A_1 e^{\alpha_1 t} + A_2 e^{\alpha_2 t} + \cdots + A_n e^{\alpha_n t} = \sum_{i=1}^{n} A_i e^{\alpha_i t} \tag{2-9}$$

2) 当特征根 α_1 为 k 重根时，对应 α_1 的齐次解有 k 项，齐次解形式为

$$r_h(t) = (A_1 t^{k-1} + A_2 t^{k-2} + \cdots + A_{k-1} t + A_k) e^{\alpha_1 t} + \sum_{i=k+1}^{n} A_i e^{\alpha_i t} \tag{2-10}$$

$$= \left(\sum_{i=1}^{k} A_i t^{k-i} \right) e^{\alpha_1 t} + \sum_{i=k+1}^{n} A_i e^{\alpha_i t}$$

齐次解中的待定系数 A_i 需根据全解（齐次解 + 特解）由初始条件确定。

【例 2-3】 求微分方程 $\dfrac{d^2 r(t)}{dt^2} + 5 \dfrac{dr(t)}{dt} + 6 r(t) = e(t)$ 的齐次解。

解： 写出系统特征方程

$$\alpha^2 + 5\alpha + 6 = 0$$

求出特征根

$$\alpha_1 = -2, \alpha_2 = -3$$

这里，特征根为两个单根，齐次解为

$$y_h(t) = A_1 e^{-2t} + A_2 e^{-3t}$$

【例 2-4】 求微分方程 $\dfrac{d^3}{dt^3} r(t) + 7 \dfrac{d^2}{dt^2} r(t) + 16 \dfrac{d}{dt} r(t) + 12 r(t) = e(t)$ 的齐次解。

解： 系统的特征方程为

$$\alpha^3 + 7\alpha^2 + 16\alpha + 12 = 0$$

特征根

$$(\alpha + 2)^2 (\alpha + 3) = 0$$

$$\alpha_1 = \alpha_2 = -2 (\text{二重根}), \alpha_3 = -3$$

因而对应的齐次解为

$$r_h(t) = (A_1 t + A_2) e^{-2t} + A_3 e^{-3t}$$

2. 特解 $r_p(t)$

微分方程的特解 $r_p(t)$ 的形式由激励函数的形式决定，将激励 $e(t)$ 代入方程式 (2-4) 的右

端，化简后右端的函数式称为"自由项"。通常根据自由项形式，试选特解的函数式，然后将特解代入原方程，求得特解函数式中的待定系数，即可求出特解。表 2-1 所示为几种典型激励函数对应的特解函数式。

表 2-1　几种典型的激励函数对应的特解函数式

激励函数（自由项）	响应函数的特解
A（常数）	B（常数）
t^n	$B_1 t^n + B_2 t^{n-1} + \cdots + B_n t + B_{n+1}$
$\mathrm{e}^{\alpha t}$	$B\mathrm{e}^{\alpha t}$
$\cos(\omega t)$	$B_1\cos(\omega t) + B_2\sin(\omega t)$
$\sin(\omega t)$	
$t^n \mathrm{e}^{\alpha t}\cos(\omega t)$	$(B_1 t^n + B_2 t^{n-1} + \cdots + B_n t + B_{n+1})\mathrm{e}^{\alpha t}\cos(\omega t)$
$t^n \mathrm{e}^{\alpha t}\sin(\omega t)$	$+ (D_1 t^n + D_2 t^{n-1} + \cdots + D_n t + D_{n+1})\mathrm{e}^{\alpha t}\sin(\omega t)$

注：1. 表中 B、D 是待定系数。

　　2. 若激励由几种函数组合，则特解也为相应的组合。

　　3. 若表中所列特解与齐次解重复，如激励函数 $\mathrm{e}^{\alpha t}$，齐次解也为 $\mathrm{e}^{\alpha t}$，则其特解为 $B_0 t\mathrm{e}^{\alpha t} + B_1 \mathrm{e}^{\alpha t}$。

3. 完全解 $r(t)$

微分方程的完全解为齐次解与特解之和，即

$$r(t) = r_\mathrm{h}(t) + r_\mathrm{p}(t) = \sum_{i=1}^{n} A_i \mathrm{e}^{\alpha_i t} + r_\mathrm{p}(t) \tag{2-11}$$

式（2-11）中的 n 个待定系数 A_i，要由系统的 n 个初始条件来确定。

由上面叙述可见，齐次解的形式仅取决于特征方程根的性质，而与激励信号无关，所以齐次解也称为自由解，这部分响应称为系统的自由响应（或自然响应）。当然齐次解的系数 A_i 与激励信号有关。而特解的形式完全由激励函数决定，因而特解称为强迫解，这部分响应称为系统的强迫响应（或受迫响应）。

下面以一例题说明经典解法的求解过程。

【例 2-5】　给定电路的微分方程 $\dfrac{\mathrm{d}^2 i(t)}{\mathrm{d}t^2} + 3\dfrac{\mathrm{d}i(t)}{\mathrm{d}t} + 2i(t) = 2e(t)$，如果已知激励 $e(t) = u(t)$，系统的初始条件 $i(0) = 1$，$i'(0) = 2$，利用经典解法求系统的全响应。

解：（1）求齐次解

系统的特征方程为

$$\alpha^2 + 3\alpha + 2 = 0$$

特征根

$$\alpha_1 = -1,\ \alpha_2 = -2$$

齐次解

$$i_\mathrm{h}(t) = A_1 \mathrm{e}^{-t} + A_2 \mathrm{e}^{-2t},\ t \geqslant 0$$

（2）求特解

$t \geqslant 0$ 时方程右端自由项为常数，令特解 $i_\mathrm{p}(t) = B$ 并代入原方程，得

$$2B = 2$$
$$B = 1$$

所以，特解为

$$i_p(t) = 1$$

（3）求完全解

系统的完全响应为

$$i(t) = i_h(t) + i_p(t) = A_1 e^{-t} + A_2 e^{-2t} + 1 , \quad t \geq 0$$

代入全响应初始条件，得

$$\begin{cases} i(0) = A_1 + A_2 + 1 = 1 \\ i'(0) = -A_1 - 2A_2 = 2 \end{cases}$$

$$\begin{cases} A_1 = 2 \\ A_2 = -2 \end{cases}$$

所以，系统的完全响应为

$$i(t) = \underbrace{2e^{-t} - 2e^{-2t}}_{\text{自由响应}} + \underbrace{1}_{\text{受迫响应}} , t \geq 0$$

2.2.2 系统初始条件的确定

由以上分析可知，在经典解法中，为求齐次解中的待定系数 A_i，需要利用系统的 n 个初始条件 $r^{(k)}(0) = \left[r(0), \dfrac{dr(0)}{dt}, \dfrac{d^2 r(0)}{dt^2}, \cdots, \dfrac{d^{n-1} r(0)}{dt^{n-1}} \right]$。实际上，由于 $t=0$ 时刻激励的加入，系统的初始状态在 $t=0$ 时刻可能发生跳变，从而使跳变前后的值不相等。以 0_- 表示激励加入之前的瞬间，以 0_+ 表示激励加入之后的瞬间，与之相对应的有两组初始状态：$r^{(k)}(0_-)$ 与 $r^{(k)}(0_+)$。

$$r^{(k)}(0_-) = \left[r(0_-), \frac{dr(0_-)}{dt}, \frac{d^2 r(0_-)}{dt^2}, \cdots, \frac{d^{n-1} r(0_-)}{dt^{n-1}} \right] \tag{2-12}$$

这组状态称为"0_- 状态"或"起始条件"。另一组状态被称为"0_+ 状态"或"初始条件"，即

$$r^{(k)}(0_+) = \left[r(0^+), \frac{dr(0_+)}{dt}, \frac{d^2 r(0_+)}{dt^2}, \cdots, \frac{d^{n-1} r(0_+)}{dt^{n-1}} \right] \tag{2-13}$$

当系统在 $t=0$ 时刻初始状态发生跳变时，$r^{(k)}(0_+) \neq r^{(k)}(0_-)$。

由于时域经典法求解系统微分方程时，是考虑激励作用以后，即 $t \geq 0_+$ 的解，所以要利用 $r^{(k)}(0_+)$ 来确定待定系数 A_i，而不能利用 $r^{(k)}(0_-)$。如例 2-5 中的 $i(0)$、$i'(0)$ 应为 $i(0_+)$、$i'(0_+)$。但是一般情况下，实际电路系统通常给出的往往是 0_- 时刻的起始条件 $r^{(k)}(0_-)$，所以必须根据激励信号和微分方程由 $r^{(k)}(0_-)$ 来确定 $r^{(k)}(0_+)$。

对于实际的电路系统，可以利用电路模型和系统内部储能的连续性来确定系统的初始条件。对复杂电路或非电路系统，系统的初始条件一般是借助于微分方程两端奇异函数平衡的方法来确定，这种方法称为 δ 函数匹配法。后者虽较为抽象，但却是普遍适用的一般方法。

δ 函数匹配法的基本原理是：对于一个描述系统的微分方程，它在整个时间范围内都是成立的，如果由于激励的加入，在微分方程的右端出现了冲激函数项 $\delta(t)$、$\delta'(t)$ 等，则在方程的左端也应有对应相等的冲激函数项。匹配就是使方程左端产生这样的一些对应相等的冲激函数。而这些冲激函数的产生，意味着 $r^{(k)}(t)$ 中某些函数在 $t=0$ 点有跳变。下面举例说明 δ 函数匹配的具体方法。

【例 2-6】 已知系统的微分方程为 $\dfrac{dr(t)}{dt} + 3r(t) = 3e(t)$，起始条件 $r(0_-) = 2$，对于以下几种情况，分别求系统的初始条件 $r(0_+)$。

（1）$e(t) = u(t)$

（2）$e(t) = \delta(t)$

（3）$e(t) = \delta'(t)$

解：（1）将 $e(t) = u(t)$ 代入原方程，则

$$\frac{\mathrm{d}r(t)}{\mathrm{d}t} + 3r(t) = 3u(t)$$

这里方程的右端没有 δ 函数项，因此方程的左端也不会有 δ 函数项，这表明 $r(t)$ 在起始点没有跳变。即

$$r(0_+) = r(0_-) = 2$$

这也说明，对不是 δ 函数的项，不必考虑匹配。

（2）将 $e(t) = \delta(t)$ 代入原方程，则

$$\frac{\mathrm{d}r(t)}{\mathrm{d}t} + 3r(t) = 3\delta(t)$$

由于方程右端有 $3\delta(t)$，因此，方程左端最高阶项 $\frac{\mathrm{d}r(t)}{\mathrm{d}t}$ 中应包含 $3\delta(t)$，这表明 $r(t)$ 在 $t = 0$ 有一个 3 的跳变量，所以

$$r(0_+) = r(0_-) + 3 = 5$$

（3）$e(t) = \delta'(t)$，代入方程得

$$\frac{\mathrm{d}r(t)}{\mathrm{d}t} + 3r(t) = 3\delta'(t)$$

将匹配过程一步一步列写如下。

① 先从最高阶项开始匹配

因为方程右端奇异函数的最高阶项是 $3\delta'(t)$，所以方程左端最高阶项 $\frac{\mathrm{d}r(t)}{\mathrm{d}t}$ 中应包含 $3\delta'(t)$。

② 最高阶项匹配好后对低阶项的影响

因为 $\frac{\mathrm{d}r(t)}{\mathrm{d}t}$ 中有 $3\delta'(t)$，这样，$r(t)$ 中就应包含 $3\delta(t)$。考虑到 $r(t)$ 项前面的系数，方程左端 $3r(t)$ 中就应有 $9\delta(t)$。

③ 匹配低阶项

方程左端有 $9\delta(t)$，而方程右端没有 $\delta(t)$，方程左右不平衡，因此，需要返回最高阶项 $\frac{\mathrm{d}r(t)}{\mathrm{d}t}$ 中进行补偿，也就是说，$\frac{\mathrm{d}r(t)}{\mathrm{d}t}$ 项中应有 $-9\delta(t)$，才能使方程两端 $\delta(t)$ 项相等。这表明 $r(t)$ 在 $t = 0$ 点有一个 -9 的跳变量，即

$$r(0_+) = r(0_-) - 9 = -7$$

为清楚起见，用下述形式概括整个匹配过程：

$$\frac{\mathrm{d}r(t)}{\mathrm{d}t} + 3r(t) = 3\delta'(t)$$

$$3\delta'(t) \rightarrow 3\delta(t)$$

$$\downarrow \times 3$$

$$-9\delta(t) \leftarrow 9\delta(t)$$

$$\downarrow \quad \rightarrow -9u(t)$$

在这种表达方式中，$u(t)$ 表示 $r^{(k)}(t)$ 在 $t=0$ 处有一个单位的跳变量。

由上例可知，采用时域经典法求解系统微分方程时，求系统初始条件 $r^{(k)}(0_+)$ 的过程比较麻烦。特别是当系统阶次较高时，求初始条件非常困难。所以，在线性系统分析中，常采用其他分析方法以避开求 $r^{(k)}(0_+)$ 这一步，具体方法将在后面加以讨论。

课堂练习题

2.2-1 （判断）经典解法中齐次解的形式与系统的特征根有关，与激励函数的形式无关。　　　　（　　）

2.2-2 （判断）系统的起始条件 $r^{(k)}(0_-)$ 与系统的初始条件 $r^{(k)}(0_+)$ 在任何时候都不相等。　　　　（　　）

2.2-3 连续系统微分方程为 $\dfrac{\mathrm{d}^2 r(t)}{\mathrm{d}t^2} + 2\dfrac{\mathrm{d}r(t)}{\mathrm{d}t} + r(t) = e(t)$，其齐次解的一般形式为　　　　（　　）

A. $A_1 \mathrm{e}^{-t}$　　　　B. $A_1 \mathrm{e}^{-t} + A_2 t \mathrm{e}^{-t}$　　　　C. $A_1 \mathrm{e}^{-t} + A_2 \mathrm{e}^{-2t}$　　　　D. $A_1 \mathrm{e}^{-t} + A_2 \mathrm{e}^{-2t} + A_3 \delta(t)$

2.2-4 连续系统微分方程为 $\dfrac{\mathrm{d}^2 r(t)}{\mathrm{d}t^2} + 3\dfrac{\mathrm{d}r(t)}{\mathrm{d}t} + 2r(t) = e(t)$，其齐次解的一般形式为　　　　（　　）

A. $A_1 \mathrm{e}^{-t} + A_2 \mathrm{e}^{-2t} + A_3 \mathrm{e}^{-3t}$　　　B. $A_1 \mathrm{e}^{-t} + A_2 t \mathrm{e}^{-t}$　　　C. $A_1 \mathrm{e}^{-t} u(t) + A_2 t \mathrm{e}^{-t} u(t)$　　D. $A_1 \mathrm{e}^{-t} + A_2 \mathrm{e}^{-2t}$

2.3 零输入响应与零状态响应

系统响应的时域求解除了上述时域经典法将完全解分为齐次解和特解这种方法外，另一种更广泛应用的方法是将系统的完全响应分解为零输入响应和零状态响应，该方法将系统的全响应看成是外加激励和系统的起始状态共同作用的结果。由此，系统的完全响应 $r(t)$ 就等于零输入响应与零状态响应之和，即

$$r(t) = r_{zi}(t) + r_{zs}(t) \tag{2-14}$$

2.3.1 LTI 系统的零输入响应

零输入响应：不考虑外加激励信号的作用（激励信号为零），仅由系统的起始状态（起始时刻系统的储能）所产生的响应，用 $r_{zi}(t)$ 表示。

LTI 连续时间系统的数学模型如式（2-4）所示，按照零输入响应的定义，系统在零输入时，激励 $e(t)$ 及其各阶导数都为零，式（2-4）微分方程右端为零，化为齐次方程

$$a_n \frac{\mathrm{d}^n r(t)}{\mathrm{d}t^n} + a_{n-1} \frac{\mathrm{d}^{n-1} r(t)}{\mathrm{d}t^{n-1}} + \cdots + a_1 \frac{\mathrm{d}r(t)}{\mathrm{d}t} + a_0 r(t) = 0$$

因此，零输入响应满足齐次方程，它与齐次解具有相同的形式。即系统的零输入响应形式也与特征根有关，有如下两种情况。

1）当特征根为 n 个单根 α_1，α_2，$\cdots$，α_n 时，零输入响应解为

$$r_{zi}(t) = C_1 \mathrm{e}^{\alpha_1 t} + C_2 \mathrm{e}^{\alpha_2 t} + \cdots + C_n \mathrm{e}^{\alpha_n t} = \sum_{i=1}^{n} C_i \mathrm{e}^{\alpha_i t} \tag{2-15}$$

2）当特征根 α_1 为 k 重根时，对应 α_1 的零输入响应解有 k 项，为

$$r_{zi}(t) = (C_1 t^{k-1} + C_2 t^{k-2} + \cdots + C_{k-1} t + C_k) \mathrm{e}^{\alpha_1 t} + \sum_{i=k+1}^{n} C_i \mathrm{e}^{\alpha_i t} \tag{2-16}$$

$$= (\sum_{i=1}^{k} C_i t^{k-i}) \mathrm{e}^{\alpha_1 t} + \sum_{i=k+1}^{n} C_i \mathrm{e}^{\alpha_i t}$$

由于零输入响应从 $t<0$ 到 $t>0$ 没有激励作用，而且系统内部结构不会发生改变，因而系

统的状态在零点不会发生变化，也即 $r^{(k)}(0_+) = r^{(k)}(0_-)$。所以，零输入响应中的 n 个待定系数 C_1，C_2，…，C_n，可直接由系统的起始状态 $r^{(k)}(0_-)$ 来确定。

以单根情况为例，代入系统的起始条件

$$\begin{cases} r(0_-) = C_1 + C_2 + \cdots + C_n \\ \dfrac{\mathrm{d}}{\mathrm{d}t}r(0_-) = C_1\alpha_1 + C_2\alpha_2 + \cdots + C_n\alpha_n \\ \qquad\qquad\vdots \\ \dfrac{\mathrm{d}^{n-1}}{\mathrm{d}t^{n-1}}r(0_-) = C_1\alpha_1^{\,n-1} + C_2\alpha_2^{\,n-1} + \cdots + C_n\alpha_n^{\,n-1} \end{cases} \tag{2-17}$$

可解出系数 C_1，C_2，…，C_n，求得零输入响应。

需要注意，自由响应和零输入响应都满足齐次方程的解，它们形式相同，但系数不同。

【例 2-7】　某系统微分方程为 $\dfrac{\mathrm{d}^2 r(t)}{dt^2} + 3\dfrac{dr(t)}{dt} + 2r(t) = \dfrac{de(t)}{dt} + e(t)$，已知系统的起始条件 $r(0_-) = 1$，$r'(0_-) = 3$，求系统的零输入响应。

解：（1）写出原方程的特征方程

$$\alpha^2 + 3\alpha + 2 = 0$$

（2）求出特征根

$$\alpha_1 = -1, \alpha_2 = -2$$

（3）写出零输入响应一般形式

$$r_{zi}(t) = C_1 \mathrm{e}^{-t} + C_2 \mathrm{e}^{-2t}, t \geqslant 0$$

（4）由 0_- 条件求待定系数

$$\begin{cases} r(0_-) = C_1 + C_2 = 1 \\ r'(0_-) = -C_1 - 2C_2 = 3 \end{cases}$$

（5）解出待定系数

$$\begin{cases} C_1 = 5 \\ C_2 = -4 \end{cases}$$

（6）得出零输入响应

$$r_{zi}(t) = 5\mathrm{e}^{-t} - 4\mathrm{e}^{-2t}, t \geqslant 0$$

【例 2-8】　已知系统微方程 $\dfrac{\mathrm{d}^2}{dt^2}r(t) + 2\dfrac{\mathrm{d}}{dt}r(t) + r(t) = e(t)$，系统的起始条件为 $r(0_-) = 1$，$r'(0_-) = 2$，求系统的零输入响应。

解：（1）系统的特征方程

$$\alpha^2 + 2\alpha + 1 = 0$$

（2）求出特征根

$$(\alpha + 1)^2 = 0$$
$$\alpha_1 = \alpha_2 = -1（二重根）$$

（3）零输入响应形式

$$r_{zi}(t) = (C_1 t + C_2)\mathrm{e}^{-t}, t \geqslant 0$$

（4）代入 0_- 起始条件求待定系数

$$
\begin{cases}
r(0_-) = C_2 = 1 \\
r'(0_-) = C_1 - C_2 = 2
\end{cases}
\Rightarrow
\begin{cases}
C_2 = 1 \\
C_1 = 3
\end{cases}
$$

（5）求得零输入响应

$$
r_{zi}(t) = (3t+1)e^{-t}, \quad t \geqslant 0
$$

【例 2-9】 已知电路如图 2-3 所示，开关 S 在 $t=0$ 时闭合，系统的起始条件 $i_2(0_-) = 0\mathrm{A}$，$i_2'(0_-) = -1\mathrm{A/s}$。求零输入响应 $i_2(t)$。

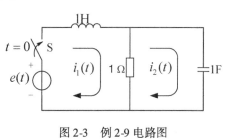

解： 先建立电路的微分方程

$$
\begin{cases}
\dfrac{di_1(t)}{dt} + i_1(t) - i_2(t) = e(t) \\
-i_1(t) + \displaystyle\int_{-\infty}^{t} i_2(\tau)\,d\tau + i_2(t) = 0
\end{cases}
$$

图 2-3 例 2-9 电路图

消元整理得系统微分方程

$$
\frac{d^2 i_2(t)}{dt^2} + \frac{di_2(t)}{dt} + i_2(t) = \frac{de(t)}{dt}
$$

特征方程
$$
\alpha^2 + \alpha + 1 = 0
$$

特征根
$$
\alpha_1 = -\frac{1}{2} + j\frac{\sqrt{3}}{2}, \quad \alpha_2 = -\frac{1}{2} - j\frac{\sqrt{3}}{2}
$$

零输入解形式
$$
i_{2zi}(t) = C_1 e^{\left(-\frac{1}{2} + j\frac{\sqrt{3}}{2}\right)t} + C_2 e^{\left(-\frac{1}{2} - j\frac{\sqrt{3}}{2}\right)t}
$$

代入起始条件，解出待定系数

$$
\begin{cases}
i_2(0_-) = C_1 + C_2 = 0 \\
i_2'(0_-) = \left(-\dfrac{1}{2} + j\dfrac{\sqrt{3}}{2}\right)C_1 - \left(\dfrac{1}{2} + j\dfrac{\sqrt{3}}{2}\right)C_2 = -1
\end{cases}
\Rightarrow
\begin{cases}
C_1 = -\dfrac{2}{j\sqrt{3}} \\
C_2 = \dfrac{2}{j\sqrt{3}}
\end{cases}
$$

所以，零输入响应为

$$
i_{2zi}(t) = -\frac{1}{j\sqrt{3}} e^{\left(-\frac{1}{2} + j\frac{\sqrt{3}}{2}\right)t} + \frac{1}{j\sqrt{3}} e^{-\left(\frac{1}{2} + j\frac{\sqrt{3}}{2}\right)t} = -\frac{2}{\sqrt{3}} e^{-\frac{1}{2}t}\left(\sin\frac{\sqrt{3}}{2}t\right), \quad t \geqslant 0
$$

2.3.2 LTI 系统的零状态响应

1. 系统的零状态响应

零状态响应：不考虑系统起始时刻储能的作用（起始状态等于零），仅由系统的外加激励所引起的响应，用 $r_{zs}(t)$ 表示。

由系统的经典解法可知，系统的全响应包括齐次解和特解两个部分，以单根为例，其一般形式为

$$
r(t) = r_h(t) + r_p(t) = \sum_{k=1}^{n} A_k e^{\alpha_k t} + r_p(t)
$$

系统的零输入响应也满足齐次方程，并符合起始状态 $r^{(k)}(0_-)$ 的约束。它是齐次解中的一部分，如式（2-15）所示，为说明方便，这里把 C_i 写为 A_{zik}。

$$r_{\mathrm{zi}}(t) = \sum_{k=1}^{n} A_{\mathrm{zi}k} \mathrm{e}^{\alpha_k t}$$

所以，系统的零状态响应包含齐次解的一部分和特解之和，形式为

$$r_{\mathrm{zs}}(t) = \sum_{k=1}^{n} A_{\mathrm{zs}k} \mathrm{e}^{\alpha_k t} + r_{\mathrm{p}}(t) \tag{2-18}$$

根据零状态响应的定义，不考虑起始时刻系统储能的作用，系统的零状态起始条件 $r_{\mathrm{zs}}^{(k)}(0_-) = 0$，但由于激励的加入，系统的初始状态可能会产生跳变，使得 $r_{\mathrm{zs}}^{(k)}(0_+) \neq 0$，此时求零状态响应中的待定系数 $A_{\mathrm{zs}k}$ 要由 $r_{\mathrm{zs}}^{(k)}(0_+)$ 来确定。

利用上述方法求解系统的零状态响应时，如果系统的初始条件在起始点发生跳变，就涉及求 $r^{(k)}(0_+)$ 的过程，就会很麻烦。特别是当激励函数较复杂、系统的阶次较高时，求解将十分困难，所以，本书重点介绍利用卷积积分求解系统零状态响应的方法。

2. 系统零状态响应的卷积积分分析

卷积积分法求解系统的零状态响应的基本原理是：利用信号的分解原理，将任意信号分解为无限多个冲激信号的叠加，然后将这些冲激信号分别通过线性系统，得到各个冲激信号所对应的冲激响应，再利用线性时不变系统的线性特性和时不变特性，将各冲激响应叠加，最后得到系统的零状态响应。

如果系统的激励为 $e(t)$，由式（1-61）可知，任意信号可以表示为无限多个冲激函数的叠加，则

$$e(t) = \int_{-\infty}^{\infty} e(\tau)\delta(t-\tau)\mathrm{d}\tau \tag{2-19}$$

系统在单位冲激信号 $\delta(t)$ 作用下产生的零状态响应称为单位冲激响应，用 $h(t)$ 表示，即

$$\delta(t) \rightarrow h(t)$$

根据 LTI 系统满足时不变性，有

$$\delta(t-\tau) \rightarrow h(t-\tau)$$

根据线性系统的齐次性，有

$$e(\tau)\delta(t-\tau) \rightarrow e(\tau)h(t-\tau)$$

根据线性系统的叠加性，对上式两边分别叠加取积分，有

$$\int_{-\infty}^{\infty} e(\tau)\delta(t-\tau)\mathrm{d}\tau \rightarrow \int_{-\infty}^{\infty} e(\tau)h(t-\tau)\mathrm{d}\tau$$

由此可以得出，系统的输入为 $e(t) = \int_{-\infty}^{\infty} e(\tau)\delta(t-\tau)\mathrm{d}\tau$ 时，系统的零状态响应就是

$$r_{\mathrm{zs}}(t) = \int_{-\infty}^{\infty} e(\tau)h(t-\tau)\mathrm{d}\tau \tag{2-20}$$

此结果表明，如果加入系统的激励是 $e(t)$，系统的单位冲激响应是 $h(t)$，系统的零状态响应可以由 $e(\tau)$ 和 $h(t-\tau)$ 相乘的积分求得，这个积分就称为卷积积分，表示为

$$r_{\mathrm{zs}}(t) = e(t) * h(t) = \int_{-\infty}^{\infty} e(\tau)h(t-\tau)\mathrm{d}\tau \tag{2-21}$$

上述利用卷积积分求解系统零状态响应的过程，如图 2-4 所示。

这种利用系统的单位冲激响应和激励的卷积积分求解系统零状态响应的方法称为卷积积分法。

卷积积分法是 LTI 系统时域分析最基本的方法，是分析线性时不变系统的一个重要工具，随着信号与系统理论研究的深入，以及计算机技术的发展，卷积积分得到了更为广泛的应用。

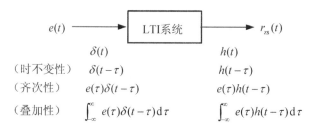

图2-4　利用卷积积分求解系统零状态响应分析过程

利用卷积积分法求系统的零状态响应，首先要求出系统的单位冲激响应，然后通过计算激励和单位冲激响应的卷积积分求得系统的零状态响应。下面讨论系统的单位冲激响应及其求解。

课堂练习题

2.3-1　（判断）在没有激励的情况下，系统的响应称为零输入响应。　　　　　　　（　　）

2.3-2　（判断）零状态响应与系统的特性无关。　　　　　　　　　　　　　　　（　　）

2.3-3　已知连续系统二阶微分方程的零输入响应 $y_{zi}(t)$ 的形式为 $Ae^{-t}+Be^{-2t}$，则其两个特征根为（　　）

A. -1，-2　　　　　　　B. -1，2　　　　　　　C. 1，-2　　　　　　　D. 1，2

2.3-4　若描述某二阶连续时间 LTI 系统的微分方程为 $y''(t)+5y'(t)+6y(t)=x(t)$，起始状态 $y(0_-)=1$，$y'(0_-)=-1$，则零输入响应是　　　　　　　　　　　　　　　　　　　　　　　　（　　）

A. $y_{zi}(t)=-2e^{-2t}+e^{-3t}$，$t\geqslant0$　　　　　　B. $y_{zi}(t)=2e^{-2t}+e^{-3t}$，$t\geqslant0$

C. $y_{zi}(t)=2e^{-2t}-e^{-3t}$，$t\geqslant0$　　　　　　D. $y_{zi}(t)=3e^{-2t}-2e^{-3t}$，$t\geqslant0$

2.3-5　若系统的冲激响应为 $h(t)$，输入信号为 $f(t)$，系统的零状态响应是　　　（　　）

A. $h(t)f(t)$　　　　　B. $f(t)\delta(t)$　　　　　C. $\int_{-\infty}^{\infty}f(\tau)h(t-\tau)\mathrm{d}\tau$　　D. $\int_0^{\tau}f(t)h(t-\tau)\mathrm{d}t$

2.4　冲激响应与阶跃响应

1. 单位冲激响应与单位阶跃响应

单位冲激响应是系统在单位冲激信号 $\delta(t)$ 作用下产生的零状态响应，简称为冲激响应，一般用 $h(t)$ 表示，如图2-5所示。

以单位阶跃信号 $u(t)$ 作为激励，系统产生的零状态响应称为单位阶跃响应，或简称阶跃响应，用 $g(t)$ 表示。

图2-5　单位冲激响应

由2.3节内容可知，系统的零状态响应可以借助于冲激响应和激励的卷积积分来分析。在系统分析中，常利用 $h(t)$ 来表征系统的稳定性、因果性等系统的基本性能。所以 $h(t)$ 在系统分析中具有重要的意义。

2. 冲激响应的求解

对于线性时不变系统，其数学模型一般形式如式（2-4）所示。

令 $e(t)=\delta(t)$，有 $r(t)=h(t)$，则

$$a_n\frac{\mathrm{d}^n h(t)}{\mathrm{d}t^n}+a_{n-1}\frac{\mathrm{d}^{n-1}h(t)}{\mathrm{d}t^{n-1}}+\cdots+a_1\frac{\mathrm{d}h(t)}{\mathrm{d}t}+a_0h(t)$$

$$=b_m\frac{\mathrm{d}^m\delta(t)}{\mathrm{d}t^m}+b_{m-1}\frac{\mathrm{d}^{m-1}\delta(t)}{\mathrm{d}t^{m-1}}+\cdots+b_1\frac{\mathrm{d}\delta(t)}{\mathrm{d}t}+b_0\delta(t)$$

$$(2\text{-}22)$$

根据 $\delta(t)$ 的定义可知，$\delta(t)$ 及其导数在 $t>0$ 时都为零，因而 $t>0$ 时式（2-22）右端恒等于零，得

$$a_n \frac{\mathrm{d}^n h(t)}{\mathrm{d}t^n} + a_{n-1} \frac{\mathrm{d}^{n-1} h(t)}{\mathrm{d}t^{n-1}} + \cdots + a_1 \frac{\mathrm{d}h(t)}{\mathrm{d}t} + a_0 h(t) = 0 \qquad (2\text{-}23)$$

由式（2-23）可知，系统的单位冲激响应 $h(t)$ 也满足齐次方程，所以单位冲激响应形式与齐次解、零输入响应解都具有相同形式（注意形式相同，系数不同），即指数项相叠加的形式。

此外，由式（2-22）可知，为保证等式左右两端冲激函数平衡，$h(t)$ 的形式还与 n 和 m 的相对大小有关。因此，系统的单位冲激响应形式有以下情况。

1）当 $n>m$ 时，一般情况下有 $n>m$，此时方程左端 $\dfrac{\mathrm{d}^n h(t)}{\mathrm{d}t^n}$ 项应包含 $\dfrac{\mathrm{d}^m \delta(t)}{\mathrm{d}t^m}$，依次有 $\dfrac{\mathrm{d}^{n-1} h(t)}{\mathrm{d}t^{n-1}}$ 项对应 $\dfrac{\mathrm{d}^{m-1} \delta(t)}{\mathrm{d}t^{m-1}}$，$\cdots$，$h(t)$ 中不包含 $\delta(t)$ 及其各阶导数项，如果特征根为 n 个单根，则

$$h(t) = \left(\sum_{i=1}^{n} K_i \mathrm{e}^{\alpha_i t} \right) u(t) \qquad (2\text{-}24)$$

式中，α_i 为特征根。注意 $h(t)$ 表达式中 $u(t)$ 不能省略，因为 $h(t)$ 满足齐次方程是在 $t>0$ 的情况下得出的，否则在求解系数 K_i 时会产生错误。

2）当 $n=m$ 时，$h(t)$ 中包含 $\delta(t)$

$$h(t) = \left(\sum_{i=1}^{n} K_i \mathrm{e}^{\alpha_i t} \right) u(t) + B\delta(t) \qquad (2\text{-}25)$$

3）当 $n<m$ 时，$h(t)$ 中除包含 $\delta(t)$ 外，还有 $\delta(t)$ 的导数项

$$h(t) = \left(\sum_{i=1}^{n} K_i \mathrm{e}^{\alpha_i t} \right) u(t) + B_0 \delta(t) + B_1 \delta'(t) + \cdots B_{m-n} \delta^{(m-n)}(t) \qquad (2\text{-}26)$$

上述式中待定系数 K_i 和 B_i 的确定，可以利用待定系数法求出。即将 $h(t)$ 的表达式及 $h(t)$ 的各阶导数表达式代入原方程式（2-22）中，使方程两端冲激函数系数相平衡，直接求出 K_i 和 B_i，下面举例说明 $h(t)$ 的求解。

【例 2-10】 已知系统的微分方程为

$$\frac{\mathrm{d}^2 r(t)}{\mathrm{d}t^2} + 3 \frac{\mathrm{d}r(t)}{\mathrm{d}t} + 2r(t) = 2 \frac{\mathrm{d}e(t)}{\mathrm{d}t} + e(t)$$

试求该系统的单位冲激响应。

解：（1）$e(t) = \delta(t)$ 时，$r(t) = h(t)$，则

$$\frac{\mathrm{d}^2 h(t)}{\mathrm{d}t^2} + 3 \frac{\mathrm{d}h(t)}{\mathrm{d}t} + 2h(t) = 2 \frac{\mathrm{d}\delta(t)}{\mathrm{d}t} + \delta(t)$$

（2）系统的特征方程

$$\alpha^2 + 3\alpha + 2 = 0$$

（3）特征根

$$\alpha_1 = -1, \ \alpha_2 = -2$$

（4）根据式（2-22）可知，本题中 $n=2$，$m=1$，$n>m$，冲激响应形式为

$$h(t) = (K_1 \mathrm{e}^{-t} + K_2 \mathrm{e}^{-2t}) u(t)$$

（5）求待定系数

$$\frac{\mathrm{d}h(t)}{\mathrm{d}t} = (K_1 \mathrm{e}^{-t} + K_2 \mathrm{e}^{-2t})\delta(t) + (-K_1\mathrm{e}^{-t} - 2K_2\mathrm{e}^{-2t})u(t)$$

$$= (K_1 + K_2)\delta(t) - (K_1\mathrm{e}^{-t} + 2K_2\mathrm{e}^{-2t})u(t)$$

$$\frac{\mathrm{d}^2 h(t)}{\mathrm{d}t^2} = (K_1 + K_2)\delta'(t) - (K_1 + 2K_2)\delta(t) + (K_1\mathrm{e}^{-t} + 4K_2\mathrm{e}^{-2t})u(t)$$

将 $h(t)$、$\dfrac{\mathrm{d}h(t)}{\mathrm{d}t}$、$\dfrac{\mathrm{d}^2 h(t)}{\mathrm{d}t^2}$ 代入原方程，化简后得

$$(K_1 + K_2)\delta'(t) + (2K_1 + K_2)\delta(t) = 2\delta'(t) + \delta(t)$$

根据奇异函数平衡的原则，令方程两端 $\delta(t)$ 及导数各项前系数对应相等，可以得到

$$\begin{cases} K_1 + K_2 = 2 \\ 2K_1 + K_2 = 1 \end{cases} \Rightarrow \begin{cases} K_1 = -1 \\ K_2 = 3 \end{cases}$$

（6）系统的单位冲激响应为

$$h(t) = (-\mathrm{e}^{-t} + 3\mathrm{e}^{-3t})u(t)$$

【例 2-11】 试求系统 $\dfrac{\mathrm{d}r(t)}{\mathrm{d}t} + 3r(t) = \dfrac{\mathrm{d}e(t)}{\mathrm{d}t} + 2e(t)$ 的单位冲激响应 $h(t)$。

解：（1）特征方程

$$\alpha + 3 = 0$$

（2）特征根

$$\alpha_1 = -3$$

（3）这里 $n = m = 1$，有

$$h(t) = K\mathrm{e}^{-3t}u(t) + B\delta(t)$$

（4）将 $h(t)$ 及 $\dfrac{\mathrm{d}h(t)}{\mathrm{d}t}$ 代入原微分方程中，用奇异函数项相平衡求待定系数

$$h'(t) = -3K\mathrm{e}^{-3t}u(t) + K\mathrm{e}^{-3t}\delta(t) + B\delta'(t)$$

代入原方程得

$$B\delta'(t) + (K + 3B)\delta(t) = \delta'(t) + 2\delta(t)$$

根据系数平衡，得

$$\begin{cases} K + 3B = 2 \\ B = 1 \end{cases} \Rightarrow \begin{cases} K = -1 \\ B = 1 \end{cases}$$

（5）系统的单位冲激响应为

$$h(t) = -\mathrm{e}^{-3t}u(t) + \delta(t)$$

系统的单位冲激响应除了在时域中直接求解外，还可以用变换域（拉氏变换）的方法求得，用变换域的方法求系统的冲激响应更为简捷方便，但时域求解方法直观、物理概念明确。

3. 阶跃响应的求解

阶跃响应 $g(t)$ 的求解方法与冲激响应类似，但由于方程右端阶跃函数的出现，在阶跃响应的表示式中除齐次解之外还会增加特解项（阶跃函数项），这里不再做详述。

冲激响应与阶跃响应完全由系统本身决定，与外界因素无关。这两种响应之间有一定的依从关系。

根据线性时不变系统的特性，由于 $\delta(t)$ 是 $u(t)$ 的微分，而 $u(t)$ 是 $\delta(t)$ 的积分，所以 $h(t)$

和 $g(t)$ 也满足微积分关系, 即有

$$h(t) = \frac{\mathrm{d}}{\mathrm{d}t} g(t) \tag{2-27}$$

$$g(t) = \int_{-\infty}^{t} h(\tau) \mathrm{d}\tau \tag{2-28}$$

因此, 知道了 $h(t)$ 和 $g(t)$ 中的任何一个, 另一个就可以方便地求得。

课堂练习题

2.4-1 （判断）如果一线性时不变系统的单位冲激响应为 $h(t)$, 则该系统的阶跃响应 $g(t)$ 为 $\int_{-\infty}^{t} h(\tau)\mathrm{d}\tau$。 (　　)

2.4-2 关于连续时间系统的单位冲激响应, 下列说法中正确的是 (　　)

A. 与输入激励信号有关　　B. 与系统结构有关　　C. 与冲激强度有关　　D. 与产生冲激时刻有关

2.4-3 若描述某二阶连续时间 LTI 系统的微分方程为 $y'(t) + 2y(t) = 2x'(t) + x(t)$, $t > 0$, 则该系统的单位冲激响应 $h(t)$ 的形式为 (　　)

A. $Ae^{-2t} + B\delta(t)$, $t > 0$　　B. $Ae^{-2t}u(t) + B\delta(t)$　　C. Ke^{-2t}, $t > 0$　　D. $Ke^{-2t}u(t)$

2.4-4 若某连续时间 LTI 系统在单位阶跃信号 $u(t)$ 激励下产生的零状态响应为 $(2 - e^{-t})u(t)$, 则该系统的冲激响应 $h(t)$ 为 (　　)

A. $(e^{-t} - 1)u(t) + 2R(t)$　　B. $e^{-t}u(t) + \delta(t)$　　C. $e^{-t}u(t)$　　D. $e^{-t}u(t) + 2\delta(t)$

2.5　卷积

卷积积分在线性时不变系统时域分析中是非常重要的。它是计算连续时间 LTI 系统零状态响应的基本工具。随着信号与系统理论研究的深入及计算机技术的发展, 卷积积分得到了更为广泛的应用。下面详细介绍卷积的物理概念、计算方法和性质。

2.5.1　卷积积分

数学上, 对于任意两个函数 $f_1(t)$ 和 $f_2(t)$, 卷积积分的定义为

$$\begin{aligned} f(t) = f_1(t) * f_2(t) &= \int_{-\infty}^{\infty} f_1(\tau) f_2(t - \tau)\, \mathrm{d}\tau \\ &= \int_{-\infty}^{\infty} f_2(\tau) f_1(t - \tau)\, \mathrm{d}\tau \end{aligned} \tag{2-29}$$

积分限 $\int_{-\infty}^{\infty}$ 是对于一般函数情况, 对于具体的函数, 要根据具体函数的定义区间来确定卷积积分的上、下限。

在 2.3.2 节讨论过, 系统的零状态响应等于系统的单位冲激响应 $h(t)$ 和激励 $e(t)$ 的卷积积分, 即

$$r_{\text{zs}}(t) = e(t) * h(t) = \int_{-\infty}^{\infty} e(\tau) h(t - \tau)\, \mathrm{d}\tau$$

如果 $e(t)$ 与 $h(t)$ 均为因果信号, 即 $e(t) = e(t)u(t)$, $h(t) = h(t)u(t)$, 代入上式, 可得

$$r_{\text{zs}}(t) = e(t) * h(t) = \int_{-\infty}^{\infty} e(\tau) u(\tau) h(t - \tau) u(t - \tau)\, \mathrm{d}\tau$$

式中, 当 $\tau < 0$ 时, $u(\tau) = 0$; 当 $\tau > t$ 时, $u(t - \tau) = 0$, 可得系统的零状态响应为

$$r_{zs}(t) = e(t) * h(t) = \int_0^t e(\tau)h(t - \tau)\,\mathrm{d}\tau, t > 0 \qquad (2\text{-}30)$$

可见，卷积积分的积分限要根据具体函数的定义域来确定，在计算卷积积分时，积分限的确定是非常关键的。

2.5.2 卷积积分的计算

1. 解析式计算

如果给出参与卷积积分的两个信号 $f_1(t)$ 与 $f_2(t)$ 的函数表达式，可以直接按照卷积积分的定义式进行计算。利用解析法计算卷积积分时往往需要根据阶跃函数的特性确定积分限。

【例 2-12】 已知 $f_1(t) = e^{-3t}u(t)$，$f_2(t) = e^{-5t}u(t)$，试计算两信号的卷积 $f_1(t) * f_2(t)$。

解：根据卷积积分的定义，可得

$$f_1(t) * f_2(t) = \int_{-\infty}^{\infty} f_1(\tau)f_2(t - \tau)\mathrm{d}\tau$$

$$= \int_{-\infty}^{\infty} e^{-3\tau}u(\tau) \cdot e^{-5(t-\tau)}u(t - \tau)\mathrm{d}\tau$$

根据阶跃函数的特点，$u(t) = 1$，$t > 0$；$u(t) = 0$，$t < 0$，则由 $u(\tau)u(t - \tau)$ 非零区域可确定积分限

$$u(\tau)u(t-\tau) = 1 \Rightarrow \begin{cases} \tau > 0 \\ t - \tau > 0 \end{cases} \Rightarrow \begin{cases} 0 < \tau < t \\ t > 0 \end{cases}$$

所以

$$f_1(t) * f_2(t) = \int_{-\infty}^{\infty} e^{-3\tau}u(\tau) \cdot e^{-5(t-\tau)}u(t - \tau)\mathrm{d}\tau$$

$$= \left[\int_0^t e^{-3\tau}e^{-5(t-\tau)}\mathrm{d}\tau\right]u(t)$$

$$= \frac{1}{2}(e^{-3t} - e^{-5t})u(t)$$

【例 2-13】 已知激励 $e(t) = e^{-\frac{t}{2}}[u(t) - u(t - 2)]$，系统的单位冲激响应 $h(t) = e^{-t}u(t)$，求系统的零状态响应 $r_{zs}(t)$。

解：

$$r_{zs}(t) = e(t) * h(t) = \int_{-\infty}^{\infty} e(\tau)h(t - \tau)\mathrm{d}\tau$$

$$= \int_{-\infty}^{\infty} e^{-\frac{1}{2}\tau}[u(\tau) - u(\tau - 2)] \cdot e^{-(t-\tau)}u(t - \tau)\mathrm{d}\tau$$

$$= e^{-t}\int_{-\infty}^{\infty} e^{\frac{\tau}{2}}[u(\tau)u(t - \tau)]\mathrm{d}\tau - e^{-t}\int_{-\infty}^{\infty} e^{\frac{\tau}{2}}[u(\tau - 2)u(t - \tau)]\mathrm{d}\tau$$

根据阶跃函数的性质，确定积分限

$$u(\tau)u(t-\tau) \Rightarrow \begin{cases} \tau > 0 \\ t - \tau > 0 \end{cases} \Rightarrow \begin{cases} 0 < \tau < t \\ t > 0 \end{cases}$$

$$u(\tau - 2)u(t-\tau) \Rightarrow \begin{cases} \tau - 2 > 0 \\ t - \tau > 0 \end{cases} \Rightarrow \begin{cases} 2 < \tau < t \\ t > 2 \end{cases}$$

所以

$$r_{zs}(t) = \left(e^{-t} \int_0^t e^{\frac{\tau}{2}} d\tau \right) u(t) - \left(e^{-t} \int_2^t e^{\frac{\tau}{2}} d\tau \right) u(t-2)$$

$$= 2(e^{-\frac{t}{2}} - e^{-t}) u(t) - 2(e^{-\frac{t}{2}} - e^{-(t-1)}) u(t-2)$$

利用解析式直接计算卷积积分时，要特别注意积分结果存在的区间，稍不留意很容易出错。利用卷积图解法，可以把积分限的关系看得更清楚。下面介绍卷积积分的图解计算法。

2. 卷积积分的图解法

卷积的图解法是计算卷积的基本方法，其优点是可以直观明了地确定积分限，还可以帮助理解卷积的概念和过程。

由卷积积分的公式

$$f(t) = f_1(t) * f_2(t) = \int_{-\infty}^{\infty} f_1(\tau) f_2(t-\tau) d\tau$$

可以看出，式中积分变量为 τ，$f_2(t-\tau)$ 表示的是 $f_2(t)$ 的反褶和平移，然后将 $f_1(\tau)$ 和 $f_2(t-\tau)$ 的重叠部分相乘做积分。因此利用图解法求解信号 $f_1(t)$ 和 $f_2(t)$ 的卷积积分可以分为以下 4 个步骤。

1）改变自变量。即 $t \to \tau$，$f_1(t) \to f_1(\tau)$，$f_2(t) \to f_2(\tau)$，信号波形形状不变，横坐标变为 τ。

2）反褶。即将其中的一个信号反褶 $f_2(\tau) \to f_2(-\tau)$。信号反褶波形是原信号波形以纵坐标为轴反褶 $180°$。

3）平移。将反褶后的信号平移 t，即 $f_2(-\tau) \to f_2(t-\tau)$。$f_2(t-\tau) = f_2[-(\tau-t)]$，$|t|$ 反映反褶后的信号 $f_2(-\tau)$ 在 τ 轴上移动的距离，$t > 0$，图形右移 $|t|$；$t < 0$，图形左移 $|t|$。

4）分段相乘、积分。两信号重叠部分相乘 $f_1(\tau) f_2(t-\tau)$，然后求相乘后非零值区的积分。积分的关键是确定积分限。一般是将 $f_1(\tau) f_2(t-\tau)$ 不等于零的区间作为积分的上、下限，而且当 t 取不同的值时，不为零的区间有所变化，因此要将 t 分成不同的区间来求卷积积分。

利用图解法求卷积积分的过程演示可扫描二维码 2-1 进行观看。

下面举例说明图解法求解卷积积分的具体过程。

【**例 2-14**】　信号 $f_1(t)$ 和 $f_2(t)$ 波形如图 2-6 所示，利用图解法求 $f(t) = f_1(t) * f_2(t)$。

2-1　卷积图解法

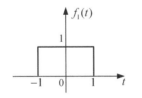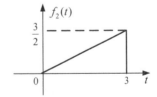

图 2-6　例 2-14 信号波形

解：由卷积积分的定义式

$$f(t) = f_1(t) * f_2(t) = \int_{-\infty}^{\infty} f_1(\tau) f_2(t-\tau) d\tau$$

为了计算上述卷积积分，先写出 $f_1(t)$、$f_2(t)$ 的函数表达式，由图 2-6 可得

$$f_1(t) = \begin{cases} 1, & -1 \le t \le 1 \\ 0, & \text{其他} \end{cases}$$

$$f_2(t) = \frac{1}{2}t, \quad 0 \leqslant t \leqslant 3$$

则

$$f_2(t - \tau) = \frac{1}{2}(t - \tau)$$

根据图解法，卷积积分过程分为四步。

1）改变自变量，画出 $f_1(\tau)$、$f_2(\tau)$ 的波形，如图 2-7a、b 所示。

2）将 $f_2(\tau)$ 反褶得 $f_2(-\tau)$，波形如图 2-7c 所示。

3）将 $f_2(-\tau)$ 在 τ 轴上平移 t 得 $f_2(t - \tau)$，波形如图 2-7d 所示。这一步关键是要确定出平移后信号 $f_2(t - \tau)$ 在 τ 轴的上、下边缘值，这里分别为 $-3 + t$ 和 t。

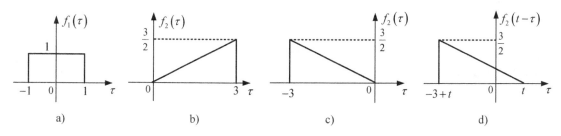

图 2-7 卷积积分过程

4）分段相乘、积分。参数 t 从 $-\infty$ 到 ∞ 的变化，$f_1(\tau)$ 与 $f_2(t - \tau)$ 乘积随之而变化，从而将 t 分成不同的区间，分别计算其卷积积分，得到结果。注意在不同 t 值区间，积分限的变化。卷积积分的结果如下。

① $-\infty < t \leqslant -1$

如图 2-8a 所示，$f_1(\tau)$ 和 $f_2(t - \tau)$ 没有重叠部分，则有

$$f(t) = f_1(t) * f_2(t) = 0$$

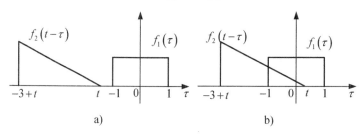

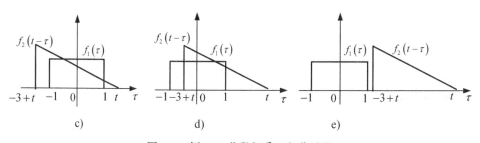

图 2-8 例 2-14 分段相乘、积分过程

② $-1 \leqslant t \leqslant 1$

如图 2-8b 所示，$f_1(\tau)$ 和 $f_2(t - \tau)$ 重叠区域为 $[-1, t]$，则有

$$f(t) = f_1(t) * f_2(t) = \int_{-1}^{t} 1 \times \frac{1}{2}(t-\tau)\mathrm{d}\tau = = \frac{1}{2}\left(t\tau - \frac{\tau^2}{2}\right)\Big|_{-1}^{t} = = \frac{t^2}{4} + \frac{t}{2} + \frac{1}{4}$$

③ $1 \leq t \leq 2$

如图 2-8c 所示，$\begin{cases} t-3 \leq -1 \\ t \geq 1 \end{cases} \Rightarrow 1 \leq t \leq 2$，$f_1(\tau)$ 和 $f_2(t-\tau)$ 重叠区域为 $[-1, 1]$，则

$$f(t) = f_1(t) * f_2(t) = \int_{-1}^{1} 1 \times \frac{1}{2}(t-\tau)\mathrm{d}\tau = t$$

④ $2 \leq t \leq 4$

如图 2-8d 所示，$\begin{cases} t-3 \geq -1 \\ t-3 \leq 1 \end{cases} \Rightarrow 2 \leq t \leq 4$，$f_1(\tau)$ 和 $f_2(t-\tau)$ 重叠区域为 $[t-3, 1]$，则

$$f(t) = f_1(t) * f_2(t) = \int_{t-3}^{1} 1 \times \frac{1}{2}(t-\tau)\mathrm{d}\tau = -\frac{t^2}{4} + \frac{t}{2} + 2$$

⑤ $4 \leq t \leq \infty$

如图 2-8e 所示，$t-3 \geq 1 \Rightarrow t \geq 4$，$f_1(\tau)$ 和 $f_2(t-\tau)$ 没有重叠部分，则

$$f_1(t) * f_2(t) = 0$$

归纳以上得如下卷积结果，波形如图 2-9 所示。

$$f(t) = f_1(t) * f_2(t) = \begin{cases} \dfrac{t^2}{4} + \dfrac{t}{2} + \dfrac{1}{4}, & -1 \leq t \leq 1 \\ t, & 1 \leq t \leq 2 \\ -\dfrac{t^2}{4} + \dfrac{t}{2} + 2, & 2 \leq t \leq 4 \\ 0, & 其他 \end{cases}$$

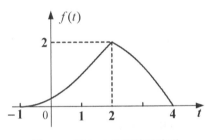

图 2-9　例 2-14 卷积结果波形

【例 2-15】　已知系统的激励 $e(t)$ 和单位冲激响应 $h(t)$ 的波形如图 2-10 所示，求系统的零状态响应 $r(t)$。

解：系统的零状态响应等于系统的激励与系统的单位冲激响应的卷积积分，即

$$r(t) = e(t) * h(t) = \int_{-\infty}^{\infty} e(\tau)h(t-\tau)\,\mathrm{d}\tau$$

根据图解法求卷积的步骤，计算过程如下。

1）绘出 $e(\tau)$、$h(\tau)$ 的波形，如图 2-11a 和 2-11b 所示。

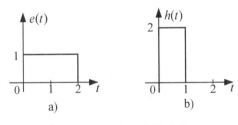

图 2-10　例 2-15 信号波形

2）绘出 $h(-\tau)$ 的波形，如图 2-11c 所示。

3）绘出 $h(t-\tau)$ 的波形，如图 2-11d 所示。确定出平移后信号在 τ 轴的上、下边缘值，这里分别为 $t-1$ 和 t。

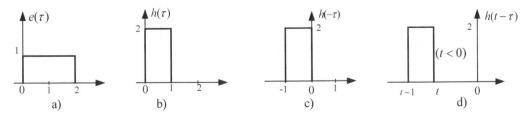

图 2-11　例 2-15 信号改变自变量、反褶、平移的波形

4）分段相乘、积分。卷积积分的结果如下。

① $t < 0$

如图 2-12a 所示，$e(\tau)$ 和 $h(t-\tau)$ 没有重叠部分，则有

$$r(t) = e(t) * h(t) = 0$$

② $0 \leqslant t \leqslant 1$

如图 2-12b 所示，$\begin{cases} t-1 \leqslant 0 \\ t \geqslant 0 \end{cases} \Rightarrow 0 \leqslant t \leqslant 1$，$e(\tau)$ 和 $h(t-\tau)$ 重叠区域为 $[0, t]$，则有

$$r(t) = e(t) * h(t) = \int_0^t 1 \times 2 \mathrm{d}\tau = 2t$$

③ $1 \leqslant t \leqslant 2$

如图 2-12c 所示，$\begin{cases} t-1 \geqslant 0 \\ t \geqslant 2 \end{cases} \Rightarrow 1 \leqslant t \leqslant 2$，$e(\tau)$ 和 $h(t-\tau)$ 重叠区域为 $[t-1, t]$，则

$$r(t) = e(t) * h(t) = \int_{t-1}^t 1 \times 2 \mathrm{d}\tau = 2$$

④ $2 \leqslant t \leqslant 3$

如图 2-12d 所示，$\begin{cases} t-1 \leqslant 2 \\ t \geqslant 2 \end{cases} \Rightarrow 2 \leqslant t \leqslant 3$，$e(\tau)$ 和 $h(t-\tau)$ 重叠区域为 $[t-1, 2]$，则

$$r(t) = e(t) * h(t) = \int_{t-1}^2 1 \times 2 \mathrm{d}\tau = 6 - 2t$$

⑤ $3 \leqslant t < \infty$

如图 2-12e 所示，$t-1 \geqslant 2 \Rightarrow t \geqslant 3$，$e(\tau)$ 和 $h(t-\tau)$ 没有重叠部分，则

$$r(t) = e(t) * h(t) = 0$$

归纳以上得如下卷积结果即系统的零状态响应，波形如图 2-12f 所示。

$$r(t) = e(t) * h(t) = \begin{cases} 2t, & 0 \leqslant t \leqslant 1 \\ 2, & 1 \leqslant t \leqslant 2 \\ 6 - 2t, & 2 \leqslant t \leqslant 3 \\ 0, & \text{其他} \end{cases}$$

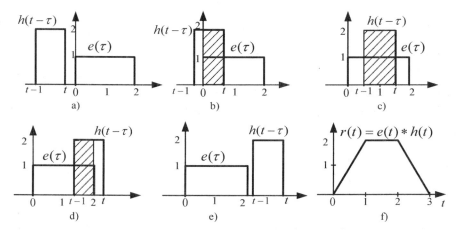

图 2-12　例 2-15 图解法求卷积的过程及结果波形

本题中，当参与卷积的两个矩形脉冲脉宽相等，假设宽度都为 T 时，它们卷积积分的结果将

是一个底宽为 $2T$ 的三角形脉冲。读者可自行画图练习，并注意观察当矩形脉冲出现时间改变时，相应产生的三角形的位置也将随之移动。这部分内容在本书以后章节和后续课程中可能经常遇到。

从以上例题可以看出，卷积中积分限的确定取决于两个图形交叠部分的范围。卷积结果所占的时宽等于两个函数各自时宽的总和。

卷积积分的工程近似计算是把信号按需要进行抽样离散化形成序列，积分运算用求和代替，因而问题化为两序列的卷积和，得出的结果再适当进行内插，求出最终结果。关于离散信号卷积和将在第 5 章讨论。

2.5.3　卷积积分的性质

卷积积分作为一种数学运算具有一些特殊性质，利用这些性质还可以简化卷积运算。

1. 卷积的代数性质

（1）交换律

$$f_1(t) * f_2(t) = f_2(t) * f_1(t) \tag{2-31}$$

将积分变量 τ 换为 $(t-\lambda)$，即可证明此定律

$$f_1(t) * f_2(t) = \int_{-\infty}^{\infty} f_1(\tau) f_2(t-\tau) \mathrm{d}\tau = \int_{-\infty}^{\infty} f_2(\lambda) f_1(t-\lambda) = f_2(t) * f_1(t)$$

卷积交换律说明两函数在卷积积分时次序可以交换。

（2）分配律

$$f_1(t) * [f_2(t) + f_3(t)] = f_1(t) * f_2(t) + f_1(t) * f_3(t) \tag{2-32}$$

分配律用于系统分析，相当于并联系统的冲激响应等于组成并联系统的各子系统冲激响应之和，即

$$h(t) = h_1(t) + h_2(t)$$

如图 2-13 所示。

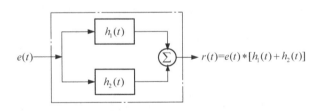

图 2-13　并联系统的冲激响应

（3）结合律

$$[f_1(t) * f_2(t)] * f_3(t) = f_1(t) * [f_2(t) * f_3(t)] \tag{2-33}$$

结合律用于系统分析，相当于串联系统的冲激响应等于组成串联系统的各子系统冲激响应的卷积，即

$$h(t) = h_1(t) * h_2(t)$$

如图 2-14 所示。

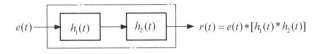

图 2-14　串联系统的冲激响应

2. 卷积的微分积分性质

（1）微分

两函数卷积后的微分等于其中一个函数的微分与另一函数的卷积，表示式为

$$\frac{\mathrm{d}}{\mathrm{d}t}[f_1(t)*f_2(t)] = \frac{\mathrm{d}f_1(t)}{\mathrm{d}t}*f_2(t) = f_1(t)*\frac{\mathrm{d}f_2(t)}{\mathrm{d}t} \qquad (2\text{-}34)$$

证明：

$$\frac{\mathrm{d}}{\mathrm{d}t}[f_1(t)*f_2(t)] = \frac{\mathrm{d}}{\mathrm{d}t}\int_{-\infty}^{\infty}f_1(\tau)f_2(t-\tau)\mathrm{d}\tau = \int_{-\infty}^{\infty}f_1(\tau)\frac{\mathrm{d}f_2(t-\tau)}{\mathrm{d}t}\mathrm{d}\tau = f_1(t)*\frac{\mathrm{d}f_2(t)}{\mathrm{d}t}$$

利用交换律可以证明另一式

$$\frac{\mathrm{d}}{\mathrm{d}t}[f_1(t)*f_2(t)] = \frac{\mathrm{d}f_1(t)}{\mathrm{d}t}*f_2(t)$$

（2）积分

两函数卷积后的积分等于其中一个函数的积分与另一函数的卷积，表示式为

$$\int_{-\infty}^{t}[f_1(\lambda)*f_2(\lambda)]\mathrm{d}\lambda = f_1(t)*\int_{-\infty}^{t}f_2(\lambda)\mathrm{d}\lambda = f_2(t)*\int_{-\infty}^{t}f_1(\lambda)\mathrm{d}\lambda \qquad (2\text{-}35)$$

证明：

$$\int_{-\infty}^{t}[f_1(\lambda)*f_2(\lambda)]\mathrm{d}\lambda = \int_{-\infty}^{t}\left[\int_{-\infty}^{\infty}f_1(\tau)f_2(\lambda-\tau)\mathrm{d}\tau\right]\mathrm{d}\lambda = \int_{-\infty}^{\infty}f_1(\tau)\left[\int_{-\infty}^{t}f_2(\lambda-\tau)\mathrm{d}\lambda\right]\mathrm{d}\tau$$

$$= f_1(t)*\int_{-\infty}^{t}f_2(\lambda)\mathrm{d}\lambda$$

利用交换律同样可以证明另一式

$$\int_{-\infty}^{t}[f_1(\lambda)*f_2(\lambda)]\mathrm{d}\lambda = f_2(t)*\int_{-\infty}^{t}f_1(\lambda)\mathrm{d}\lambda$$

（3）微、积分性

两函数卷积等于其中一个函数的微分与另一函数积分的卷积，表示式为

$$f_1(t)*f_2(t) = \frac{\mathrm{d}f_1(t)}{\mathrm{d}t}*\int_{-\infty}^{t}f_2(\lambda)\mathrm{d}\lambda = \frac{\mathrm{d}f_2(t)}{\mathrm{d}t}*\int_{-\infty}^{t}f_1(\lambda)\mathrm{d}\lambda \qquad (2\text{-}36)$$

证明：

$$\frac{\mathrm{d}f_1(t)}{\mathrm{d}t}*\int_{-\infty}^{t}f_2(\lambda)\mathrm{d}\lambda = \frac{\mathrm{d}}{\mathrm{d}t}\left\{\int_{-\infty}^{\infty}f_1(\tau)\left[\int_{-\infty}^{t}f_2(\lambda-\tau)\mathrm{d}\lambda\right]\mathrm{d}\tau\right\}$$

$$= \int_{-\infty}^{\infty}f_1(\tau)\left[\frac{\mathrm{d}}{\mathrm{d}t}\int_{-\infty}^{t}f_2(\lambda-\tau)\mathrm{d}\lambda\right]\mathrm{d}\tau = \int_{-\infty}^{\infty}f_1(\tau)f_2(t-\tau)\mathrm{d}\tau$$

$$= f_1(t)*f_2(t)$$

在运用式（2-36）求解时，必须注意 $f_1(t)$ 和 $f_2(t)$ 应满足时间受限条件，即当 $t\rightarrow-\infty$ 时函数值应等于零。

此性质推广到高阶导数或重积分的运算规律为

设 $$s(t) = f_1(t)*f_2(t)$$

则 $$s^{(i)}(t) = f_1^{(j)}(t)*f_2^{(i-j)}(t) \qquad (2\text{-}37)$$

式中，当 i、j 取正整数时为导数的阶次，取负整数时为重积分的次数。

3. 与冲激函数或阶跃函数的卷积

（1） $$f(t)*\delta(t) = f(t) \qquad (2\text{-}38)$$

证明：

$$f(t) * \delta(t) = \int_{-\infty}^{\infty} f(\tau)\delta(t-\tau)\mathrm{d}\tau$$

$$= \int_{-\infty}^{\infty} f(\tau)\delta(\tau-t)\mathrm{d}\tau = f(t)\int_{-\infty}^{\infty}\delta(\tau-t)\mathrm{d}\tau$$

$$= f(t)$$

上式中用到 $\delta(t) = \delta(-t)$，因此 $\delta(t-\tau) = \delta(\tau-t)$。

式（2-38）表明，任意函数与单位冲激函数 $\delta(t)$ 卷积等于函数本身，或者说信号通过一个单位冲激响应为 $\delta(t)$ 的系统，输出信号保持不变，如图 2-15 所示。

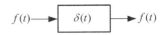

图 2-15   任意信号与冲激信号卷积

此外，不难证明以下一系列结论。

（2）
$$f(t) * \delta(t-t_0) = f(t-t_0) \tag{2-39}$$

由式（2-39）可知，任意信号与 $\delta(t-t_0)$ 的卷积，相当于该信号通过一个延时器，输出延时 t_0。

（3）
$$f(t) * u(t) = \int_{-\infty}^{t} f(\lambda)\,\mathrm{d}\lambda \tag{2-40}$$

式（2-40）说明，任意信号与单位阶跃函数 $u(t)$ 的卷积，相当于信号通过一个积分器。

（4）
$$f(t) * \delta'(t) = f'(t) \tag{2-41}$$

由式（2-41）可知，任意信号与冲激偶函数 $\delta'(t)$ 的卷积，相当于对该信号求微分。

推广到一般情况可得

$$f(t) * \delta^{(k)}(t) = f^{(k)}(t) \tag{2-42}$$

$$f(t) * \delta^{(k)}(t-t_0) = f^{(k)}(t-t_0) \tag{2-43}$$

式中，k 表示求导或求重积分的次数，当 k 取正整数时表示导数阶次，取负整数时为重积分的次数。

一些常用函数卷积积分的结果列于表 2-2 中，供同学们查阅参考。

表 2-2   常用函数卷积积分

序号	$f_1(t)$	$f_2(t)$	$f_1(t) * f_2(t)$
1	$f(t)$	$\delta(t)$	$f(t)$
2	$f(t)$	$u(t)$	$\int_{-\infty}^{t} f(\lambda)\mathrm{d}\lambda$
3	$f(t)$	$\delta'(t)$	$f'(t)$
4	$u(t)$	$u(t)$	$tu(t)$
5	$u(t) - u(t-t_1)$	$u(t)$	$tu(t) - (t-t_1)u(t-t_1)$
6	$u(t) - u(t-t_1)$	$u(t) - u(t-t_2)$	$tu(t) - (t-t_1)u(t-t_1) - (t-t_2)u(t-t_2) + (t-t_1-t_2)\cdot u(t-t_1-t_2)$
7	$e^{\alpha t}u(t)$	$u(t)$	$-\dfrac{1}{\alpha}(1-e^{\alpha t})u(t)$
8	$e^{\alpha t}u(t)$	$u(t) - u(t-t_1)$	$-\dfrac{1}{\alpha}(1-e^{\alpha t})[u(t)-u(t-t_1)] - \dfrac{1}{\alpha}(e^{-\alpha t_1}-1)e^{\alpha t}u(t-t_1)$
9	$e^{\alpha t}u(t)$	$e^{\alpha t}u(t)$	$te^{\alpha t}u(t)$
10	$e^{\alpha_1 t}u(t)$	$e^{\alpha_2 t}u(t)$	$\dfrac{1}{\alpha_1 - \alpha_2}(e^{-\alpha_1 t} - e^{-\alpha_2 t}1)u(t), \alpha_1 \neq \alpha_2$

(续)

序号	$f_1(t)$	$f_2(t)$	$f_1(t)*f_2(t)$
11	$e^{\alpha t}u(t)$	$t^n u(t)$	$\dfrac{n!}{\alpha^{n+1}}e^{\alpha t}u(t)-\displaystyle\sum_{j=0}^{m}\dfrac{n!}{\alpha^{j+1}(n-j)!}t^{n-j}u(t)$
12	$t^m u(t)$	$t^n u(t)$	$\dfrac{m!\,n!}{(m+n+1)!}t^{m+n+1}u(t)$
13	$t^m e^{\alpha_1 t}u(t)$	$t^n e^{\alpha_2 t}u(t)$	$\displaystyle\sum_{j=0}^{m}\dfrac{(-1)^j m!(n+j)!}{j!(m-j)!(\alpha_1-\alpha_2)^{n+j+1}}t^{m-j}e^{\alpha_1 t}u(t)$ $+\displaystyle\sum_{k=0}^{m}\dfrac{(-1)^k n!(m+k)!}{k!(m-k)!(\alpha_1-\alpha_2)^{n+k+1}}t^{n-k}e^{\alpha_2 t}u(t),\alpha_1\neq\alpha_2$
14	$e^{\alpha t}\cos(\beta t+\theta)u(t)$	$e^{\lambda t}u(t)$	$\left[\dfrac{\cos(\theta-\varphi)}{\sqrt{(\alpha+\lambda)^2+\beta^2}}e^{\lambda t}-\dfrac{e^{-\alpha t}\cos(\beta t+\theta-\varphi)}{\sqrt{(\alpha+\lambda)^2+\beta^2}}\right]u(t)$ $\varphi=\arctan\left(\dfrac{-\beta}{\alpha+\lambda}\right)$

利用卷积积分的性质，可以简化卷积积分的计算。下面举例说明。

【例 2-16】 已知信号 $f(t)$ 和 $h(t)$ 波形如图 2-16 所示，求 $g(t)=f(t)*h(t)$。

解：由卷积的微、积分性质

$$g(t)=f(t)*h(t)=f^{(-1)}(t)*h'(t)$$

对 $h(t)$ 进行微分得 $h'(t)$，对 $f(t)$ 进行积分为 $f^{(-1)}(t)$，波形如图 2-17 所示。$f^{(-1)}(t)$ 和 $h'(t)$ 表达式分别为

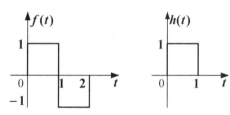

图 2-16 例 2-16 信号波形

$$h'(t)=\delta(t)-\delta(t-1)$$
$$f^{(-1)}(t)=t[u(t)-u(t-1)]-(t-2)[u(t-1)-u(t-2)]$$

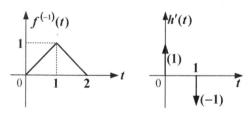

图 2-17 信号积分和微分的波形

由卷积的微、积分性质，可得

$$\begin{aligned}g(t)&=f(t)*h(t)=f^{(-1)}(t)*h'(t)\\&=f^{(-1)}(t)*[\delta(t)-\delta(t-1)]\\&=f^{(-1)}(t)-f^{(-1)}(t-1)\end{aligned}$$

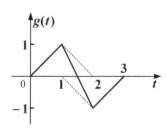

图 2-18 例 2-17 卷积结果波形

则合成的波形如图 2-18 所示。由此例可以看出，如果对某一信号微分后是冲激信号的叠加，那么卷积结果是另一信号积分后平移叠加结果。

【例 2-17】 已知某线性非时变系统如图 2-19 所示。已知图中 $h_1(t)=u(t)$，$h_2(t)=\delta(t-1)$，$h_3(t)=e^{-3(t-2)}u(t-2)$，试求该系统的冲激响应 $h(t)$。

解：当多个子系统通过级联、并联组成一个大系统时，大系统的冲激响应 $h(t)$ 可以直接通过各子系统的冲激响应计算得到。

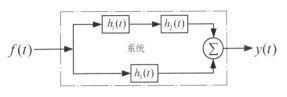

图 2-19 例 2-17 系统框图

从图 2-19 可见，子系统 $h_1(t)$ 与 $h_2(t)$ 是级联关系，而子系统 $h_3(t)$ 支路与 $h_1(t)$ 及 $h_2(t)$ 组成的支路是并联关系，因此

$$h(t) = h_1(t) * h_2(t) + h_3(t)$$
$$= u(t) * \delta(t-1) + h_3(t)$$
$$= u(t-1) + e^{-3(t-2)} u(t-2)$$

课堂练习题

2.5-1 已知 $f_1(t) = u(t+1) - u(t-1)$，$f_2(t) = u(t-1) - u(t-2)$，则 $f_1(t) * f_2(t)$ 的非零值区间为
( )

A. $[0, 3]$ B. $[-1, 2]$ C. $[0, 2]$ D. $[1, 4]$

2.5-2 如果某 LTI 系统的单位冲激响应为 $h(t) = u(t)$，则当该系统的输入信号 $e(t) = tu(t)$ 时，其零状态响应为
( )

A. $\frac{1}{2}t$ B. $\frac{1}{2}tu(t)$ C. $\frac{1}{2}t^2 u(t)$ D. $\frac{1}{2}t^2$

2.5-3 下列卷积运算可能错误的是
( )

A. $f(t) = f'(t) * u(t)$ B. $f(t) = f(t) * \delta(t)$

C. $f(t-t_1-t_2) = f(t-t_1) * \delta(t-t_2)$ D. $f(t) * u(t) = \int_{-\infty}^{\infty} f(\tau) \mathrm{d}\tau$

2.5-4 卷积 $\delta(t) * f(t) * \delta(t)$ 的结果为
( )

A. $\delta(t)$ B. $\delta(2t)$ C. $f(t)$ D. $f(2t)$

2.5-5 卷积 $e^{-2t}u(t) * \delta(t-3)$ 的结果等于
( )

A. $e^{-2t}u(t-3)$ B. $e^{-2(t-3)}u(t-3)$ C. $e^{-2(t-3)}u(t)$ D. $e^{-2t}\delta(t-3)$

2.6 LTI 系统的全响应及其分解

在前面几节研究了线性非时变系统的时域分析方法，本节对其进行简要归纳。

2.6.1 系统全响应的时域求解

利用时域分析方法求解线性非时变系统全响应方法主要有时域经典解法和现代解法。

（1）经典解法

时域经典解法把系统的全响应分为齐次解和特解两部分。齐次解又称为系统自由响应分量，特解称为系统的强迫响应分量，全响应为

$$r(t) = r_h(t) + r_p(t)$$

假设特征根均为单根 α_1，α_2，$\cdots$，α_n，其齐次解形式为

$$r_h(t) = \sum_{i=1}^{n} A_i e^{\alpha_i t}$$

特解的形式与激励形式相同（见表 2-1），全解为

$$r(t) = r_{\mathrm{h}}(t) + r_{\mathrm{p}}(t) = \sum_{i=1}^{n} A_i e^{\alpha_i t} + r_{\mathrm{p}}(t)$$

齐次解中的待定系数 A_i 由全响应解代入 n 个初始条件 $r^{(k)}(0_+)$ 来确定。

（2）现代解法

现代解法把系统的全响应看成是外加激励和系统起始状态共同作用的结果，系统的全响应划分为零输入响应和零状态响应两部分，系统的全响应为

$$r(t) = r_{\mathrm{zi}}(t) + r_{\mathrm{zs}}(t)$$

零输入响应解与齐次解具有相同的形式，当特征根为 n 个单根 α_1，α_2，$\cdots$，α_n 时

$$r_{\mathrm{zi}}(t) = \sum_{i=1}^{n} C_i e^{\alpha_i t} \quad t \geq 0$$

待定系数 C_i 可直接用起始状态 $r^{(k)}(0_-)$ 来确定。

系统的零状态响应的求解，本书着重介绍卷积积分的方法。系统零状态响应等于系统的激励与系统冲激响应的卷积积分。

系统的冲激响应 $h(t)$，在 $t>0$ 时也满足齐次方程，如果特征根为 n 个单根，表达式为

$$h(t) = \Big(\sum_{i=1}^{n} K_i e^{\alpha_i t} \Big) u(t)$$

式中，系数 K_i 可以利用待定系数法由奇异函数项相平衡的方法求出。

$$r_{\mathrm{zs}}(t) = e(t) * h(t) = e(t) * \Big(\sum_{i=1}^{n} K_i e^{\alpha_i t} \Big) u(t)$$

系统的全响应等于零输入响应和零状态响应之和，即

$$r(t) = r_{\mathrm{zi}}(t) + r_{\mathrm{zs}}(t) = \Big(\sum_{i=1}^{n} C_i e^{\alpha_i t} \Big) u(t) + e(t) * h(t)$$

通过现代解法把系统的全响应分为零输入响应和零状态响应求解，其中，零输入响应的求解直接利用系统的起始条件 $r^{(k)}(0_-)$ 确定待定系数，零状态响应的求解利用卷积积分的方法，这样可以避免经典解法中求解系统 $r^{(k)}(0_+)$ 初始状态的麻烦，而且物理概念更清楚，在线性时不变系统分析中得到更为广泛的应用。

连续时间 LTI 系统时域分析的演示可扫描二维码 2-2 进行观看。

下面举例说明利用现代解法求解系统全响应的过程。

【例 2-18】 已知某 LTI 系统的数学模型为

$$\frac{\mathrm{d}r(t)}{\mathrm{d}t} + 3r(t) = 3e(t)$$

2-2 连续时间
系统时域分析

若激励 $e(t) = u(t)$，起始状态 $r(0_-) = \dfrac{3}{2}$，试求：

（1）系统零输入响应；

（2）系统的单位冲激响应；

（3）系统的零状态响应；

（4）系统的完全响应。

解：（1）求系统的零输入响应

特征方程 $\qquad\qquad\qquad\qquad\qquad\qquad \alpha + 3 = 0$

特征根 $\qquad\qquad\qquad\qquad\qquad\qquad \alpha_1 = -3$

零输入响应形式 $\qquad r_{zi}(t) = Ce^{-3t}, t \geq 0$

代入系统的起始条件 $r(0_-) = \dfrac{3}{2}$，有

$$r(0_-) = C = \frac{3}{2}$$

所以，系统的零输入响应为

$$r_{zi}(t) = \frac{3}{2}e^{-3t}, t \geq 0$$

或写为

$$r_{zi}(t) = \frac{3}{2}e^{-3t}u(t)$$

（2）求 $h(t)$

根据方程和特征根，可得 $h(t)$ 形式为

$$h(t) = Ke^{-3t}u(t)$$

将 $h(t)$、$h'(t)$ 分别代入原方程，得

$$-3Ke^{-3t}u(t) + Ke^{-3t}\delta(t) + 3Ke^{-3t}u(t) = 3\delta(t)$$

应用待定系数法，解得 $\qquad\qquad K = 3$

因此 $\qquad\qquad h(t) = 3e^{-3t}u(t)$

（3）求零状态响应

由卷积积分法，有

$$r_{zs}(t) = e(t) * h(t) = \int_{-\infty}^{+\infty} e(t-\tau)h(\tau)\mathrm{d}\tau$$

$$= \int_{-\infty}^{+\infty} u(t-\tau)(3e^{-3\tau})u(\tau)\mathrm{d}\tau = \left(3\int_0^t e^{-3\tau}\mathrm{d}\tau\right)u(t) = (1 - e^{-3t})u(t)$$

（4）求全响应

$$r(t) = r_{zi}(t) + r_{zs}(t) = \frac{3}{2}e^{-3t}u(t) + (1 - e^{-3t})u(t) = \left(\frac{1}{2}e^{-3t} + 1\right)u(t)$$

在第 4 章中将利用拉氏变换的方法求解本题，求解的过程会更简单。

2.6.2　全响应的分解

1. 全响应的各响应分量

一个 LTI 系统的完全响应，可以根据引起响应的不同原因，分解为零输入响应和零状态响应两部分；也可以按照经典法求解微分方程的概念，划分为自由响应和强迫响应两部分。其中，自由响应的函数形式仅取决于系统本身的特性，由系统特征根决定，与输入信号的函数形式无关。强迫响应的形式由输入信号决定。显然，零输入响应是自由响应；零状态响应中既包含自由响应，也包含受迫响应。

由于系统的特征根与自由响应的关系，系统的特征根还称为系统的"自由频率"（或"自然频率""固有频率"）。

系统完全响应的分解，除按以上两种方式划分之外，按照响应随时间 t 趋于无穷是否消失还可以分解为"暂态（瞬态）响应"和"稳态响应"。暂态响应是指激励信号接入后的一段时间内，完全响应中暂时存在的分量，随着时间 t 的增长，它最终将衰减到零。全响应中随着时间增长不消失的部分称为稳态响应。例如 $e^{-t}u(t)$ 是暂态响应，而 $\sin t u(t)$、$u(t)$ 是稳态响应。

与系统本身特性和系统激励的情况相关，自由响应和受迫响应中可能既包含暂态响应也可能包含稳态响应。

基于观察问题的不同角度，形成了上述三种系统响应的分解方式：自由响应与强迫响应；零输入响应与零状态响应；瞬态响应与稳态响应。其中，自由响应与强迫响应分量的划分是沿袭经典法求解微分方程的概念，将完全响应分为与系统特征对应以及和激励信号对应的两个部分。零输入响应与零状态响应则是依据引起系统响应的原因来划分，前者是由系统初始储能引起的，后者是由外加激励信号产生的。而瞬态响应与稳态响应，则是注重响应随时间变化的情况，将短时间响应的过渡状态与长时间稳定之后响应的表现区分开来。

系统响应的时域求解及分解示意如图 2-20 所示。

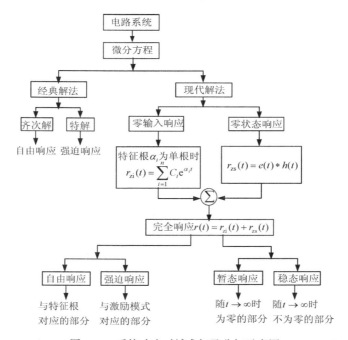

图 2-20　系统响应时域求解及分解示意图

【例 2-19】　试指出例 2-18 系统的零输入响应、零状态响应；自由响应、强迫响应；暂态响应、稳态响应各响应分量及系统的自由频率。

解：由例 2-18 求得系统的完全响应，各响应分量划分如下。

$$r(t) = \underbrace{\left(\frac{1}{2}e^{-3t} + 1\right)u(t)}_{\text{全响应}} = \underbrace{\frac{3}{2}e^{-3t}u(t)}_{\text{零输入响应}} + \underbrace{(1 - e^{-3t})u(t)}_{\text{零状态响应}}$$

$$= \underbrace{\underbrace{\left(\frac{1}{2}e^{-3t}\right)u(t)}_{\text{自由响应}}}_{\text{暂态响应}} + \underbrace{u(t)}_{\substack{\text{强迫响应}\\\text{稳态响应}}}$$

系统的自由频率即为系统的特征根：$\alpha_1 = -3$。

2. 零输入线性与零状态线性

系统的全响应分解为零输入响应与零状态响应有助于理解线性系统的齐次性和叠加性。

在1.7节中曾指出，线性时不变系统满足均匀性与叠加性及微积分特性。但这种线性时不变特性是在一定条件下满足的。

例如，在上述例2-18中，如果保持起始状态不变，将激励信号倍乘系数 K，那么，零状态响应也要倍乘 K，由于零输入响应没有变化，系统的完全响应与激励信号之间不能满足线性倍乘的规律，但不能据此认为该系统是非线性系统。产生这一现象的原因在于，虽然系统的激励倍乘 K，但是系统的起始状态 $r(0_-)$ 没有随着外部激励而变化，所以导致了系统的全响应不满足线性特性。

将系统的全响应分解为零输入响应和零状态响应来考虑，若令起始无储能，即零输入响应等于零，那么，激励信号倍乘，零状态响应也倍乘。反之，当系统没有激励，即零状态响应为零时，若将起始状态值倍乘 K，零输入响应同样也倍乘 K。

因此，有以下结论。常系数线性微分方程描述的系统在下面几点上是线性的。

1）响应的可分解性：系统响应可分解为零输入响应和零状态响应。

2）零状态响应线性：当起始状态为零时，系统的零状态响应与各激励信号呈线性关系。

3）零输入响应线性：当激励为零时，系统的零输入响应与各起始状态呈线性关系。

4）把激励信号与起始状态都视为系统的外施作用，则系统的完全响应对两种外施作用也呈线性。

【例2-20】　已知一线性时不变系统，在相同初始条件下，当激励为 $e(t)$ 时，其全响应为 $r_1(t)=(2e^{-3t}+\sin 2t)u(t)$；当激励为 $2e(t)$ 时，其全响应为 $r_2(t)=(e^{-3t}+2\sin 2t)u(t)$。求：

（1）起始条件不变，当激励为 $e(t-t_0)$ 时的全响应 $r_3(t)$，t_0 为大于零的实常数。

（2）当起始条件增大1倍，激励为 $0.5e(t)$ 时的全响应 $r_4(t)$。

解：（1）设零输入响应为 $r_{zi}(t)$，零状态响应为 $r_{zs}(t)$，则有

$$r_1(t)=r_{zi}(t)+r_{zs}(t)=(2e^{-3t}+\sin 2t)\,u(t)$$
$$r_2(t)=r_{zi}(t)+2r_{zs}(t)=(e^{-3t}+2\sin 2t)\,u(t)$$

解得

$$r_{zi}(t)=3e^{-3t}u(t)$$
$$r_{zs}(t)=(-e^{-3t}+\sin 2t)\,u(t)$$

当系统初始条件不变，激励为 $e(t-t_0)$ 时，系统的零输入响应不变，零状态响应延时 t_0，则有

$$r_3(t)=r_{zi}(t)+r_{zs}(t-t_0)$$
$$=3e^{-3t}u(t)+\left[-e^{-3(t-t_0)}+\sin(2t-2t_0)\right]u(t-t_0)$$

（2）根据线性非时变系统满足零输入线性与零状态线性，可得

$$r_4(t)=2r_{zi}(t)+0.5r_{zs}(t)$$
$$=2\left[3e^{-3t}u(t)\right]+0.5\,(-e^{-3t}+\sin 2t)\,u(t)$$
$$=(5.5e^{-3t}+0.5\sin 2t)\,u(t)$$

课堂练习题

2.6-1　（判断）若系统的激励信号为零，则系统的零输入响应与系统的强迫响应相等。　　　　　　（　　）

2.6-2　零输入响应等于　　　　　　　　　　　　　　　　　　　　　　　　　　　　　（　　）

A. 全部自由响应　　　　B. 部分自由响应　　　　C. 部分零状态响应　　　D. 全响应与强迫响应之差

2.6-3 某连续时间 LTI 系统的初始状态不为零，设输入激励为 $x(t)$，系统的完全响应为 $y(t)$，则当激励信号增大为 $2x(t)$ 时，其完全响应 　　　　　　　　　　（　　）

A. 也增大，但比 $2y(t)$ 小　　　　　　　　　B. 保持不变，仍为 $y(t)$

C. 也增大为 $2y(t)$　　　　　　　　　　　　D. 发生变化，但以上答案均不正确

2.6-4 某线性时不变系统的微分方程为 $\dfrac{dr(t)}{dt}+2r(t)=e(t)$，若 $r(0_-)=1$，系统输入 $e(t)=\sin 2tu(t)$，

解得系统全响应为 $r(t)=\left[\dfrac{5}{4}e^{-2t}+\dfrac{\sqrt{2}}{4}\sin\left(2t-\dfrac{\pi}{4}\right)\right]u(t)$。全响应中 $\dfrac{\sqrt{2}}{4}\sin\left(2t-\dfrac{\pi}{4}\right)u(t)$ 为 　（　　）

A. 零输入响应分量　　　B. 零状态响应分量　　　C. 自由响应分量　　　D. 稳态响应分量

2.6-5 线性系统具有 　　　　　　　　　　　　　　　　　　　　　　　　　　　　（　　）

A. 分解特性　　　　　　B. 零状态线性　　　　　　C. 零输入线性　　　　D. ABC

习　题

2-1 对题图 2-1 所示电路图分别列写求电压 $v_o(t)$ 的微分方程表示。

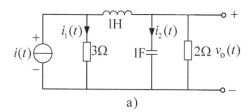 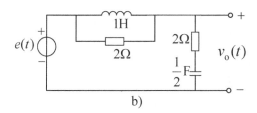

a)　　　　　　　　　　　　　　　　　　　　b)

题图 2-1

2-2 给定系统微分方程、起始状态及激励信号分别如下，试判断系统在起始点是否发生跳变，并求出 $r^{(k)}(0_+)$ 的值。

(1) $\dfrac{dr(t)}{dt}+2r(t)=e(t)$，$r(0_-)=0$，$e(t)=u(t)$

(2) $\dfrac{dr(t)}{dt}+3r(t)=2\dfrac{de(t)}{dt}$，$r(0_-)=1$，$e(t)=u(t)$

(3) $2\dfrac{d^2r(t)}{dt^2}+3\dfrac{dr(t)}{dt}+4r(t)=\dfrac{de(t)}{dt}+e(t)$，$r(0_-)=1$，$r'(0_-)=1$，$e(t)=\delta(t)$

2-3 已知系统相应的齐次方程及其对应的 0_- 状态条件，求系统的零输入响应。

(1) $\dfrac{d^2r(t)}{dt^2}+4\dfrac{dr(t)}{dt}+3r(t)=0$，给定：$r(0_-)=0$，$r'(0_-)=2$

(2) $\dfrac{d^2r(t)}{dt^2}+2\dfrac{dr(t)}{dt}+2r(t)=0$，给定：$r(0_-)=1$，$r'(0_-)=2$

(3) $\dfrac{d^3r(t)}{dt^3}+2\dfrac{d^2r(t)}{dt^2}+\dfrac{dr(t)}{dt}=0$，给定：$r(0_-)=r'(0_-)=0$，$r''(0_-)=1$

2-4 某线性时不变系统的微分方程为

$$\dfrac{d^2r(t)}{dt^2}+4\dfrac{dr(t)}{dt}+3r(t)=\dfrac{de(t)}{dt}+e(t)$$

求 $e(t)=e^{-t}$，$r(0_-)=0$，$r'(0_-)=3$ 的完全解。

2-5 系统如题图 2-2 所示的 RC 电路，已知 $C=\dfrac{1}{2}F$，$R=1\Omega$，电容上的起始状态 $v_C(0_-)=-1V$，试求激励电压分别为 (1) $e(t)=u(t)$；(2) $e(t)=e^{-t}u(t)$ 时，电阻两端的电压 $v_R(t)$。

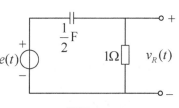

题图 2-2

2-6 电路如题图 2-3 所示，其中，$L = \dfrac{1}{5}$H，$C = 1$F，$R = \dfrac{1}{2}\Omega$，输出为电流 $i_L(t)$，试求单位冲激响应。

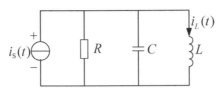

题图 2-3

2-7 求下列微分方程描述的系统冲激响应 $h(t)$ 和阶跃响应 $g(t)$。

(1) $\dfrac{\mathrm{d}r(t)}{\mathrm{d}t} + 3r(t) = 2\dfrac{\mathrm{d}e(t)}{\mathrm{d}t}$

(2) $\dfrac{\mathrm{d}^2 r(t)}{\mathrm{d}t^2} + \dfrac{\mathrm{d}r(t)}{\mathrm{d}t} + r(t) = \dfrac{\mathrm{d}e(t)}{\mathrm{d}t} + e(t)$

(3) $\dfrac{\mathrm{d}r(t)}{\mathrm{d}t} + 2r(t) = \dfrac{\mathrm{d}^2 e(t)}{\mathrm{d}t^2} + \dfrac{\mathrm{d}e(t)}{\mathrm{d}t} + 3e(t)$

2-8 某线性非时变系统的单位阶跃响应为 $g(t) = (2\mathrm{e}^{-2t} - 1)u(t)$，求它的单位冲激响应 $h(t)$。

2-9 求下列各函数 $f_1(t)$ 与 $f_2(t)$ 的卷积 $f_1(t) * f_2(t)$。

(1) $f_1(t) = u(t)$，$f_2(t) = \mathrm{e}^{-2t} u(t)$

(2) $f_1(t) = \delta(t+1) - \delta(t-1)$，$f_2(t) = \cos(\omega t)$

(3) $f_1(t) = u(t+2)$，$f_2(t) = u(t-3)$

(4) $f_1(t) = \mathrm{e}^{-2t} u(t)$，$f_2(t) = \mathrm{e}^{-3t} u(t)$

(5) $f_1(t) = (1+t)[u(t) - u(t-1)]$，$f_2(t) = u(t-1) - u(t-2)$

2-10 求下列两组卷积，并注意相互间的区别。

(1) $f(t) = u(t) - u(t-1)$，求 $s(t) = f(t) * f(t)$

(2) $f(t) = u(t-1) - u(t-2)$，求 $s(t) = f(t) * f(t)$

2-11 已知 $f_1(t) = u(t+1) - u(t-1)$，$f_2(t) = \delta(t+4) + \delta(t-4)$，$f_3(t) = \delta(t+1) + \delta(t-1)$，画出下列各卷积积分后的波形。

(1) $s_1(t) = f_1(t) * f_2(t)$

(2) $s_2(t) = f_1(t) * f_3(t)$

(3) $s_3(t) = f_1(t) * f_2(t) * f_3(t)$

2-12 某 LTI 系统对输入 $e(t) = 2\mathrm{e}^{-3t} u(t)$ 的零状态响应为 $r_{zs}(t)$，对 $\dfrac{\mathrm{d}r(t)}{\mathrm{d}t}$ 的零状态响应为 $-3r_{zs}(t) + \mathrm{e}^{-2t} u(t)$，求该系统的单位冲激响应 $h(t)$。

2-13 已知某 LTI 系统对输入激励 $e(t)$ 的零状态响应为

$$r_{zs}(t) = \int_{t-2}^{\infty} \mathrm{e}^{t-\tau} e(\tau - 1)\,\mathrm{d}\tau$$

求该系统的单位冲激响应。

2-14 已知 $f_1(t)$ 与 $f_2(t)$ 波形如题图 2-4 所示，求 $s(t) = f_1(t) * f_2(t)$，并画出 $s(t) = f_1(t) * f_2(t)$ 的波形。

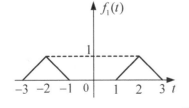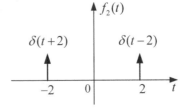

题图 2-4

2-15 对题图 2-5 所示的各组函数，用图解的方法粗略画出函数 $f_1(t)$ 与 $f_2(t)$ 卷积的波形，并计算卷积积分 $f_1(t) * f_2(t)$。

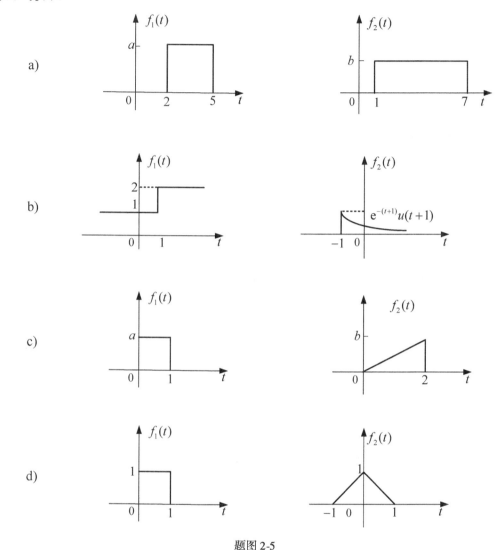

题图 2-5

2-16 题图 2-6 所示系统由几个"子系统"组成，各子系统的冲激响应分别为 $h_1(t) = u(t)$ （积分器），$h_2(t) = \delta(t-1)$ （单位延时），$h_3(t) = -\delta(t)$ （倒相器），试求总系统的冲激响应 $h(t)$。

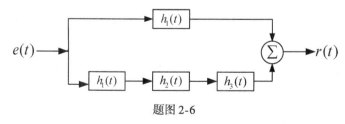

题图 2-6

2-17 题图 2-7 所示系统中，各子系统的冲激响应分别为 $h_1(t) = \delta(t-1)$，$h_2(t) = u(t) - u(t-1)$，试求总系统的冲激响应 $h(t)$，并画出 $h(t)$ 的波形。

2-18 给定系统微分方程

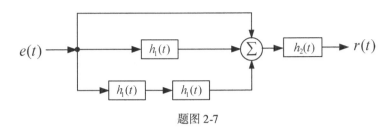

题图 2-7

$$\frac{\mathrm{d}^2 r(t)}{\mathrm{d}t^2} + 3\frac{\mathrm{d}r(t)}{\mathrm{d}t} + 2r(t) = \frac{\mathrm{d}e(t)}{\mathrm{d}t} + 3e(t)$$

若激励信号和起始状态为以下两种情况，试分别求它的完全响应，并指出其零输入响应、零状态响应；自由响应、强迫响应；暂态响应、稳态响应各分量。

(1) $e(t) = u(t)$, $r(0_-) = 1, r'(0_-) = 2$

(2) $e(t) = e^{-3t}u(t)$, $r(0_-) = 1, r'(0_-) = 2$

2-19 设线性时不变系统的起始状态为零，输入 $e(t)$ 和零状态响应 $r_{zs}(t)$ 分别如图题 2-8a、b 所示。(1) 画出系统冲激响应的波形；(2) 当输入为题图 3-7c 所示信号时，画出输出信号的波形。

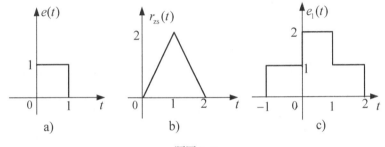

题图 2-8

2-20 某线性时不变因果系统，在相同的起始条件下，已知当激励 $f_1(t) = e(t)$ 时，全响应是 $y_1(t) = (3e^{-t} + e^{-2t})\,u(t)$；当激励为 $f_2(t) = 2e(t)$ 时，全响应是 $y_1(t) = 5e^{-t}u(t)$，求：

(1) 当激励为零时系统的全响应；(2) 输入为 $e(t-1)$ 时的全响应；(3) 起始状态是原来的两倍，输入为 $4e(t)$ 时的全响应，并指出零输入响应和零状态响应。

第3章 连续时间信号与系统的频域分析

傅里叶变换的实质是对信号进行频谱分析，把信号表示为一组不同频率的正弦信号或虚指数信号的加权和。这里着重讨论加权系数与频率的关系，称为信号的频谱分析。在频域里，如果用频谱分析的观点来分析系统，用于系统分析的独立变量是频率，则称为系统的频域分析。

在频域分析中，将时间变量变换成频率变量，揭示了信号内在的频率特性以及信号时间特性与其频率特性之间的密切关系，从而导出了信号的频谱、带宽以及滤波、调制等重要概念。

1822 年，法国数学家傅里叶（J. Fourier，1768—1830）在研究热传导理论时发表了"热的分析理论"著作，提出并证明了将周期函数展开为正弦级数的原理，奠定了傅里叶级数的理论基础。泊松（Poisson）、高斯（Gauss）等人把这一成果应用到电学中，得到广泛应用。19世纪末，人们制造出用于工程实际的电容器。进入 20 世纪以后，谐振电路、滤波器、正弦振荡器等一系列具体问题的解决为正弦函数与傅里叶分析的进一步应用开辟了广阔的前景。

傅里叶变换广泛应用于通信、电子、数字信号处理、生物医学工程等各个领域，是研究其他变换方法的基础。

本章首先从周期信号的频谱开始讨论，进而引出傅里叶变换，建立信号频谱密度的概念。然后通过典型信号频谱以及傅里叶变换性质的研究，初步掌握傅里叶分析的物理意义。接着通过对系统函数 $H(j\omega)$ 的定义，引出系统的傅里叶分析，从频谱改变的观点解释激励与响应的波形差异。最后引出傅里叶变换的应用，即无失真传输、理想低通滤波器和调制与解调，从频谱的观点说明这些应用的实质。

3.1 周期信号的傅里叶级数分析

3.1.1 三角函数形式的傅里叶级数

包含有正、余弦信号的三角函数集是一个完备的正交函数集，即三角函数集 $\{\cos(n\omega_1 t),$ $\sin(n\omega_1 t)\}$，$n = 1$，2，3，…，这些函数在一个周期 T_1 内，满足

$$\int_{-\frac{T_1}{2}}^{\frac{T_1}{2}} \cos(n\omega_1 t)\sin(n\omega_1 t)\,\mathrm{d}t = 0 \tag{3-1}$$

$$\int_{-\frac{T_1}{2}}^{\frac{T_1}{2}} \cos(n\omega_1 t)\cos(m\omega_1 t)\,\mathrm{d}t = \begin{cases} \dfrac{T_1}{2}, & m = n \\ 0, & m \neq n \end{cases} \tag{3-2}$$

$$\int_{-\frac{T_1}{2}}^{\frac{T_1}{2}} \sin(n\omega_1 t)\sin(m\omega_1 t)\,\mathrm{d}t = \begin{cases} \dfrac{T_1}{2}, & m = n \\ 0, & m \neq n \end{cases} \tag{3-3}$$

现有周期信号 $f(t)$，周期为 T_1，基波角频率为 $\omega_1 = \dfrac{2\pi}{T_1}$。若此周期信号满足狄利克雷（Dirichlet）条件：

1）在一个周期内，函数连续或只有有限个第一类间断点。

2）在一个周期内，函数的极值数目为有限个。

3）在一个周期内，函数是绝对可积的，即

$$\int_{t_0}^{t_0+T_1} |f(t)| \, dt < \infty \tag{3-4}$$

则 $f(t)$ 可展开为

$$f(t) = a_0 + a_1\cos(\omega_1 t) + a_2\cos(2\omega_1 t) + \cdots + b_1\sin(\omega_1 t) + b_2\sin(2\omega_1 t) + \cdots$$
$$= a_0 + \sum_{n=1}^{\infty} \left[a_n\cos(n\omega_1 t) + b_n\sin(n\omega_1 t) \right] \tag{3-5}$$

其中 n 为正整数，此展开式称为三角函数形式的傅里叶级数，其系数按如下各式计算。

直流分量

$$a_0 = \frac{1}{T_1} \int_{t_0}^{t_0+T_1} f(t) \, dt \tag{3-6}$$

余弦分量的幅度

$$a_n = \frac{2}{T_1} \int_{t_0}^{t_0+T_1} f(t) \cos(n\omega_1 t) \, dt \tag{3-7}$$

正弦分量的幅度

$$b_n = \frac{2}{T_1} \int_{t_0}^{t_0+T_1} f(t) \sin(n\omega_1 t) \, dt \tag{3-8}$$

三角函数形式的傅里叶级数展开具有以下优点：①三角函数是基本函数；②用三角函数表示信号，建立了时间与频率两个基本物理量之间的关系；③单频三角函数容易产生、传输、处理；④三角函数信号通过线性时不变系统后，仍为同频率的三角函数信号，仅幅度和相位有变化。

【例 3-1】　求周期锯齿波的三角函数形式的傅里叶级数展开式。

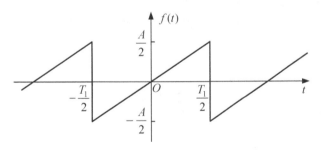

图 3-1　锯齿波信号

解：

$$f(t) = \frac{A}{T_1} t, \quad -\frac{T_1}{2} \leqslant t \leqslant \frac{T_1}{2}$$

$$a_0 = \frac{1}{T_1} \int_{-\frac{T_1}{2}}^{\frac{T_1}{2}} \frac{A}{T_1} t \, dt = 0$$

$$a_n = \frac{2}{T_1} \int_{-\frac{T_1}{2}}^{\frac{T_1}{2}} \frac{A}{T_1} t \cos(n\omega_1 t) \, dt = 0$$

$$b_n = \frac{2}{T_1} \int_{-\frac{T_1}{2}}^{\frac{T_1}{2}} \frac{A}{T_1} t \sin(n\omega_1 t) \, dt = \frac{A}{n\pi} (-1)^{n+1} \quad n = 1, 2, 3, \cdots$$

周期锯齿波的傅里叶级数展开式为

$$f(t) = 0 + \frac{A}{\pi} \sin\omega_1 t - \frac{A}{2\pi} \sin 2\omega_1 t + \cdots$$

$$= \frac{A}{\pi} \sum_{n=1}^{\infty} (-1)^{n+1} \frac{1}{n} \sin(n\omega_1 t)$$

将式（3-5）同频率项合并，可写为余弦形式

$$f(t) = c_0 + \sum_{n=1}^{\infty} c_n \cos(n\omega_1 t + \varphi_n) \tag{3-9}$$

$$c_0 = a_0$$

$$c_n = \sqrt{a_n^2 + b_n^2} \tag{3-10}$$

$$\varphi_n = \arctan\left(\frac{-b_n}{a_n}\right) \tag{3-11}$$

$$a_n = c_n \cos\varphi_n$$

$$b_n = -c_n \sin\varphi_n$$

c_n 是 n（或者 ω）的偶函数，φ_n 是 n（或者 ω）的奇函数。

式（3-9）说明，任何满足狄利克雷条件的周期信号都可以分解为直流及许多余弦分量之和，这些分量的频率是 $\omega_1 = \frac{2\pi}{T_1}$ 的整数倍。称 ω_1 为基频或基波频率；$2\omega_1$ 称为二次谐波频率；$3\omega_1$ 为三次谐波频率，$\cdots$，$n\omega_1$ 为 n 次谐波频率。相应地，c_0 为直流幅度，c_1 为基波幅度，c_2 为二次谐波幅度，$\cdots$，c_n 为 n 次谐波幅度。φ_1 为基波初相位，$\cdots$，φ_n 为 n 次谐波初相位。

也即，c_0 为直流分量；$c_1 \cos(\omega_1 t + \varphi_1)$ 称为基波或一次谐波分量；$c_2 \cos(2\omega_1 t + \varphi_2)$ 称为二次谐波分量；$c_n \cos(n\omega_1 t + \varphi_n)$ 称为 n 次谐波分量。

可见，周期信号可分解为直流、基波和各次谐波分量的线性组合。各频率分量的幅度大小、相位变化取决于信号的波形。

同理可写为正弦形式

$$f(t) = d_0 + \sum_{n=1}^{\infty} d_n \sin(n\omega_1 t + \varphi_n) \tag{3-12}$$

$$d_0 = a_0$$

$$d_n = \sqrt{a_n^2 + b_n^2}$$

$$\theta_n = \arctan\left(\frac{b_n}{a_n}\right)$$

$$a_n = d_n \sin\theta_n$$

$$b_n = d_n \cos\theta_n$$

余弦形式和正弦形式称为合并三角函数形式。

周期信号的频谱指周期信号中各次谐波幅值、相位随频率的变化关系。为了能直观地表示信号所包含的主要频率分量的幅度、相位随频率变化的情况，人们借助频谱图来描述信号的幅频和相频特性。

c_n 及 φ_n 都是 ω 的函数，所以将 c_n、φ_n 对 ω 的关系画成类似如图 3-2 所示的线图，$c_n \sim \omega$

关系曲线称为幅度频谱图，$\varphi_n \sim \omega$ 关系曲线称为相位频谱图。因为 $n \geq 0$，所以这种频谱称为单边频谱。可见频谱图可以直观地看出各个频率分量的相对大小。

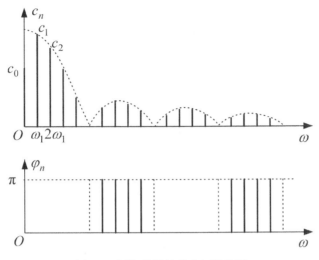

图 3-2　周期信号的单边频谱举例

【**例 3-2**】　已知周期信号

$$f(t) = 1 + \sin(\omega_1 t) + 2\cos(\omega_1 t) + \cos\left(2\omega_1 t + \frac{\pi}{4}\right)$$

试画出其单边频谱图。

　　解： 首先应用三角公式改写 $f(t)$ 的表达式

$$f(t) = 1 + \sqrt{5}\cos(\omega_1 t - 0.15\pi) + \cos\left(2\omega_1 t + \frac{\pi}{4}\right)$$

则三角函数形式的傅里叶级数的谱系数为

$$c_0 = 1, \varphi_0 = 0$$
$$c_1 = \sqrt{5} = 2.236, \varphi_1 = -0.15\pi$$
$$c_2 = 1, \varphi_2 = 0.25\pi$$

可以画出单边频谱图如图 3-3 所示。

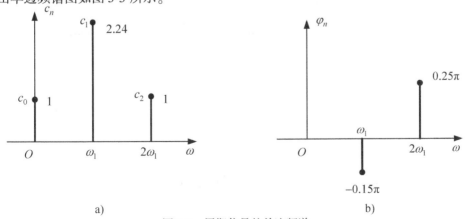

a)　　　　　　　　　　　　　　　　　　　b)

图 3-3　周期信号的单边频谱

a）幅度频谱图　b）相位频谱图

可见合并三角函数形式的傅里叶级数中各谐波分量的幅值可以直接从系数中得到。

3.1.2 指数形式的傅里叶级数

1. 指数形式的傅里叶系数 $F(n\omega_1)$

三角形式的傅里叶级数，含义比较明确，但运算复杂，因而经常采用指数形式的傅里叶级数。复指数正交函数集为 $\{e^{jn\omega_1 t}\}$，$n = 0,\ \pm1,\ \pm2\cdots$。

$f(t)$ 写成指数形式的傅里叶级数形式为

$$f(t) = \sum_{n=-\infty}^{\infty} F(n\omega_1)e^{jn\omega_1 t} \tag{3-13}$$

利用复变函数的正交特性，得出系数

$$F(n\omega_1) = \frac{\displaystyle\int_{t_0}^{t_0+T_1} f(t)e^{-jn\omega_1 t}\mathrm{d}t}{\displaystyle\int_{t_0}^{t_0+T_1} e^{jn\omega_1 t}e^{-jn\omega_1 t}\mathrm{d}t} \tag{3-14}$$

$$= \frac{1}{T_1}\int_{t_0}^{t_0+T_1} f(t)e^{-jn\omega_1 t}\mathrm{d}t$$

此关系系数 $F(n\omega_1)$ 也可利用欧拉公式

$$\cos(\omega_1 t) = \frac{1}{2}(e^{jn\omega_1 t} + e^{-jn\omega_1 t})$$

$$\sin(\omega_1 t) = \frac{1}{2j}(e^{jn\omega_1 t} - e^{-jn\omega_1 t})$$

从三角形式推出，感兴趣的同学可以自行证明。

由指数形式傅里叶级数展开式 (3-13) 可以看出，周期信号可分解为 $(-\infty, +\infty)$ 区间上的指数信号 $e^{jn\omega_1 t}$ 的线性组合，若给出 $F(n\omega_1)$，则 $f(t)$ 唯一确定。$F(n\omega_1)$ 称为复傅里叶系数，即各频率分量的复数幅度。

2. 傅里叶系数的关系

利用欧拉公式，可以求得 $F(n\omega_1)$ 和 c_n 两种傅里叶系数之间的关系：

$$F(n\omega_1) = \frac{1}{T_1}\int_0^{T_1} f(t)e^{-jn\omega_1 t}\mathrm{d}t$$

$$= \frac{1}{T_1}\int_0^{T_1} f(t)\cos(n\omega_1 t)\mathrm{d}t - j\frac{1}{T_1}\int_0^{T_1} f(t)\sin(n\omega_1 t)\mathrm{d}t$$

$$= \frac{1}{2}(a_n - jb_n)$$

$$F(-n\omega_1) = \frac{1}{T_1}\int_0^{T_1} f(t)\cos(n\omega_1 t)\mathrm{d}t + j\frac{1}{T_1}\int_0^{T_1} f(t)\sin(n\omega_1 t)\mathrm{d}t$$

$$= \frac{1}{2}(a_n + jb_n)$$

$F(n\omega_1)$、$F(-n\omega_1)$ 是复函数，$F(n\omega_1)$ 也可简写为 F_n。由上述推导过程可知

$$F(n\omega_1) = |F(n\omega_1)|e^{j\varphi_n} \tag{3-15}$$

$$|F(n\omega_1)| = \frac{1}{2}\sqrt{a_n^2 + b_n^2} = \frac{1}{2}c_n \tag{3-16}$$

$$F_0 = a_0 = c_0 \tag{3-17}$$

可见，$|F(n\omega_1)|$ 为 c_n 的一半，并且不仅有正频率项，还出现了负频率项。

3. 信号频谱

式 (3-15) 中的 $|F(n\omega_1)|$ 称为幅度频谱，$|F(n\omega_1)|$ 为关于 ω 的偶函数；φ_n 称为相位频谱，φ_n 为关于 ω 的奇函数。

$$\varphi_n = \arctan\left(\frac{-b_n}{a_n}\right) \tag{3-18}$$

同样，为了直观地表示信号所包含的主要频率分量随频率变化的情况，也可画出指数形式傅里叶系数的频谱图。$|F(n\omega_1)| \sim \omega$ 的关系图称为幅度频谱图，$\varphi_n \sim \omega$ 的关系图称为相位频谱图。指数形式傅里叶系数的频谱称为双边频谱。这里看到有复频率出现，复频率无实际意义，只是数学运算的结果；若 F_n 为实数（或虚数），也可直接绘制 F_n，因为 F_n 的正负便表明了其相角。连接谱线顶点的曲线称为包络线。图 3-4 所示为周期矩形信号的频谱图，具体将在3.2 节进行学习。

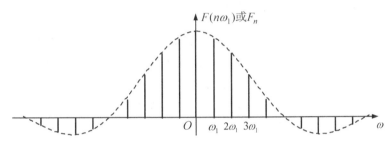

图 3-4　周期信号的双边复振幅频谱举例

【例 3-3】　画出例 3-2 所示周期信号的双边频谱图。

解： 已知周期信号

$$f(t) = 1 + \sin(\omega_1 t) + 2\cos(\omega_1 t) + \cos\left(2\omega_1 t + \frac{\pi}{4}\right)$$

利用欧拉公式得

$$f(t) = 1 + \frac{1}{2j}(e^{j\omega_1 t} - e^{-j\omega_1 t}) + \frac{2}{2}(e^{j\omega_1 t} + e^{-j\omega_1 t}) + \frac{1}{2}\left[e^{j\left(2\omega_1 t + \frac{\pi}{4}\right)} + e^{-j\left(2\omega_1 t + \frac{\pi}{4}\right)}\right]$$

整理得

$$f(t) = 1 + \left(1 + \frac{1}{2j}\right)e^{j\omega_1 t} + \left(1 - \frac{1}{2j}\right)e^{-j\omega_1 t} + \frac{1}{2}e^{j\frac{\pi}{4}}e^{j2\omega_1 t} + \frac{1}{2}e^{-j\frac{\pi}{4}}e^{-j2\omega_1 t} = \sum_{n=-2}^{2} F_n e^{jn\omega_1 t}$$

则指数形式的傅里叶级数的谱系数为

$$F_1 = \left(1 + \frac{1}{2j}\right) = 1.12 e^{-j0.15\pi}, F_{-1} = \left(1 - \frac{1}{2j}\right) = 1.12 e^{j0.15\pi}$$

$$F_0 = 1$$

$$F_2 = \frac{1}{2}e^{j\frac{\pi}{4}}, F_{-2} = \frac{1}{2}e^{-j\frac{\pi}{4}}$$

根据以上结果，可以画出双边频谱图如图 3-5 所示。

指数形式和合并三角函数形式傅里叶级数是最常用的两种级数形式。指数形式的傅里叶系数容易计算；合并三角形式的傅里叶级数中各谐波分量的幅值可以直接从系数中得到。

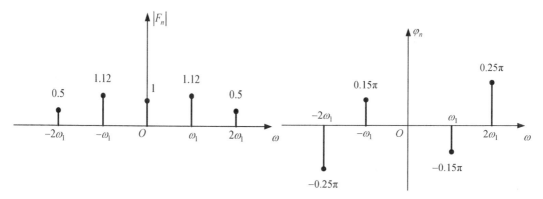

图 3-5　周期信号的双边频谱图

一般可以利用式（3-14）计算傅里叶系数 F_n，k 次谐波的振幅等于 $2|F_k|$，但直流分量的振幅 F_0 除外。

3.1.3　函数对称性与傅里叶系数的关系

$f(t)$ 展开成傅里叶级数时，如果 $f(t)$ 是实函数并且波形满足某种对称特性，那么其傅里叶级数中有些项将为零。利用这些对称条件，可以不必计算这些为零的系数项，其余项的计算也将得到简化。波形的对称性有两类，一类是波形关于原点或纵轴对称，比如偶函数、奇函数；另一类是波形关于半周期对称，比如奇谐函数。由这些条件，可以判断级数中是否含有正弦、余弦项或偶次谐波项、奇次谐波项。

1. 偶函数

偶函数信号波形是关于纵轴对称的，满足 $f(t) = f(-t)$，如图 3-6 所示。

因为 $f(t) = f(-t)$，所以 $f(t)\cos(n\omega_1 t)$ 是关于 t 的偶函数，$f(t)\sin(n\omega_1 t)$ 是关于 t 的奇函数，可根据三角形式傅里叶系数求得

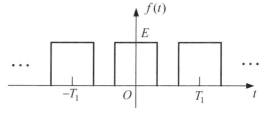

图 3-6　偶函数举例

$$b_n = 0 \tag{3-19}$$

$$a_n = \frac{4}{T_1} \int_0^{\frac{T_1}{2}} f(t)\cos(n\omega_1 t)\,\mathrm{d}t \neq 0 \tag{3-20}$$

$$F_n = \frac{1}{2}(a_n - \mathrm{j}b_n) = \frac{1}{2}a_n = \frac{1}{2}\dot{c}_n \tag{3-21}$$

$$F_0 = c_0$$

$$\varphi_n = \begin{cases} 0, & a_n > 0 \\ \pi, & a_n < 0 \end{cases}$$

可以看出，傅里叶级数中不含正弦项，只含有直流项和余弦项。F_n 为实函数。

2. 奇函数

奇函数波形是关于原点对称的，满足 $f(t) = -f(-t)$，如图 3-7 所示。

因为 $f(t) = -f(-t)$，所以 $f(t)\cos(n\omega_1 t)$ 是关于 t 的奇函数，$f(t)\sin(n\omega_1 t)$ 是关于 t 的偶函数，可根据三角形式傅里叶系数求得

$$a_0 = \frac{1}{T_1} \int_{-\frac{T_1}{2}}^{\frac{T_1}{2}} f(t)\,\mathrm{d}t = 0$$

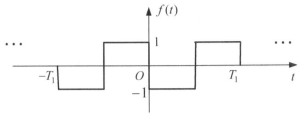

图 3-7 奇函数举例

$$a_n = \frac{2}{T_1} \int_{-\frac{T_1}{2}}^{\frac{T_1}{2}} f(t) \cos(n\omega_1 t)\,\mathrm{d}t = 0 \qquad (3\text{-}22)$$

$$b_n = \frac{2}{T_1} \int_0^{T_1} f(t) \sin(n\omega_1 t)\,\mathrm{d}t = \frac{4}{T_1} \int_0^{\frac{T_1}{2}} f(t) \sin(n\omega_1 t)\,\mathrm{d}t \neq 0 \qquad (3\text{-}23)$$

$$F_n = F(n\omega_1) = \frac{1}{2}(a_n - \mathrm{j}b_n) = -\frac{1}{2}\mathrm{j}b_n \qquad (3\text{-}24)$$

$$F_0 = c_0 = 0$$

可以看出，傅里叶级数中不含直流项和余弦项，只含有正弦项。F_n 为虚函数。

3. 奇谐函数

若函数波形沿时间轴平移半个周期并相对于该轴上下反转，此时波形并不发生变化。即满足 $f(t) = -f\left(t \pm \dfrac{T_1}{2}\right)$，则该函数称为奇谐函数，如图 3-8 所示。

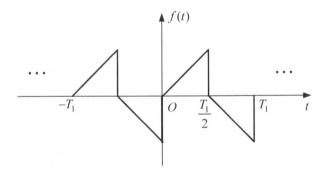

图 3-8 奇谐函数举例

代入傅里叶级数展开式可得

$$a_0 = 0$$

$$a_n = b_n = 0, n = 2,4,6,\cdots$$

$$a_n = \frac{4}{T_1} \int_0^{\frac{T_1}{2}} f(t) \cos(n\omega_1 t)\,\mathrm{d}t, n = 1,3,5,\cdots \qquad (3\text{-}25)$$

$$b_n = \frac{4}{T_1} \int_0^{\frac{T_1}{2}} f(t) \sin(n\omega_1 t)\,\mathrm{d}t, n = 1,3,5,\cdots \qquad (3\text{-}26)$$

可见奇谐函数只含有正、余弦波的奇次谐波项，偶次谐波为零。

3.1.4 周期信号的功率

周期信号一般是功率信号，其平均功率为

$$
\begin{aligned}
P &= \overline{f^2(t)} = \frac{1}{T_1}\int_0^{T_1} f^2(t)\,\mathrm{d}t \\
&= \frac{1}{T_1}\int_0^{T_1}\left\{a_0 + \sum_{n=1}^{\infty}\left[a_n\cos(n\omega_1 t) + b_n\sin(n\omega_1 t)\right]\right\}^2\mathrm{d}t \\
&= a_0^2 + \frac{1}{2}\sum_{n=1}^{\infty}(a_n^2 + b_n^2) \\
&= c_0^2 + \frac{1}{2}\sum_{n=1}^{\infty}c_n^2 \\
&= \sum_{n=-\infty}^{\infty}|F_n|^2
\end{aligned} \tag{3-27}
$$

式（3-27）表明，周期信号平均功率等于直流、基波及各次谐波分量有效值的二次方和，也即直流和 n 次谐波分量在 1Ω 电阻上消耗的平均功率之和。可见，时域和频域的能量是守恒的，这是帕塞瓦尔定理在傅里叶级数中的具体体现。

3.1.5 傅里叶有限项级数与最小均方误差

已知周期信号 $f(t)$ 的傅里叶级数为

$$f(t) = a_0 + \sum_{n=1}^{\infty}\left[a_n\cos(n\omega_1 t) + b_n\sin(n\omega_1 t)\right]$$

可见，任意周期函数表示为傅里叶级数时需要无限多项才能完全逼近原函数，如果选取有限项，则是一种近似的方法。若取傅里叶级数的前（$2N+1$）项来逼近 $f(t)$，则有限项傅里叶级数为

$$S_N(t) = a_0 + \sum_{n=1}^{N}\left[a_n\cos(n\omega_1 t) + b_n\sin(n\omega_1 t)\right] \tag{3-28}$$

这样用 $S_N(t)$ 逼近 $f(t)$ 引起的误差函数为

$$\varepsilon_N(t) = f(t) - S_N(t) \tag{3-29}$$

均方误差等于

$$E_N = \overline{\varepsilon_N^2(t)} = \frac{1}{T_1}\int_{t_0}^{t_0+T_1}\varepsilon_N^2(t)\,\mathrm{d}t = \overline{f^2(t)} - \left[a_0^2 + \frac{1}{2}\sum_{n=1}^{N}(a_n^2 + b_n^2)\right] \tag{3-30}$$

下面以图 3-9 所示的周期方波为例，来说明其有限项傅里叶级数在取不同的项数时对原函数的逼近情况。

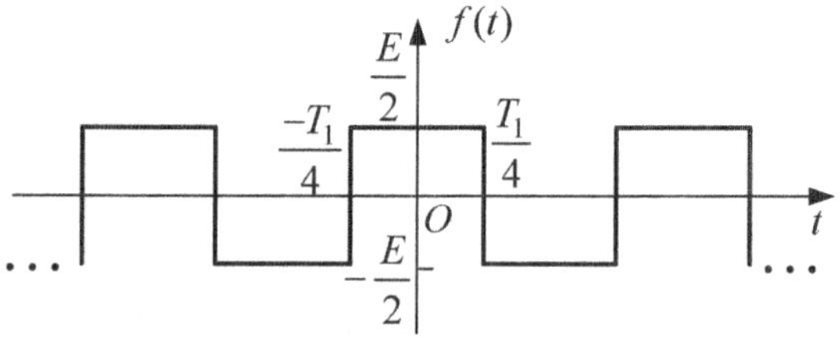

图 3-9 周期矩形脉冲信号波形

由图 3-9 可见，$f(t)$ 既是偶函数，又是奇谐函数。因此，在它的傅里叶级数中只可能含有奇次谐波的余弦项。由式（3-7）可求得

$$a_n = \frac{2E}{n\pi}\sin\left(\frac{n\pi}{2}\right)$$

$$f(t) = \frac{2E}{\pi}\left[\cos(\omega_1 t) - \frac{1}{3}\cos(3\omega_1 t) + \frac{1}{5}\cos(5\omega_1 t) - \cdots\right] \tag{3-31}$$

有限项傅里叶级数逼近原信号的示意如图 3-10 所示，此图所示方波幅度 $E=1$，$T_1=2$。图 3-10 为通过 MATLAB 编程得到的波形。

用有限项级数去逼近 $f(t)$，所引起的均方误差分别为

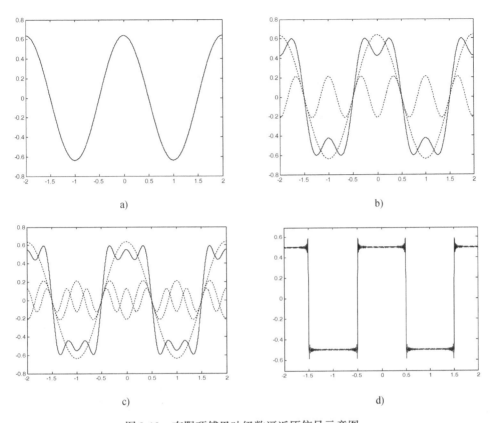

图 3-10　有限项傅里叶级数逼近原信号示意图

a）包含基波项波形　b）包含基波项和三次谐波项波形　c）包含基波项，三次谐波项和五次谐波项波形
d）包含九十九次谐波项和吉布斯现象

$$E_1 = \overline{\varepsilon_1^2} = \overline{f^2(t)} - \frac{1}{2}a_1^2$$

$$= \left(\frac{E}{2}\right)^2 - \frac{1}{2}\left(\frac{2E}{\pi}\right)^2$$

$$\approx 0.05E^2$$

$$E_3 = \overline{\varepsilon_3^2} = \overline{f^2(t)} - \frac{1}{2}a_1^2 - \frac{1}{2}a_3^2$$

$$= \left(\frac{E}{2}\right)^2 - \frac{1}{2}\left(\frac{2E}{\pi}\right)^2 - \frac{1}{2}\left(\frac{2E}{3\pi}\right)^2$$

$$\approx 0.02E^2$$

$$E_5 = \overline{\varepsilon_5^2} = \overline{f^2(t)} - \frac{1}{2}a_1^2 - \frac{1}{2}a_3^2 - \frac{1}{2}a_5^2$$

$$= \left(\frac{E}{2}\right)^2 - \frac{1}{2}\left(\frac{2E}{\pi}\right)^2 - \frac{1}{2}\left(\frac{2E}{3\pi}\right)^2 - \frac{1}{2}\left(\frac{2E}{5\pi}\right)^2$$

$$\approx 0.015E^2$$

由以上均方误差分析和图 3-10 可以得出：

1）傅里叶级数所取项数越多，相加后波形越逼近原信号，两者的均方误差越小。

2）当 $f(t)$ 是脉冲信号时，其高频分量主要影响脉冲的跳边沿，低频分量主要影响脉冲的顶部。所以，$f(t)$ 波形变化越剧烈，所包含的高频分量越丰富；变化越缓慢，所包含的低频分量越丰富。

3）当信号中任一频谱分量的幅度或相位发生相对变化时，输出波形一般要发生失真。

可见，当选取的傅里叶有限级数的项数越多时，所合成波形出现的峰起越靠近 $f(t)$ 的不连续点。当项数很大时，该峰值不是趋于 0，而是趋于一个常数，大约为总跳变值的 9%，并从不连续点开始以起伏振荡的形式逐渐衰减下去，这种现象称为吉布斯现象，如图 3-10d 所示。

周期信号谐波分量的叠加及有限项傅里叶级数逼近原信号的演示可扫描二维码 3-1 进行观看。

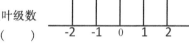

3-1 周期矩形脉冲信号谐波分量的叠加

课堂练习题

3.1-1 （判断）利用傅里叶级数的前 N 次谐波合成原信号可表示为

$$S_N(t) = a_0 + \sum_{n=1}^{N} \left[a_n \cos(n\omega_1 t) + b_n \sin(n\omega_1 t) \right]$$

N 越大，则均方误差越大。   （   ）

3.1-2 （判断）用有限项傅里叶级数表示周期信号，吉布斯现象是不可避免的。 （   ）

3.1-3 已知连续周期信号的频谱如题图 3.1-1 所示，其对应的周期信号 $f(t)$ 为   （   ）

A. $2 + 2\cos(\omega_0 t) + \cos(2\omega_0 t)$ B. $2 + 2\cos t + \cos(2t)$

C. $2 + 4\cos t + 2\cos(2t)$ D. $2 + 4\sin t + 2\sin(2t)$

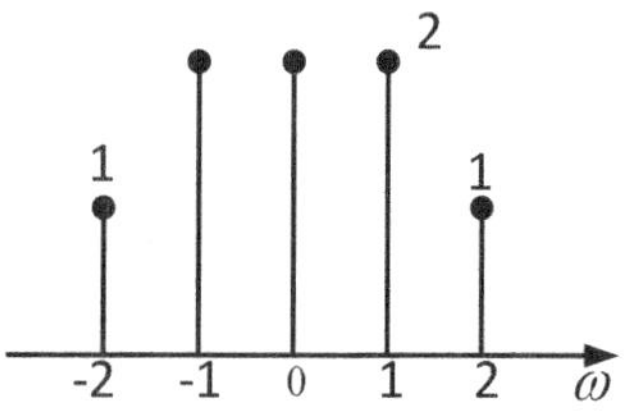

3.1-4 已知某周期为 T 的信号 $f(t)$，该信号是偶函数，则其傅里叶级数中仅含有何种分量。   （   ）

A. 偶次谐波项   B. 正弦项

C. 余弦项，可能还有直流项   D. 奇次谐波项

题图 3.1-1

3.2 典型周期信号的傅里叶级数

本节以周期矩形脉冲信号为例来讨论周期信号频谱的特点、频谱结构与参数的关系以及频带宽度。通过分析周期矩形脉冲信号的频谱，可以了解周期信号频谱的一般规律。其他信号，如周期锯齿脉冲信号、周期三角脉冲信号、周期半波余弦信号、周期全波余弦信号分析方法类似，这里不做过多阐述。典型周期信号的频谱演示可扫描二维码 3-2 进行观看。

3-2 周期信号频谱

周期矩形脉冲信号 $f(t)$，脉冲宽度为 τ，脉冲幅度为 E，脉冲周期为 $T_1 \left(T_1 = \dfrac{2\pi}{\omega_1} \right)$，如图 3-11 所示。

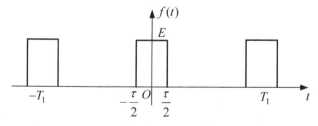

图 3-11 周期矩形脉冲信号

此信号在一个周期内 $\left(-\dfrac{T_1}{2} \leqslant t \leqslant \dfrac{T_1}{2}\right)$ 的表示式为

$$f(t) = E\left[u\left(t + \frac{\tau}{2}\right) - u\left(t - \frac{\tau}{2}\right)\right] \tag{3-32}$$

首先利用式（3-5）把周期矩形信号展成三角形式的傅里叶级数。由于 $f(t)$ 是偶函数，因此 $b_n = 0$，根据式（3-6）和式（3-7），可分别求出谱系数 a_0 和 a_n。

$$a_0 = \frac{1}{T_1} \int_{-\frac{T_1}{2}}^{\frac{T_1}{2}} f(t)\, \mathrm{d}t = \frac{E\tau}{T_1}$$

$$
\begin{aligned}
a_n &= \frac{2}{T_1} \int_{-\frac{T_1}{2}}^{\frac{T_1}{2}} f(t)\cos(n\omega_1 t)\, \mathrm{d}t \\
&= \frac{2}{T_1} \int_{-\frac{\tau}{2}}^{\frac{\tau}{2}} E\cos\left(n\frac{2\pi}{T_1}t\right) \mathrm{d}t \\
&= \frac{2E}{n\pi}\sin\left(\frac{n\pi\tau}{T_1}\right)
\end{aligned}
\tag{3-33}
$$

或写作

$$
\begin{aligned}
a_n &= \frac{2E\tau}{T_1}\mathrm{Sa}\left(\frac{n\pi\tau}{T_1}\right) = \frac{E\tau\omega_1}{\pi}\mathrm{Sa}\left(\frac{n\omega_1\tau}{2}\right) \\
&= \frac{2E\tau}{T_1}\mathrm{Sa}\left(\frac{n\omega_1\tau}{2}\right)
\end{aligned}
\tag{3-34}
$$

其中 Sa 为抽样函数，它等于

$$\mathrm{Sa}\left(\frac{n\omega_1\tau}{2}\right) = \frac{\sin\left(\dfrac{n\omega_1\tau}{2}\right)}{\left(\dfrac{n\omega_1\tau}{2}\right)}$$

则周期矩形信号的三角形式傅里叶级数为

$$f(t) = \frac{E\tau}{T_1} + \frac{2E\tau}{T_1}\sum_{n=1}^{\infty}\mathrm{Sa}\left(\frac{n\omega_1\tau}{2}\right)\cos(n\omega_1 t) \tag{3-35}$$

如果给定 τ、T_1、E，就可以求出直流及基波和各次谐波分量的幅度，它们等于

$$c_0 = a_0 = \frac{1}{T_1}\int_{-\frac{T_1}{2}}^{\frac{T_1}{2}} f(t)\,\mathrm{d}t = \frac{E\tau}{T_1} \tag{3-36}$$

$$c_n = \sqrt{a_n^2} = \frac{2E\tau}{T_1}\left|\mathrm{Sa}\left(\frac{n\omega_1\tau}{2}\right)\right| \tag{3-37}$$

由式（3-13）可以写出周期矩形脉冲信号指数形式的傅里叶级数展开式。根据式（3-14）可求出谱系数

$$
\begin{aligned}
F(n\omega_1) &= \frac{1}{T_1}\int_{-\frac{T_1}{2}}^{\frac{T_1}{2}} f(t)\,\mathrm{e}^{-\mathrm{j}n\omega_1 t}\mathrm{d}t = \frac{1}{T_1}\int_{-\frac{\tau}{2}}^{\frac{\tau}{2}} E\mathrm{e}^{-\mathrm{j}n\omega_1 t}\mathrm{d}t \\
&= \frac{E}{T_1}\frac{1}{-\mathrm{j}n\omega_1}\mathrm{e}^{-\mathrm{j}n\omega_1 t}\Big|_{-\frac{\tau}{2}}^{\frac{\tau}{2}} = \frac{-E}{\mathrm{j}n\omega_1 T_1}\left(\mathrm{e}^{-\mathrm{j}n\omega_1\frac{\tau}{2}} - \mathrm{e}^{\mathrm{j}n\omega_1\frac{\tau}{2}}\right)
\end{aligned}
$$

$$= \frac{2E}{n\omega_1 T_1} \sin\left(n\omega_1 \frac{\tau}{2}\right) = \frac{E\tau}{T_1} \frac{\sin\left(n\omega_1 \frac{\tau}{2}\right)}{n\omega_1 \frac{\tau}{2}}$$

$$= \frac{E\tau}{T_1} \mathrm{Sa}\left(n\omega_1 \frac{\tau}{2}\right) \tag{3-38}$$

所以

$$f(t) = \sum_{n=-\infty}^{\infty} F(n\omega_1) \mathrm{e}^{jn\omega_1 t}$$

$$= \frac{E\tau}{T_1} \sum_{n=-\infty}^{\infty} \mathrm{Sa}\left(n\omega_1 \frac{\tau}{2}\right) \mathrm{e}^{jn\omega_1 t} \tag{3-39}$$

1. 频谱及其特点

因为周期矩形信号频谱的相位只有 0、π 两种情况，对应的幅度只是正、负的变化，所以可以将幅度频谱和相位频谱画在一起，即复振幅频谱 $\dot{c}_n$ 或 F_n。但要特别注意，除了相位频谱只有 0、π 的情况，一般不能将振幅与相位表示在同一频谱图中。图 3-12 画出的是 $T_1 = 5\tau$ 时的情况。

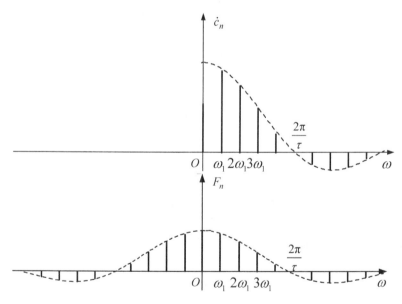

图 3-12　周期矩形脉冲信号的复振幅频谱

由图可见：

1）包络线的形状是抽样函数，各谱线的幅度按 $\mathrm{Sa}\left(n\omega_1 \frac{\tau}{2}\right)$ 包络线的规律而变化。

2）$|F_n|$ 最大值在 $n=0$ 处，为 $\frac{E\tau}{T_1}$。

3）周期矩形脉冲信号的频谱为离散谱（谐波性），当 $\omega = n\omega_1$ 时有取值。

4）当 $\frac{\omega\tau}{2} = \pi$ 时出现第一零点，即第一零点坐标为 $\frac{2\pi}{\tau}$。

由此例分析可以看到周期信号频谱有以下特点。

1）离散性：周期信号的频谱是以 ω_1 为间隔的离散谱。

2）谐波性：谱线只在基波频率 ω_1 的整数倍上出现，只有 $n\omega_1$ 的频率分量。

3）收敛性：各次谐波的振幅随谐波次数 n 的增大而逐渐减小。

2. 谱线的结构与波形参数的关系

1）如果 T_1 保持不变，τ 变小，则谱线幅度 c_n 变小，谱线间隔 $\omega_1 = \dfrac{2\pi}{T_1}$ 不变，第一零点带宽 $\dfrac{2\pi}{\tau}$ 增大，如图 3-13 所示。

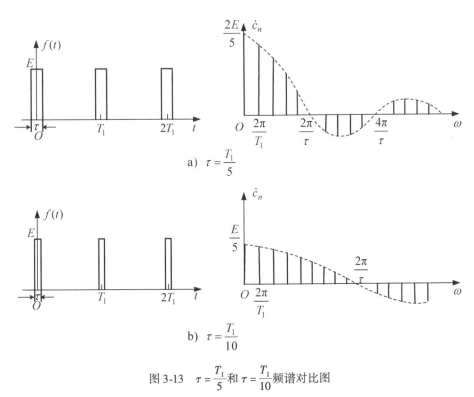

图 3-13 $\tau = \dfrac{T_1}{5}$ 和 $\tau = \dfrac{T_1}{10}$ 频谱对比图

2）同样，τ 保持不变，T_1 增大，则谱线幅度 c_n 减小，谱线间隔 $\omega_1 = \dfrac{2\pi}{T_1}$ 减小，谱线间隔变密，第一零点带宽 $\dfrac{2\pi}{\tau}$ 不变，如图 3-14 所示。

如果周期 T_1 无限增长，这时周期矩形脉冲信号就成为非周期单脉冲信号，那么，谱线间隔 $\omega_1 = \dfrac{2\pi}{T_1}$ 将趋近于零，周期信号的离散频谱就过渡到非周期信号的连续频谱，各频率分量的幅度 $|F_n|$ 也将趋近于无穷小，这时 $F(n\omega_1)$ 不再适用于表示非周期信号的频谱。

3. 信号带宽

周期矩形信号包含无穷多条谱线，也就是说，它可以分解成无穷多个频率分量。但第一个零点集中了信号绝大部分能量（平均功率），由频谱的收敛性可知，信号的功率集中在低频段。

由式（3-27）可得周期矩形脉冲信号的功率为

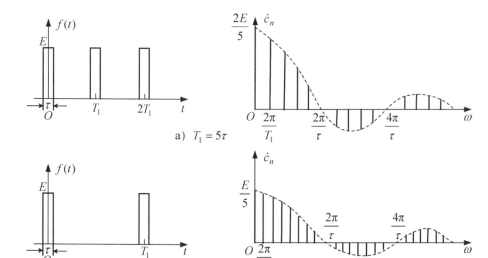

a) $T_1 = 5\tau$

b) $T_1 = 10\tau$

图 3-14 $T_1 = 5\tau$ 和 $T_1 = 10\tau$ 频谱对比图

$$P = \frac{1}{T}\int_0^T f^2(t)\,\mathrm{d}t = \sum_{n=-\infty}^{\infty} |F_n|^2$$

以 $E = 1\mathrm{V}$，$\tau = \dfrac{1}{20}\mathrm{s}$，$T_1 = \dfrac{1}{4}\mathrm{s}$ 为例，取前 5 次谐波

$$P_{5n} = f_0^2 + |F_1|^2 + |F_2|^2 + |F_3|^2 + |F_4|^2 + |F_{-1}|^2 + |F_{-2}|^2 + |F_{-3}|^2 + |F_{-4}|^2$$
$$= 0.181$$

而总功率为

$$P = \frac{1}{T_1}\int_0^{T_1} f^2(t)\,\mathrm{d}t = 0.2$$

二者比值为

$$\frac{P_{5n}}{P} = 90.5\%$$

从此例可以看到，信号的主要能量集中在第一零点之内。所以在允许一定失真的条件下，信号可以用某段频率范围的信号来表示，此频率范围称为频带宽度。一般把第一个零点作为信号的频带宽度。记为

$$B_\omega = \frac{2\pi}{\tau} \tag{3-40}$$

或

$$B_f = \frac{1}{\tau} \tag{3-41}$$

可见，带宽与脉宽（时间宽度）成反比。对于一般周期信号，将幅度下降为 $\dfrac{1}{10}|F(n\omega_1)|_{\max}$ 的频率区间定义为频带宽度。

【例 3-4】 若周期信号 $f_1(t)$ 和 $f_2(t)$ 如图 3-11 所示，$f_1(t)$ 的参数为 $\tau = 0.5\mu\mathrm{s}$，$T_1 = 1\mu\mathrm{s}$，$E = 1\mathrm{V}$；$f_2(t)$ 的参数是 $\tau = 1.5\mu\mathrm{s}$，$T_1 = 3\mu\mathrm{s}$，$E = 3\mathrm{V}$，分别求：

(1) $f_1(t)$ 的谱线间隔和带宽（第一零点位置），频率单位以 kHz 表示；

(2) $f_2(t)$ 的谱线间隔和带宽；

(3) $f_1(t)$ 与 $f_2(t)$ 的基波幅度之比；

(4) $f_1(t)$ 的基波与 $f_2(t)$ 的三次谐波幅度之比。

解：

(1) $f_1(t)$ 的谱线间隔 $f_1 = \dfrac{1}{T_1} = \dfrac{1}{1 \times 10^{-6}\text{s}} = 1000\,\text{kHz}$；带宽 $B_f = \dfrac{1}{\tau} = \dfrac{1}{0.5 \times 10^{-6}\text{s}} = 2000\,\text{kHz}$。

(2) $f_2(t)$ 的谱线间隔 $f_1 = \dfrac{1}{T_1} = \dfrac{1}{3 \times 10^{-6}\text{s}} = \dfrac{1000}{3}\,\text{kHz}$；带宽 $B_f = \dfrac{1}{\tau} = \dfrac{1}{1.5 \times 10^{-6}\text{s}} = \dfrac{2000}{3}\,\text{kHz}$。

(3) 根据式（3-37）$c_n = \dfrac{2E\tau}{T_1}\left| \text{Sa}\left(\dfrac{n\pi\tau}{T_1}\right) \right|$ 可知

$f_1(t)$ 的基波幅度为

$$c_1 = \frac{2 \times 1 \times 0.5 \times 10^{-6}}{1 \times 10^{-6}}\left| \text{Sa}\left(\frac{1 \times \pi \times 0.5 \times 10^{-6}}{1 \times 10^{-6}}\right) \right|$$

$f_2(t)$ 的基波幅度为

$$c_1 = \frac{2 \times 3 \times 1.5 \times 10^{-6}}{3 \times 10^{-6}}\left| \text{Sa}\left(\frac{1 \times \pi \times 1.5 \times 10^{-6}}{3 \times 10^{-6}}\right) \right|$$

两者之比为 $1:3$。

(4) $f_1(t)$ 的基波幅度在上一问已经求出。$f_2(t)$ 的三次谐波幅度为

$$c_3 = \frac{2 \times 3 \times 1.5 \times 10^{-6}}{3 \times 10^{-6}}\left| \text{Sa}\left(\frac{3 \times \pi \times 1.5 \times 10^{-6}}{3 \times 10^{-6}}\right) \right|$$

所以，两者幅度之比为 $1:1$。

课堂练习题

3.2-1 （判断）连续周期信号在有效带宽内各谐波分量的平均功率之和占整个信号平均功率的很大一部分。 （ ）

3.2-2 （判断）周期为 T 的周期矩形脉冲信号，每个脉冲的时宽越小，则其第一过零点带宽也越小。 （ ）

3.2-3 周期性矩形脉冲信号 $f(t) = \sum\limits_{n=-\infty}^{\infty} G_\tau(t - nT)\ (T > \tau)$ 的相位频谱取值包括 （ ）

A. 仅有 $\pm\dfrac{\pi}{2}$ 相位　　　　B. 仅有 0 相位　　　　C. 仅有 0、$\pm\pi$ 相位　　　　D. 仅有 π 相位

3.2-4 有关周期矩形脉冲信号的傅里叶级数形式的频谱特点描述不正确的是 （ ）

A. 具有收敛性　　　　B. 具有谐波性　　　　C. 具有离散性　　　　D. 具有连续性

3.2-5 周期矩形脉冲序列频谱的谱线包络线为 （ ）

A. δ 函数　　　　B. Sa 函数　　　　C. 阶跃函数　　　　D. 无法给出

3.3 傅里叶变换

非周期信号 $f(t)$ 可看成是周期 $T_1 \to \infty$ 时的周期信号。在 3.2 节中，已经知道当周期 $T_1 \to \infty$ 时，谱线间隔 ω_1 趋近于无穷小，从而信号的频谱变为连续频谱。各频率分量的幅度也趋近于无穷小，不过，这些无穷小量之间仍有差别。为了描述非周期信号的频谱特性，引入频谱密

度的概念。

1. 正变换

已知周期信号的傅里叶级数是

$$f(t) = \sum_{n=-\infty}^{\infty} F(n\omega_1) e^{jn\omega_1 t}$$

式中

$$F(n\omega_1) = \frac{1}{T_1} \int_{-\frac{T_1}{2}}^{\frac{T_1}{2}} f(t) e^{-jn\omega_1 t} dt \tag{3-42}$$

将式（3-42）两边乘以 T_1，得

$$T_1 F(n\omega_1) = \frac{F(n\omega_1)}{f_1} = \frac{2\pi F(n\omega_1)}{\omega_1} \tag{3-43}$$

对于非周期信号，当 $T_1 \to \infty$ 时，$f_1 = \dfrac{1}{T_1} \to 0$，谱线间隔 $\Delta(n\omega_1) = \omega_1 \to d\omega$，离散频率 $n\omega_1$ 变成连续频率 ω。在这种极限情况下，$F(n\omega_1) \to 0$，但 $\dfrac{F(n\omega_1)}{f_1}$ 趋近于有限值，且变为一个连续函数，通常记为 $F(\omega)$ 或 $F(j\omega)$，即

$$
\begin{aligned}
F(\omega) &= \lim_{\omega_1 \to 0} \frac{2\pi F(n\omega_1)}{\omega_1} = \lim_{T_1 \to \infty} T_1 F(n\omega_1) \\
&= \lim_{T_1 \to \infty} \int_{-\frac{T_1}{2}}^{\frac{T_1}{2}} f(t) e^{-jn\omega_1 t} dt \\
&= \int_{-\infty}^{\infty} f(t) e^{-j\omega t} dt
\end{aligned}
\tag{3-44}
$$

式中，$\dfrac{F(n\omega_1)}{\omega_1}$ 表示单位频带的频谱值，即频谱密度的概念。因此 $F(\omega)$ 称为频谱密度函数，简称频谱函数。若以 $\dfrac{F(n\omega_1)}{\omega_1}$ 的幅度为高，以间隔宽度为 ω_1 画一个小矩形，则该小矩形的面积等于 $\omega = n\omega_1$ 频率处频谱值 $F(n\omega_1)$，如图 3-15 所示。

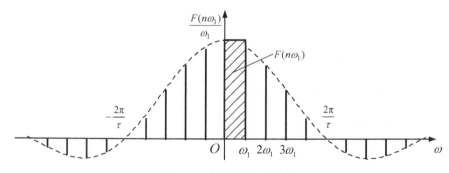

图 3-15 频谱密度示意图

频谱密度函数 $F(\omega)$ 也称为 $f(t)$ 的傅里叶正变换，可以采用如下符号表示：

$$\mathscr{F}[f(t)] = F(\omega) = \int_{-\infty}^{\infty} f(t) e^{-j\omega t} dt \tag{3-45}$$

$F(\omega)$ 一般为复信号，故可表示为

$$F(\omega) = |F(\omega)| e^{j\varphi(\omega)} \tag{3-46}$$

$|F(\omega)| \sim \omega$ 曲线称为幅度频谱，$\varphi(\omega) \sim \omega$ 曲线称为相位频谱。

2. 逆变换

同样，傅里叶级数

$$f(t) = \sum_{n=-\infty}^{\infty} F(n\omega_1) e^{jn\omega_1 t}$$

可以改写成如下形式：

$$f(t) = \sum_{n=-\infty}^{\infty} \frac{F(n\omega_1)}{\omega_1} \omega_1 e^{jn\omega_1 t} \tag{3-47}$$

利用式（3-44）

$$F(\omega) = \lim_{T_1 \to \infty} T_1 F(n\omega_1) = \lim_{\omega_1 \to 0} \frac{F(n\omega_1)}{\omega_1} 2\pi$$

可推导出

$$\lim_{\omega_1 \to 0} \frac{F(n\omega_1)}{\omega_1} = \frac{F(\omega)}{2\pi} \tag{3-48}$$

即当 $T_1 \to \infty$ 时

$$谱线间隔 \ \Delta(n\omega_1) = \omega_1 \to d\omega \tag{3-49}$$

$$n\omega_1 \to \omega \tag{3-50}$$

$$\sum_{n=-\infty}^{\infty} \to \int_{-\infty}^{\infty} \tag{3-51}$$

将式（3-48）～式（3-51）代入式（3-47）可得

$$f(t) = \frac{1}{2\pi} \int_{-\infty}^{\infty} F(\omega) e^{j\omega t} d\omega \tag{3-52}$$

从上面的讨论可以看到，式（3-45）和式（3-52）是用周期信号的傅里叶级数通过极限的方法导出的非周期信号的频谱表示式，称为傅里叶变换。通常式（3-45）称为傅里叶正变换，式（3-52）称为傅里叶逆变换，$F(\omega)$ 的逆变换可用符号 $\mathscr{F}^{-1}[F(\omega)]$ 表示。从而得出傅里叶变换对

$$F(\omega) = \mathscr{F}[f(t)] = \int_{-\infty}^{\infty} f(t) e^{-j\omega t} dt \tag{3-53}$$

$$f(t) = \mathscr{F}^{-1}[F(\omega)] = \frac{1}{2\pi} \int_{-\infty}^{\infty} F(\omega) e^{j\omega t} d\omega \tag{3-54}$$

简写为

$$f(t) \leftrightarrow F(\omega) \tag{3-55}$$

由傅里叶变换对式（3-53）和式（3-54）可以得到

$$F(0) = \int_{-\infty}^{\infty} f(t) dt \tag{3-56}$$

$$f(0) = \frac{1}{2\pi} \int_{-\infty}^{\infty} F(\omega) d\omega \tag{3-57}$$

由式（3-56）和式（3-57）可以方便地算出一些积分。

下面分析傅里叶变换的物理意义：

$$f(t) = \frac{1}{2\pi} \int_{-\infty}^{\infty} F(\omega) e^{j\omega t} d\omega$$

$$F(\omega) = |F(\omega)|e^{j\varphi(\omega)}$$

$$f(t) = \frac{1}{2\pi}\int_{-\infty}^{\infty} |F(\omega)| e^{j\varphi(\omega)} e^{j\omega t} d\omega$$

$$= \frac{1}{2\pi}\int_{-\infty}^{\infty} |F(\omega)| \cos[\omega t + \varphi(\omega)] d\omega + j\frac{1}{2\pi}\int_{-\infty}^{\infty} |F(\omega)| \sin[\omega t + \varphi(\omega)] d\omega$$

上式第二项由于为 ω 的奇函数，所以积分为零，则

$$f(t) = \frac{1}{\pi}\int_{0}^{\infty} |F(\omega)| \cos[\omega t + \varphi(\omega)] d\omega \qquad (3\text{-}58)$$

$$= \int_{0}^{\infty} \frac{|F(\omega)|}{\pi} \cos[\omega t + \varphi(\omega)] d\omega$$

由式（3-58）可见，$f(t)$ 为无穷多个振幅为无穷小 $\left(\frac{1}{\pi}|F(\omega)|d\omega\right)$ 的连续余弦信号之和，频域范围为 $0\to\infty$。

而由傅里叶逆变换式

$$f(t) = \frac{1}{2\pi}\int_{-\infty}^{\infty} F(\omega) e^{j\omega t} d\omega = \int_{-\infty}^{\infty} \frac{F(\omega)}{2\pi} e^{j\omega t} d\omega \qquad (3\text{-}59)$$

表明 $f(t)$ 为无穷多个振幅为无穷小 $\left(\frac{1}{2\pi}F(\omega)d\omega\right)$ 的连续复指数信号之和，频域范围为 $-\infty\to\infty$。

根据上述分析可以得出如下结论。

1）非周期信号和周期信号一样，可以分解成许多不同频率的正、余弦分量或者复指数分量。

2）由于非周期信号的周期趋于无限大，基波趋于无限小，于是它包含了从零到无限高的所有频率分量。

3）由于周期趋于无限大，因此，对任意能量有限的信号（如单脉冲信号），在各频率点的分量幅度趋于零。

4）非周期信号的频谱用频谱密度来表示。

可见，周期信号与非周期信号、傅里叶级数与傅里叶变换、离散谱与连续谱，在一定条件下可以互相转化并统一起来。傅里叶变换存在是有一定条件的，通常要求

$$\int_{-\infty}^{\infty} |f(t)| dt < \infty \qquad (3\text{-}60)$$

即 $f(t)$ 绝对可积，此条件为傅里叶变换存在的充分条件，所有能量信号均满足此条件。

当引入奇异函数（比如 $\delta(\omega)$）的概念后，允许做傅里叶变换的函数类型大大扩展了，如周期信号、阶跃信号、符号函数等虽然不满足绝对可积条件，但也存在傅里叶变换。

【例 3-5】 已知信号 $f(t)$ 波形如图 3-16 所示，其频谱密度为 $F(\omega)$，不必求出 $F(\omega)$ 的表达式，试计算下列值：

（1）$F(\omega)|_{\omega=0}$

（2）$\int_{-\infty}^{\infty} F(\omega) d\omega$

解:

（1）$$F(\omega) = \int_{-\infty}^{\infty} f(t) e^{-j\omega t} dt$$

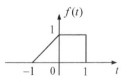

图 3-16 例 3-5 信号波形

$$F(\omega)\mid_{\omega=0} = F(0) = \int_{-\infty}^{\infty} f(t)\mathrm{d}t = 1.5$$

（2）
$$f(t) = \frac{1}{2\pi}\int_{-\infty}^{\infty} F(\omega)\mathrm{e}^{j\omega t}\mathrm{d}\omega$$

令 $t=0$，则

$$f(0) = \frac{1}{2\pi}\int_{-\infty}^{\infty} F(\omega)\mathrm{d}\omega$$

可求得

$$\int_{-\infty}^{\infty} F(\omega)\mathrm{d}\omega = 2\pi f(0) = 2\pi$$

课堂练习题

3.3-1　（判断）无论连续还是离散时间信号，周期信号的频谱均为离散谱，非周期信号的频谱均为连续谱。　　　　　　　　　　　　　　　　　　　　　　　　　　　（　　）

3.3-2　（判断）若连续非周期信号 $f(t)$ 的频谱函数为 $F(\omega)$，两者具有一一对应关系。　（　　）

3.3-3　（判断）对于任意连续信号 $x(t)$，其幅度频谱为偶对称，相位频谱为奇对称。　（　　）

3.3-4　（判断）非周期信号和周期信号一样，也可以分解成许多不同频率的正、余弦分量。　（　　）

3.3-5　设一个矩形脉冲的面积为 S，则矩形脉冲的傅里叶变换在原点处的函数值等于　（　　）

A. $\dfrac{S}{2}$　　　　　　B. $\dfrac{S}{3}$　　　　　　C. $\dfrac{S}{4}$　　　　　　D. S

3.4　典型非周期信号的傅里叶变换

1. 矩形脉冲信号

已知矩形脉冲信号的表示式为 $f(t)=E\left[u\left(t+\dfrac{\tau}{2}\right)-u\left(t-\dfrac{\tau}{2}\right)\right]$，其中 E 为脉冲幅度，τ 为脉冲宽度。将 $f(t)$ 代入傅里叶变换式，得

$$F(\omega) = \int_{-\infty}^{\infty} E\left[u\left(t+\frac{\tau}{2}\right)-u\left(t-\frac{\tau}{2}\right)\right]\mathrm{e}^{-j\omega t}\mathrm{d}t$$

$$= \int_{-\frac{\tau}{2}}^{\frac{\tau}{2}} E\mathrm{e}^{-j\omega t}\mathrm{d}t = \frac{E}{-j\omega}\mathrm{e}^{-j\omega t}\bigg|_{-\frac{\tau}{2}}^{\frac{\tau}{2}}$$

$$= \frac{E\tau}{\omega\frac{\tau}{2}}\frac{\mathrm{e}^{j\omega\frac{\tau}{2}}-\mathrm{e}^{-j\omega\frac{\tau}{2}}}{2j}$$

$$= E\tau\frac{\sin\left(\frac{\omega\tau}{2}\right)}{\frac{\omega\tau}{2}}$$

$$F(\omega) = E\tau\mathrm{Sa}\left(\frac{\omega\tau}{2}\right) \tag{3-61}$$

因为 $F(\omega)$ 为实函数，所以可以直接画出其频谱，也即幅度频谱和相位频谱可以合画在一张图上，如图 3-17 所示。

一般情况下，幅度频谱和相位频谱是需要分开表示的。式（3-62）和式（3-63）分别为幅

度频谱和相位频谱，如图3-18所示。

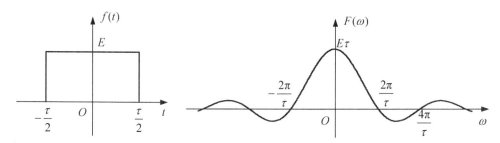

图 3-17　矩形脉冲信号的波形和复振幅频谱

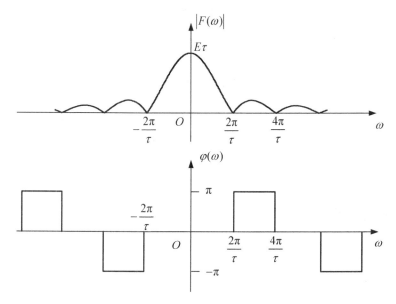

图 3-18　矩形脉冲信号的幅度频谱和相位频谱

$$|F(\omega)| = E\tau\left|\mathrm{Sa}\left(\frac{\omega\tau}{2}\right)\right| \tag{3-62}$$

$$\varphi(\omega) = \begin{cases} 0, & \dfrac{4n\pi}{\tau} < |\omega| < \dfrac{2(2n+1)\pi}{\tau} \\[2mm] \pm\pi, & \dfrac{2(2n+1)\pi}{\tau} < |\omega| < \dfrac{2(2n+2)\pi}{\tau} \end{cases} \quad n=0,1,2,\cdots \tag{3-63}$$

由上述可见，矩形脉冲信号在时域上集中于有限的范围内，它的频谱却以 $\mathrm{Sa}\left(\dfrac{\omega\tau}{2}\right)$ 的规律变

化，分布在无限宽的频率范围上，但是其主要能量集中于 $f=0\sim\dfrac{1}{\tau}$ 的范围，因而其频带宽度为

$$B_\omega \approx \frac{2\pi}{\tau} \text{或} B_f \approx \frac{1}{\tau} \tag{3-64}$$

2. 单边指数信号

单边指数信号

$$f(t) = \begin{cases} e^{-at}, & t\geqslant 0 \\ 0, & t<0 \end{cases} \text{ 其中 } a \text{ 为正实数} \tag{3-65}$$

单边指数信号的波形如图 3-19 所示。

将 $f(t)$ 代入傅里叶正变换式

$$
\begin{aligned}
F(\omega) &= \mathscr{F}[f(t)] \\
&= \int_{-\infty}^{\infty} f(t)\,\mathrm{e}^{-\mathrm{j}\omega t}\mathrm{d}t \\
&= \int_{0}^{\infty} \mathrm{e}^{-at}\,\mathrm{e}^{-\mathrm{j}\omega t}\mathrm{d}t \\
&= \int_{0}^{\infty} \mathrm{e}^{-(a+\mathrm{j}\omega)t}\mathrm{d}t
\end{aligned}
$$

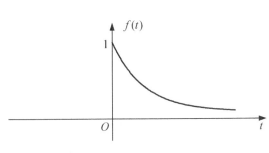

图 3-19　单边指数信号波形

积分可得频谱密度

$$
F(\omega) = \frac{1}{a + \mathrm{j}\omega} \tag{3-66}
$$

$$
|F(\omega)| = \frac{1}{\sqrt{a^2 + \omega^2}} \tag{3-67}
$$

$$
\varphi(\omega) = -\arctan\left(\frac{\omega}{a}\right) \tag{3-68}
$$

幅度频谱和相位频谱如图 3-20 所示。

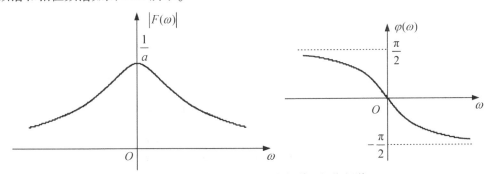

图 3-20　单边指数信号的幅度频谱和相位频谱

3. 双边指数信号

双边指数信号

$$
f(t) = \mathrm{e}^{-a|t|}, \quad -\infty < t < \infty, \quad \text{其中 } a \text{ 为正实数} \tag{3-69}
$$

如图 3-21 所示，可知 $f(t)$ 为实偶函数，其傅里叶变换为

$$
\begin{aligned}
F(\omega) &= \mathscr{F}[f(t)] = \int_{-\infty}^{\infty} f(t)\,\mathrm{e}^{-\mathrm{j}\omega t}\mathrm{d}t \\
&= \int_{-\infty}^{\infty} \mathrm{e}^{-a|t|}\,\mathrm{e}^{-\mathrm{j}\omega t}\mathrm{d}t
\end{aligned}
$$

去掉绝对值符号，积分并整理得

$$
F(\omega) = \frac{2a}{a^2 + \omega^2} \tag{3-70}
$$

$$
|F(\omega)| = \frac{2a}{a^2 + \omega^2} \tag{3-71}
$$

$$
\varphi(\omega) = 0
$$

其频谱为正实偶函数，如图 3-21 所示。

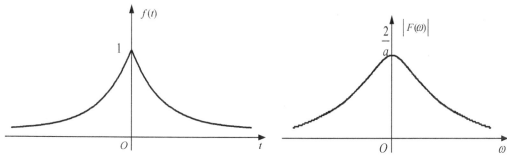

图 3-21 双边指数信号波形和频谱

4. 符号函数

$$f(t) = \operatorname{sgn}(t) = \begin{cases} +1, & t > 0 \\ -1, & t < 0 \end{cases} \quad (3\text{-}72)$$

显然 $f(t)$ 不满足绝对可积条件，所以不能直接用傅里叶正变换式来求其傅里叶变换。可以考虑这样处理，做一个双边函数

$$f_1(t) = \operatorname{sgn}(t)\, \mathrm{e}^{-\alpha|t|}$$

如图 3-22 所示。先求 $F_1(\omega)$，再求 $\alpha \to 0$ 的极限，从而得到 $F(\omega)$。

$$f_1(t) = \begin{cases} \mathrm{e}^{-\alpha t}, & t > 0 \\ -\mathrm{e}^{\alpha t}, & t < 0 \end{cases}$$

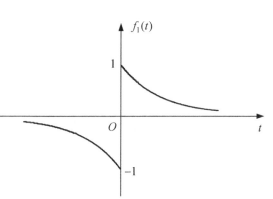

图 3-22 双边函数波形

$$\begin{aligned} F_1(\omega) &= \int_{-\infty}^{0} -\mathrm{e}^{\alpha t}\mathrm{e}^{-\mathrm{j}\omega t}\mathrm{d}t + \int_{0}^{\infty} \mathrm{e}^{-\alpha t}\mathrm{e}^{-\mathrm{j}\omega t}\mathrm{d}t \\ &= \frac{-1}{\alpha - \mathrm{j}\omega} + \frac{1}{\alpha + \mathrm{j}\omega} = \frac{-\mathrm{j}2\omega}{\alpha^2 + \omega^2} \end{aligned} \qquad (3\text{-}73)$$

则，当 $\alpha \to 0$ 时

$$F(\omega) = \lim_{\alpha \to 0} F_1(\omega) = \lim_{\alpha \to 0} \frac{-\mathrm{j}2\omega}{\alpha^2 + \omega^2} = \frac{2}{\mathrm{j}\omega} \qquad (3\text{-}74)$$

$$\mathscr{F}\left[\operatorname{sgn}(t)\right] = \frac{2}{\mathrm{j}\omega} = -\mathrm{j}\frac{2}{\omega} = \frac{2}{|\omega|}\mathrm{e}^{\mp \mathrm{j}\frac{\pi}{2}} \qquad (3\text{-}75)$$

由式（3-75）可知

$$|F(\omega)| = \left(\sqrt{\left(\frac{2}{\omega}\right)^2} = \left|\frac{2}{\omega}\right|\right) \qquad (3\text{-}76)$$

$$\varphi(\omega) = \arctan\frac{-\dfrac{2}{\omega}}{0}\begin{cases} -\dfrac{\pi}{2} & \omega > 0 \\ \dfrac{\pi}{2} & \omega < 0 \end{cases} \qquad (3\text{-}77)$$

可见，$|F(\omega)|$ 是偶函数，如 $\varphi(\omega)$ 是奇函数，频谱图如图 3-23 所示。

5. 单位冲激函数

单位冲激信号 $\delta(t)$ 的傅里叶变换为

$$F(\omega) = \int_{-\infty}^{\infty} \delta(t)\mathrm{e}^{-\mathrm{j}\omega t}\mathrm{d}t$$

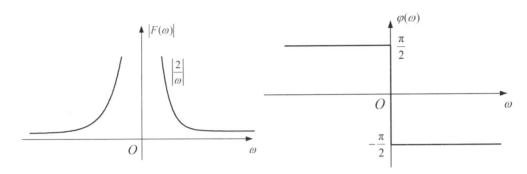

图 3-23　符号函数幅度频谱和相位频谱

由冲激函数的抽样性可求得

$$F(\omega) = \mathscr{F}\left[\delta(t)\right] = 1 \tag{3-78}$$

对此，可以有如下解释：如果把 $\delta(t)$ 看作 $\tau \times \dfrac{1}{\tau}$ 的矩形脉冲在 $\tau \to 0$ 时的极限，则矩形脉冲频谱为 $F(\omega) = \dfrac{1}{\tau} \cdot \tau \cdot \mathrm{Sa}\left(\dfrac{\omega\tau}{2}\right)$，当脉宽 τ 逐渐变窄时，其频谱必然展宽。可以想象，当 $\tau \to 0$ 时，$B_\omega \to \infty$，这时矩形脉冲变成了 $\delta(t)$，$F(\omega)$ 必等于常数 1。

可见，单位冲激函数的频谱等于常数。也就是说，在整个频率范围内频谱是均匀分布的。显然，在时域中变化异常剧烈的冲激函数包含幅度相等的所有频率分量。这种频谱常称为"均匀谱"或"白色谱"，如图 3-24 所示。

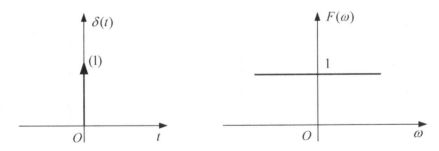

图 3-24　冲激函数的波形和频谱

如果频谱允许冲激函数存在，则应用傅里叶逆变换式很容易得出

$$f(t) = \frac{1}{2\pi} \int_{-\infty}^{\infty} \delta(\omega) \mathrm{e}^{\mathrm{j}\omega t} \mathrm{d}\omega = \frac{1}{2\pi}$$

也即

$$\mathscr{F}^{-1}\left[\delta(\omega)\right] = \frac{1}{2\pi} \tag{3-79}$$

此结果也表明，直流信号（常数）的傅里叶变换是冲激函数。由式（3-79）可推得

$$\mathscr{F}\left[1\right] = 2\pi\delta(\omega) \tag{3-80}$$

$$\mathscr{F}\left[E\right] = 2\pi E\delta(\omega) \tag{3-81}$$

还可以求出冲激偶函数的傅里叶变换。这里需要利用式

$$\int_{-\infty}^{\infty} f(t)\delta'(t)\mathrm{d}t = -f'(0)$$

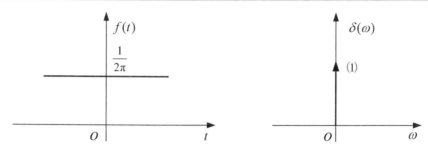

图 3-25　常数的波形和频谱

将 $\delta'(t)$ 代入傅里叶变换式中

$$\mathscr{F}[\delta'(t)] = \int_{-\infty}^{\infty} \delta'(t)e^{-j\omega t}dt$$
$$= -[e^{-j\omega t}]'\big|_{t=0} = -(-j\omega)$$

所以

$$\mathscr{F}[\delta'(t)] = j\omega \tag{3-82}$$

6. 单位阶跃函数

从波形上看，阶跃函数 $u(t)$ 不满足绝对可积条件，与符号函数 $\mathrm{sgn}(t)$ 一样，它仍存在傅里叶变换。单位阶跃信号可以表示为常数和符号函数之和。

$$u(t) = \frac{1}{2} + \frac{1}{2}\mathrm{sgn}(t)$$

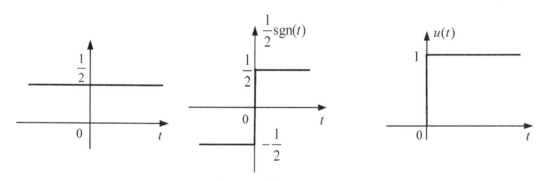

图 3-26　常数、符号函数和阶跃信号的波形

由式（3-81）和式（3-75）可得出 $u(t)$ 的傅里叶变换为

$$\mathscr{F}[u(t)] = \mathscr{F}\left[\frac{1}{2}\right] + \mathscr{F}\left[\frac{1}{2}\mathrm{sgn}(t)\right] = \pi\delta(\omega) + \frac{1}{j\omega} \tag{3-83}$$

其频谱如图 3-27 所示。

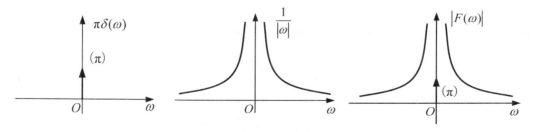

图 3-27　常数、符号函数和阶跃信号的频谱

可见，单位阶跃信号 $u(t)$ 的频谱在 $\omega=0$ 点存在一个冲激函数，因为 $u(t)$ 含有直流分量，所以这是在预料中的。同时 $u(t)$ 在 $t=0$ 点有跳变，不是纯直流信号，因此在频谱中还有其他频率分量。

典型非周期信号傅里叶变换见表3-1，其频谱演示可扫描二维码3-3进行观看。

3-3 非周期信号频谱

表 3-1 典型非周期信号傅里叶变换表

序 号	$f(t)$	$F(\omega)$
1	$\delta(t)$	1
2	$u(t)$	$\pi\delta(\omega)+\dfrac{1}{j\omega}$
3	$Ee^{-at}(t\geq 0)$，其中 a 为正实数	$\dfrac{E}{a+j\omega}$
4	$e^{-a\lvert t\rvert}$ $(-\infty<t<\infty)$，其中 a 为正实数	$\dfrac{2a}{a^2+\omega^2}$
5	$\operatorname{sgn}(t)=\begin{cases}+1, & t>0 \\ -1, & t<0\end{cases}$	$\dfrac{2}{j\omega}$
6	E	$2\pi E\delta(\omega)$
7	$E\left[u\left(t+\dfrac{\tau}{2}\right)-u\left(t-\dfrac{\tau}{2}\right)\right]$	$E\tau\cdot\operatorname{Sa}\left(\dfrac{\omega\tau}{2}\right)$
8	$\operatorname{Sa}(\omega_c t)$	$\dfrac{\pi}{\omega_c}[u(\omega+\omega_c)-u(\omega-\omega_c)]$

课堂练习题

3.4-1 连续非周期信号频谱的特点是 （ ）
A. 连续、非周期　　　　B. 离散、非周期　　　　C. 连续、周期　　　　D. 离散、周期

3.4-2 信号 $\delta(t)-2e^{-2t}u(t)$ 的傅里叶变换等于 （ ）
A. $\dfrac{j\omega}{2+j\omega}$　　　　B. $\dfrac{1}{2+j\omega}$　　　　C. $\pi\delta(\omega)-\dfrac{1}{2+j\omega}$　　　　D. $\dfrac{4+j\omega}{2+j\omega}$

3.4-3 双边指数信号 $f(t)=e^{-2\lvert t\rvert}$ 的傅里叶变换为 （ ）
A. $\dfrac{4}{4-\omega^2}$　　　　B. $\dfrac{4}{4+\omega^2}$　　　　C. $\dfrac{1}{2+j\omega}$　　　　D. $\dfrac{1}{2-j\omega}$

3.4-4 矩形脉冲信号 $f(t)=EG_\tau(t)$，则该矩形脉冲信号的第一过零点带宽为 （ ）
A. $\dfrac{\pi}{\tau}$　　　　B. $\dfrac{2\pi}{\tau}$　　　　C. $\dfrac{E\tau}{T_1}$　　　　D. $\dfrac{4\pi}{\tau}$

3.4-5 信号 $e^{j2t}\delta(t)$ 的傅里叶变换是 （ ）
A. 1　　　　B. $j(\omega-2)$　　　　C. 0　　　　D. $j(2-\omega)$

3.5 傅里叶变换的基本性质

信号可以在时域中用时间函数 $f(t)$ 表示，也可以在频域中用频谱密度函数 $F(\omega)$ 表示，其中一个函数 $f(t)$ 确定之后，另一函数 $F(\omega)$ 随之被唯一地确定。在实际的信号分析中，往往还需要对信号的时域和频域对应关系、变换规律进行更深入具体的了解。即当一个信号在时域或频域中发生了某种变化，会引起另一个域中发生怎样的变化？傅里叶变换的性质揭示了信号的时域

特性和频域特性之间确定的内在联系。另外，我们也希望能够借助傅里叶变换性质简化变换的运算。因此熟悉傅里叶变换的一些基本性质就成为信号分析与研究工作的最重要的内容之一。

3.5.1 对称性质

若 $f(t) \leftrightarrow F(\omega)$，则

$$F(t) \leftrightarrow 2\pi f(-\omega) \tag{3-84}$$

证明：

因为

$$f(t) = \frac{1}{2\pi} \int_{-\infty}^{\infty} F(\omega) e^{j\omega t} d\omega$$

显然

$$f(-t) = \frac{1}{2\pi} \int_{-\infty}^{\infty} F(\omega) e^{-j\omega t} d\omega$$

将变量 t 与 ω 互换，并且左右两端均乘以 2π，可以得到

$$2\pi f(-\omega) = \int_{-\infty}^{\infty} F(t) e^{-j\omega t} dt$$

所以

$$F(t) \leftrightarrow 2\pi f(-\omega)$$

若 $f(t)$ 为偶函数，则

$$F(t) \leftrightarrow 2\pi f(\omega) \tag{3-85}$$

此性质表明，若 $F(t)$ 的形状与 $F(\omega)$ 相同，则 $F(t)$ 的频谱函数形状与 $f(t)$ 形状相同，幅度相差 2π。

【例 3-6】 已知 $\delta(t)$ 的傅里叶变换是常数 1，利用对称性质，求常数 1 的傅里叶变换。

解： 因为 $\delta(t)$ 是偶函数，$\delta(t)$ 的傅里叶变换写成 $F(\omega)$，$\delta(t)$ 和 $F(\omega)$ 如图 3-28 所示。

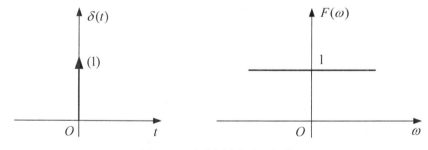

图 3-28　冲激信号波形和频谱

由对称性质，即式（3-85）可得

$$F(t) = 1 \leftrightarrow 2\pi\delta(\omega)$$

波形与频谱如图 3-29 所示。

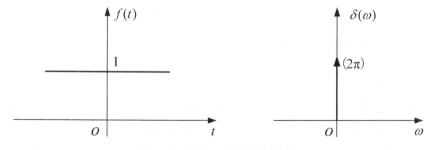

图 3-29　常数 1 的波形和频谱

【例 3-7】 利用时域与频域的对称性，求 $\mathrm{Sa}(\omega_c t)$ 的傅里叶变换。

解： 由前面常见信号傅里叶变换，即式（3-61）可知

$$E\left[u\left(t+\frac{\tau}{2}\right)-u\left(t-\frac{\tau}{2}\right)\right]\leftrightarrow E\tau\mathrm{Sa}\left(\frac{\omega\tau}{2}\right)$$

这里时间函数记为 $f(t)$，对应频谱密度函数记为 $F(\omega)$，也即

$$f(t)=E\left[u\left(t+\frac{\tau}{2}\right)-u\left(t-\frac{\tau}{2}\right)\right], F(\omega)=E\tau\mathrm{Sa}\left(\frac{\omega\tau}{2}\right)$$

波形与频谱如图 3-30 所示。

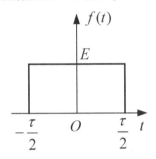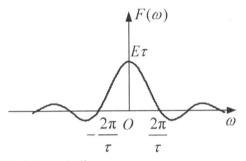

图 3-30　矩形脉冲波形和频谱

$f(t)$ 为偶函数，利用对称性质式（3-85），可知

$$E\tau\mathrm{Sa}\left(\frac{t\tau}{2}\right)\leftrightarrow 2\pi E\left[u\left(\omega+\frac{\tau}{2}\right)-u\left(\omega-\frac{\tau}{2}\right)\right]$$

令 $\dfrac{\tau}{2}=\omega_c$，并化简整理，得

$$\omega_c\mathrm{Sa}(\omega_c t)\leftrightarrow\pi\left[u(\omega+\omega_c)-u(\omega-\omega_c)\right] \tag{3-86}$$

所以可求得

$$\mathrm{Sa}(\omega_c t)\leftrightarrow\frac{\pi}{\omega_c}\left[u(\omega+\omega_c)-u(\omega-\omega_c)\right] \tag{3-87}$$

如果写成门函数形式，则

$$\mathrm{Sa}(\omega_c t)\leftrightarrow\frac{\pi}{\omega_c}G_{2\omega_c}(\omega) \tag{3-88}$$

Sa 函数的波形和频谱如图 3-31 所示。可见，时域为矩形脉冲，则频域为 Sa 函数；时域为 Sa 函数，频域函数则为矩形形式。

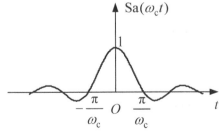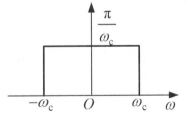

图 3-31　Sa 函数的波形和频谱

3.5.2　线性性质

若 $f_1(t)\leftrightarrow F_1(\omega)$，$f_2(t)\leftrightarrow F_2(\omega)$，则

$$c_1f_1(t) + c_2f_2(t) \leftrightarrow c_1F_1(\omega) + c_2F_2(\omega), \quad c_1, c_2 \text{ 为常数} \tag{3-89}$$

证明：

$$\int_{-\infty}^{\infty} [c_1f_1(t) + c_2f_2(t)] e^{-j\omega t} dt = c_1 \int_{-\infty}^{\infty} f_1(t) e^{-j\omega t} dt + c_2 \int_{-\infty}^{\infty} f_2(t) e^{-j\omega t} dt$$

$$= c_1F_1(\omega) + c_2F_2(\omega)$$

此性质表明，傅里叶变换是一种线性运算，满足叠加定理。相加信号的频谱等于各个单独信号频谱之和。

【例 3-8】 求阶跃信号的傅里叶变换。

解： 利用线性性质和常见信号傅里叶变换表 3-1，得

$$u(t) = \frac{1}{2} + \frac{1}{2}\text{sgn}(t)$$

$$F(\omega) = \pi\delta(\omega) + \frac{1}{j\omega}$$

3.5.3 奇偶虚实性

一般情况下，频谱密度函数 $F(\omega)$ 是复函数，因而可以将其表示成模与相位或者实部与虚部的形式，即

$$F(\omega) = |F(\omega)| e^{j\varphi(\omega)} = R(\omega) + jX(\omega) \tag{3-90}$$

若 $f(t)$ 是实函数，则可以分解为奇分量和偶分量，即

$$f(t) = f_e(t) + f_o(t) \tag{3-91}$$

因为

$$F(\omega) = \int_{-\infty}^{\infty} f(t) e^{-j\omega t} dt \tag{3-92}$$

将式（3-90）和式（3-91）代入式（3-92），并利用欧拉公式，可得

$$R(\omega) + jX(\omega) = \int_{-\infty}^{\infty} [f_e(t) + f_o(t)][\cos(\omega t) - j\sin(\omega t)] dt$$

$$= 2\int_0^{\infty} f_e(t)\cos(\omega t) dt - j2\int_0^{\infty} f_o(t)\sin(\omega t) dt$$

显然

$$R(\omega) = 2\int_0^{\infty} f_e(t)\cos(\omega t) dt \tag{3-93}$$

即实部由偶分量决定，为关于 ω 的偶函数。

$$X(\omega) = -2\int_0^{\infty} f_o(t)\sin(\omega t) dt \tag{3-94}$$

同样，虚部由奇分量决定，为关于 ω 的奇函数。

由此也可以再一次说明

$$|F(\omega)| = \sqrt{[R(\omega)]^2 + [X(\omega)]^2} \tag{3-95}$$

为关于 ω 的偶函数。

$$\varphi(\omega) = \arctan\frac{X(\omega)}{R(\omega)} \tag{3-96}$$

为关于 ω 的奇函数。

特别地，如果 $f(t)$ 为实偶函数，则

$$X(\omega) = -2\int_0^\infty f_o(t)\sin(\omega t)\,\mathrm{d}t = 0$$

$$F(\omega) = R(\omega) = 2\int_0^\infty f_e(t)\cos(\omega t)\,\mathrm{d}t \tag{3-97}$$

由此得出结论，若 $f(t)$ 为 t 的实偶函数，$F(\omega)$ 必为 ω 的实偶函数。

如果 $f(t)$ 为实奇函数，则

$$R(\omega) = 2\int_0^\infty f_e(t)\cos(\omega t)\,\mathrm{d}t = 0$$

$$F(\omega) = jX(\omega) = -2j\int_0^\infty f_o(t)\sin(\omega t)\,\mathrm{d}t \tag{3-98}$$

由此得出结论，若 $f(t)$ 为 t 的实奇函数，$F(\omega)$ 必为 ω 的虚奇函数。

这一性质对判断傅里叶变换正确与否有一定意义。例如 $\mathrm{sgn}(t)$ 是实奇函数，其对应傅里叶变换 $\dfrac{2}{j\omega}$ 为虚奇函数；门函数 $E\left[u\left(t+\dfrac{\tau}{2}\right) - u\left(t-\dfrac{\tau}{2}\right)\right]$ 是实偶函数，其对应傅里叶变换 $E\tau\,\mathrm{Sa}\left(\dfrac{\omega\tau}{2}\right)$ 也是实偶的。

由于所遇到的实际时间信号都是实信号，所以 $f(t)$ 是虚函数的情况这里省略。

3.5.4 尺度变换性质

若 $f(t) \leftrightarrow F(\omega)$，则

$$f(at) \leftrightarrow \frac{1}{|a|}F\left(\frac{\omega}{a}\right), a \text{ 为非零实常数} \tag{3-99}$$

证明：

$$\mathscr{F}[f(at)] = \int_{-\infty}^\infty f(at)\mathrm{e}^{-j\omega t}\,\mathrm{d}t$$

当 $a > 0$，令

$$x = at, t = \frac{x}{a}, \mathrm{d}t = \frac{1}{a}\mathrm{d}x$$

则

$$\mathscr{F}[f(at)] = \frac{1}{a}\int_{-\infty}^\infty f(x)\mathrm{e}^{-j\omega \frac{x}{a}}\,\mathrm{d}x = \frac{1}{a}F\left(\frac{\omega}{a}\right)$$

当 $a < 0$，$a = -|a|$，令

$$x = at = -|a|t, \ t = \frac{x}{a} = -\frac{1}{|a|}x, \mathrm{d}t = -\frac{1}{|a|}\mathrm{d}x$$

则

$$\mathscr{F}[f(at)] = \frac{-1}{|a|}\int_{+\infty}^{-\infty} f(x)\mathrm{e}^{-j\omega \frac{x}{a}}\,\mathrm{d}x$$

$$= \frac{1}{|a|}\int_{-\infty}^\infty f(x)\mathrm{e}^{-j\frac{\omega}{a}x}\,\mathrm{d}x = \frac{1}{|a|}F\left(\frac{\omega}{a}\right)$$

综合上述两种情况

$$\mathscr{F}[f(at)] = \frac{1}{|a|}F\left(\frac{\omega}{a}\right)$$

从式（3-99）可以看出，如果 $a < 1$，那么时域上信号 $f(t)$ 扩展了 a 倍，而频域上 $F(\omega)$ 压缩 a 倍；如果 $a > 1$，那么时域上信号 $f(t)$ 压缩了 a 倍，而频域上 $F(\omega)$ 扩展 a 倍；如果 $a =$

-1，$f(-t)\leftrightarrow F(-\omega)$，可以看出信号在时域中沿纵轴反转，在频域中频谱也沿纵轴反转。图 3-33 和图 3-34 表示了矩形脉冲信号脉冲和频谱的展缩情况。

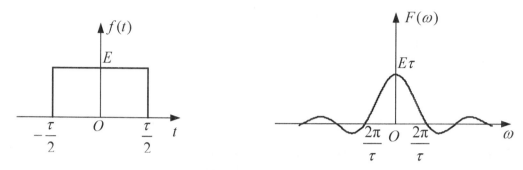

图 3-32 矩形脉冲信号的波形和频谱

（1）时域扩展为原来的 2 倍，频带压缩为 1/2

由图 3-33 可见，脉冲持续时间增加为原来的 2 倍，变化慢了，信号在频域的频带压缩为原来的 1/2。高频分量减少，各分量的幅度变为原来的 2 倍。

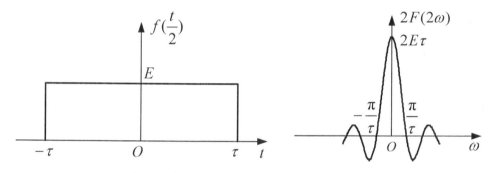

图 3-33 扩展 2 倍的矩形脉冲信号的波形和频谱

（2）时域压缩为原来的 1/2，频域扩展为原来的 2 倍

由图 3-34 可见，脉冲持续时间减少为原来的 1/2，变化快了，信号在频域的频带展宽为原来的 2 倍。高频分量增加，各分量的幅度下降为原来的 1/2。

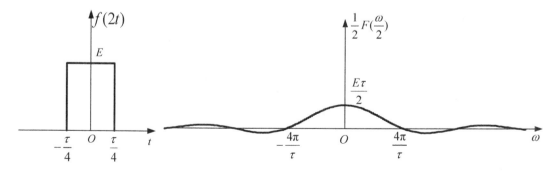

图 3-34 压缩 2 倍的矩形脉冲信号的波形和频谱

上述例子说明信号的持续时间与信号占有频带成反比，有时为加速信号的传递，要将信号持续时间压缩，则要以展开频带为代价。冲激信号占用时间无限短，占用频带无限宽，这是一种极限情况。

下面讨论等效脉冲宽度与等效频带宽度之间的关系。这个讨论适用于任意形状的 $f(t)$ 与 $F(\omega)$。这里假设 $t \to \infty$，$\omega \to \infty$ 时，$f(t)$ 与 $F(\omega)$ 趋近于零。

如果 $f(0)$ 与 $F(0)$ 各自等于 $f(t)$ 与 $F(\omega)$ 曲线的最大值，如图 3-35 所示。这时，定义 τ 和 B_ω 分别为 $f(t)$ 和 $F(\omega)$ 的等效宽度。

$$\int_{-\infty}^{\infty} f(t)\,\mathrm{d}t = f(0)\tau \tag{3-100}$$

$$\int_{-\infty}^{\infty} F(\omega)\,\mathrm{d}\omega = F(0)B_\omega \tag{3-101}$$

由傅里叶变换定义式可知

$$F(0) = \int_{-\infty}^{\infty} f(t)\,\mathrm{d}t \tag{3-102}$$

$$f(0) = \frac{1}{2\pi}\int_{-\infty}^{\infty} F(\omega)\,\mathrm{e}^{\mathrm{j}\omega t}\,\mathrm{d}\omega\Big|_{t=0} = \frac{1}{2\pi}\int_{-\infty}^{\infty} F(\omega)\,\mathrm{d}\omega \tag{3-103}$$

将式（3-100）代入式（3-102），式（3-101）代入式（3-103）的积分部分，可得

$$F(0) = f(0)\tau$$

$$2\pi f(0) = F(0)B_\omega$$

由上面两式整理可得

$$B_\omega = \frac{2\pi}{\tau} \text{ 或 } B_f = \frac{1}{\tau} \tag{3-104}$$

等效脉冲宽度与等效带宽成反比。若要压缩信号持续时间，则要以展开频带宽度作为代价。所以在通信系统中，通信速度和占用频带宽度是一对矛盾。

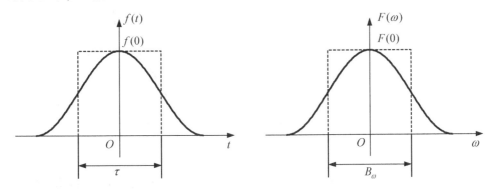

图 3-35　等效脉冲宽度与等效带宽

3.5.5　时移特性与频移特性

1. 时移特性

若 $f(t) \leftrightarrow F(\omega)$，则

$$f(t - t_0) \leftrightarrow F(\omega)\,\mathrm{e}^{-\mathrm{j}\omega t_0} \tag{3-105}$$

证明：

因为

$$f(t - t_0) \leftrightarrow \int_{-\infty}^{\infty} f(t - t_0)\,\mathrm{e}^{-\mathrm{j}\omega t}\,\mathrm{d}t$$

令

$$x = t - t_0$$

则

$$\int_{-\infty}^{\infty} f(t-t_0)\,\mathrm{e}^{-\mathrm{j}\omega t}\mathrm{d}t = \int_{-\infty}^{\infty} f(x)\,\mathrm{e}^{-\mathrm{j}\omega(x+t_0)}\mathrm{d}x$$

$$= \mathrm{e}^{-\mathrm{j}\omega t_0}\int_{-\infty}^{\infty} f(x)\,\mathrm{e}^{-\mathrm{j}\omega x}\mathrm{d}x$$

所以

$$f(t-t_0) \leftrightarrow F(\omega)\mathrm{e}^{-\mathrm{j}\omega t_0}$$

同理可得

$$f(t+t_0) \leftrightarrow F(\omega)\mathrm{e}^{\mathrm{j}\omega t_0} \tag{3-106}$$

因为 $F(\omega)$ 可写为

$$F(\omega) = |F(\omega)|\mathrm{e}^{\mathrm{j}\varphi(\omega)}$$

则

$$f(t-t_0) \leftrightarrow |F(\omega)|\mathrm{e}^{\mathrm{j}[\varphi(\omega)-\omega t_0]}$$

可见，时间上延时 t_0，幅度频谱无变化，只影响相位频谱，同理

$$f(t+t_0) \leftrightarrow |F(\omega)|\mathrm{e}^{\mathrm{j}[\varphi(\omega)+\omega t_0]}$$

即 $f(t)$ 沿时间轴右移 t_0，相移为 $-\omega t_0$；$f(t)$ 沿时间轴左移 t_0，相移为 ωt_0。

【例 3-9】 求图 3-36 所示三脉冲信号的频谱。

解：令 $f_0(t)$ 表示矩形单脉冲信号，其频谱函数为 $F_0(\omega)$，波形如图 3-37 所示。

$$F_0(\omega) = E\tau\mathrm{Sa}\left(\frac{\omega\tau}{2}\right)$$

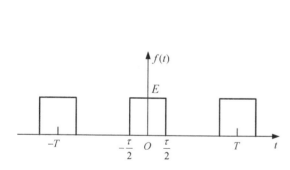

图 3-36 三脉冲信号波形

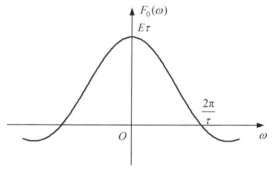

图 3-37 矩形单脉冲信号频谱

因为

$$f(t) = f_0(t) + f_0(t+T) + f_0(t-T)$$

由时移性质可知三脉冲函数 $f(t)$ 的频谱函数 $F(\omega)$ 为

$$F(\omega) = F_0(\omega)(1 + \mathrm{e}^{\mathrm{j}\omega T} + \mathrm{e}^{-\mathrm{j}\omega T})$$

$$= E\tau\mathrm{Sa}\left(\frac{\omega\tau}{2}\right)[1 + 2\cos(\omega T)]$$

由图 3-38 可见，脉冲个数增多，频谱包络不变，带宽不变。

如果时移和尺度变换同时存在，那么，若 $f(t) \leftrightarrow F(\omega)$，可以证明

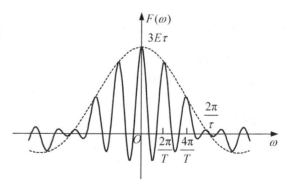

图 3-38 三脉冲信号频谱

$$f(at+b) \leftrightarrow \frac{1}{|a|}F\left(\frac{\omega}{a}\right)\mathrm{e}^{\mathrm{j}\omega\frac{b}{a}} \tag{3-107}$$

尺度变换和时移特性可以看作式（3-107）的两种特殊情况。

【例 3-10】　已知

$$f(t) \leftrightarrow F(\omega) = E\tau\mathrm{Sa}\left(\frac{\omega\tau}{2}\right)$$

求 $f(2t-5)$ 的频谱密度函数。

解： 先进行尺度变换，再时延

因为 $a = 2$，所以

$$f(2t) \leftrightarrow \frac{1}{2}F\left(\frac{\omega}{2}\right) = \frac{E\tau}{2}\mathrm{Sa}\left(\frac{\omega\tau}{4}\right)$$

因为 $b = -5$，所以

$$f(2t-5) = f\left[2\left(t - \frac{5}{2}\right)\right] \leftrightarrow \frac{E\tau}{2}\mathrm{Sa}\left(\frac{\omega\tau}{4}\right)\mathrm{e}^{-\mathrm{j}\frac{5}{2}\omega}$$

如果先时延，再尺度变换，则

因为 $b = -5$，所以

$$f(t-5) \leftrightarrow E\tau\mathrm{Sa}\left(\frac{\omega\tau}{2}\right)\mathrm{e}^{-\mathrm{j}\omega\cdot5}$$

因为 $a = 2$，所以

$$f(2t-5) \leftrightarrow \frac{E\tau}{2}\mathrm{Sa}\left(\frac{\omega\tau}{4}\right)\mathrm{e}^{-\mathrm{j}\frac{5}{2}\omega}$$

对照以上两种方法，结果是一致的。

2. 频移特性

若 $f(t) \leftrightarrow F(\omega)$，则

$$f(t)\mathrm{e}^{\mathrm{j}\omega_0 t} \leftrightarrow F(\omega - \omega_0) \tag{3-108}$$

$$f(t)\mathrm{e}^{-\mathrm{j}\omega_0 t} \leftrightarrow F(\omega + \omega_0) \tag{3-109}$$

证明：

$$\mathscr{F}[f(t)\mathrm{e}^{\mathrm{j}\omega_0 t}] = \int_{-\infty}^{\infty}[f(t)\mathrm{e}^{\mathrm{j}\omega_0 t}]\mathrm{e}^{-\mathrm{j}\omega t}\mathrm{d}t$$

$$= \int_{-\infty}^{\infty}f(t)\mathrm{e}^{-\mathrm{j}(\omega-\omega_0)t}\mathrm{d}t = F(\omega - \omega_0)$$

所以

$$f(t)\mathrm{e}^{\mathrm{j}\omega_0 t} \leftrightarrow F(\omega - \omega_0)$$

同理

$$f(t)\mathrm{e}^{-\mathrm{j}\omega_0 t} \leftrightarrow F(\omega + \omega_0)$$

其中 ω_0 为实常数。

可见，若时间信号 $f(t)$ 乘以 $\mathrm{e}^{\mathrm{j}\omega_0 t}$，等效于 $f(t)$ 的频谱 $F(\omega)$ 沿频率轴右移 ω_0；时间信号 $f(t)$ 乘以 $\mathrm{e}^{-\mathrm{j}\omega_0 t}$，等效于 $f(t)$ 的频谱 $F(\omega)$ 沿频率轴左移 ω_0，如图 3-39 所示。

频谱搬移技术在通信中得到广泛应用。比如通信中的调制与解调、频分复用等过程都是在频谱搬移的基础上完成的。

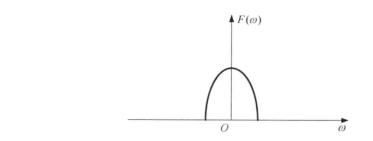

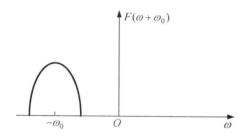 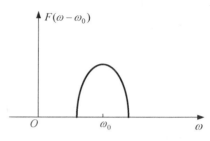

图 3-39　频移特性举例

【例 3-11】 已知周期信号 $f(t)$，周期 T_1，基波角频率 $\omega_1 = \dfrac{2\pi}{T_1}$，求此周期信号 $f(t)$ 的频谱 $F(\omega)$。

解：由周期信号的傅里叶级数指数形式展开式可知

$$f(t) = \sum_{n=-\infty}^{\infty} F(n\omega_1) \mathrm{e}^{\mathrm{j}n\omega_1 t}$$

$$
\begin{aligned}
F(\omega) &= \mathscr{F}[f(t)] \\
&= \mathscr{F}\Big[\sum_{n=-\infty}^{\infty} F(n\omega_1) \mathrm{e}^{\mathrm{j}n\omega_1 t} \Big] = \sum_{n=-\infty}^{\infty} F(n\omega_1) \mathscr{F}[\mathrm{e}^{\mathrm{j}n\omega_1 t}] \\
&= \sum_{n=-\infty}^{\infty} F(n\omega_1) 2\pi\delta(\omega - n\omega_1)
\end{aligned}
$$

所以

$$F(\omega) = 2\pi \sum_{n=-\infty}^{\infty} F(n\omega_1)\delta(\omega - n\omega_1) \tag{3-110}$$

其中

$$F(n\omega_1) = \frac{1}{T_1} \int_{-\frac{T_1}{2}}^{\frac{T_1}{2}} f(t) \mathrm{e}^{-\mathrm{j}n\omega_1 t} \mathrm{d}t \tag{3-111}$$

可见，周期信号也是可以求傅里叶变换的，这样做的好处是可以把非周期信号和周期信号的频谱统一起来。这里还可以看出周期信号的频谱由冲激序列组成；谱线的幅度不是有限的，这是因为傅里叶变换表示的是频谱密度。

3.5.6　微分特性与积分特性

1. 微分特性

（1）时域微分特性

若 $\mathscr{F}[f(t)] = F(\omega)$，则

$$\mathscr{F}[f'(t)] = \mathrm{j}\omega F(\omega) \tag{3-112}$$

证明：

傅里叶逆变换式

$$f(t) = \frac{1}{2\pi}\int_{-\infty}^{\infty}F(\omega)\mathrm{e}^{\mathrm{j}\omega t}\mathrm{d}\omega$$

两边对 t 求导，则

$$f'(t) = \frac{1}{2\pi}\int_{-\infty}^{\infty}F(\omega)\mathrm{j}\omega\mathrm{e}^{\mathrm{j}\omega t}\mathrm{d}\omega$$

可得到

$$f'(t)\leftrightarrow\mathrm{j}\omega F(\omega)$$

同理可推广

$$f^{(n)}(t)\leftrightarrow(\mathrm{j}\omega)^{n}F(\omega) \tag{3-113}$$

说明在时域中 $f(t)$ 对 t 取 n 阶导数，其频谱 $F(\omega)$ 要乘以 $(\mathrm{j}\omega)^{n}$。

对此定理容易举出简单的例子。已知单位阶跃信号 $u(t)$ 的傅里叶变换，则很容易求出 $\delta(t)$ 和 $\delta'(t)$ 的变换式

$$u(t)\leftrightarrow\frac{1}{\mathrm{j}\omega}+\pi\delta(\omega)$$

根据式（3-112）可得

$$\delta(t)\leftrightarrow\mathrm{j}\omega\left[\frac{1}{\mathrm{j}\omega}+\pi\delta(\omega)\right]=1$$

$$\delta'(t)\leftrightarrow\mathrm{j}\omega$$

（2）频域微分性质

若 $f(t)\leftrightarrow F(\omega)$，则

$$-\mathrm{j}tf(t)\leftrightarrow\frac{\mathrm{d}F(\omega)}{\mathrm{d}\omega} \tag{3-114}$$

$$(-\mathrm{j}t)^{n}f(t)\leftrightarrow\frac{\mathrm{d}^{n}F(\omega)}{\mathrm{d}\omega^{n}} \tag{3-115}$$

证明：

傅里叶正变换

$$F(\omega) = \int_{-\infty}^{\infty}f(t)\mathrm{e}^{-\mathrm{j}\omega t}\mathrm{d}t$$

两边对 ω 求导

$$\frac{\mathrm{d}F(\omega)}{\mathrm{d}\omega} = \int_{-\infty}^{\infty}-\mathrm{j}tf(t)\mathrm{e}^{-\mathrm{j}\omega t}\mathrm{d}t$$

可得到

$$-\mathrm{j}tf(t)\leftrightarrow\frac{\mathrm{d}F(\omega)}{\mathrm{d}\omega}$$

同理可推广

$$(-\mathrm{j}t)^{n}f(t)\leftrightarrow\frac{\mathrm{d}^{n}F(\omega)}{\mathrm{d}\omega^{n}}$$

【例 3-12】 已知 $f(t)\leftrightarrow F(\omega)$，求 $\mathscr{F}\left[(t-2)f(t)\right]$。

解：

$$\mathscr{F}\left[(t-2)f(t)\right]=\mathscr{F}\left[tf(t)-2f(t)\right]$$

利用频域微分性质和线性性质可求得

$$\mathscr{F}\left[(t-2)f(t)\right] = \mathrm{j}\frac{\mathrm{d}F(\omega)}{\mathrm{d}\omega} - 2F(\omega)$$

2. 积分特性

若 $f(t) \leftrightarrow F(\omega)$，则

$$\int_{-\infty}^{t} f(\tau)\mathrm{d}\tau \leftrightarrow \frac{F(\omega)}{\mathrm{j}\omega} + \pi F(0)\delta(\omega) \tag{3-116}$$

$F(0) = 0$ 时，式（3-116）简化为

$$\int_{-\infty}^{t} f(\tau)\mathrm{d}\tau \leftrightarrow \frac{F(\omega)}{\mathrm{j}\omega} \tag{3-117}$$

证明：

$$\int_{-\infty}^{t} f(\tau)\mathrm{d}\tau \leftrightarrow \int_{-\infty}^{\infty}\left[\int_{-\infty}^{t} f(\tau)\mathrm{d}\tau\right]\mathrm{e}^{-\mathrm{j}\omega t}\mathrm{d}t \tag{3-118}$$

$$= \int_{-\infty}^{\infty}\left[\int_{-\infty}^{\infty} f(\tau)u(t-\tau)\mathrm{d}\tau\right]\mathrm{e}^{-\mathrm{j}\omega t}\mathrm{d}t$$

这里通过被积函数乘以阶跃来改变积分上限，结果不变。交换积分次序并引用延时阶跃信号傅里叶变换关系式

$$u(t-\tau) \leftrightarrow \left[\pi\delta(\omega) + \frac{1}{\mathrm{j}\omega}\right]\mathrm{e}^{-\mathrm{j}\omega\tau}$$

则式（3-118）成为

$$\int_{-\infty}^{\infty} f(\tau)\left[\int_{-\infty}^{\infty} u(t-\tau)\mathrm{e}^{-\mathrm{j}\omega t}\mathrm{d}t\right]\mathrm{d}\tau$$

$$= \int_{-\infty}^{\infty} f(\tau)\pi\delta(\omega)\mathrm{e}^{-\mathrm{j}\omega\tau}\mathrm{d}\tau + \int_{-\infty}^{\infty} f(\tau)\frac{\mathrm{e}^{-\mathrm{j}\omega\tau}}{\mathrm{j}\omega}\mathrm{d}\tau$$

$$= \pi F(0)\delta(\omega) + \frac{F(\omega)}{\mathrm{j}\omega}$$

【例3-13】 求单位阶跃函数的傅里叶变换。

解： 已知

$$u(t) = \int_{-\infty}^{t} \delta(\tau)\mathrm{d}\tau$$

$$\mathscr{F}[\delta(t)] = 1$$

$$F(\omega) = 1, F(0) = 1$$

利用积分性质，得

$$u(t) \leftrightarrow \pi\delta(\omega) + \frac{1}{\mathrm{j}\omega}$$

【例3-14】 求门函数 $G_\tau(t)$ 积分（波形如图3-40所示）的频谱函数。

解： 由常见信号傅里叶变换表可知

$$G_\tau(t) \leftrightarrow \tau\mathrm{Sa}\left(\frac{\omega\tau}{2}\right)$$

由 $\mathrm{Sa}(0) = 1$，知

$$F(0) = \tau \neq 0$$

利用积分性质，得

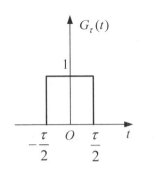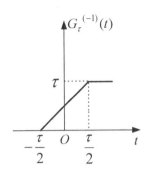

图 3-40 门函数和门函数积分信号波形

$$\mathscr{F}\left[\int_{-\infty}^{t} G_{\tau}(\tau)\,\mathrm{d}\tau\right] = \pi\tau\delta(\omega) + \frac{\tau}{\mathrm{j}\omega}\mathrm{Sa}\left(\frac{\omega\tau}{2}\right)$$

【**例 3-15**】 已知三角脉冲信号

$$f(t) = \begin{cases} E\left(1 - \dfrac{2}{\tau}|t|\right), & |t| < \dfrac{\tau}{2} \\ 0, & |t| > \dfrac{\tau}{2} \end{cases}$$

如图 3-41a 所示，求其频谱密度函数 $F(\omega)$。

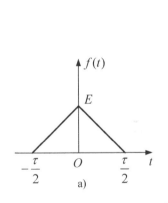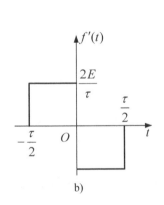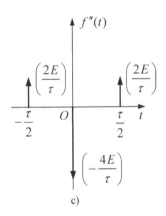

图 3-41 三角脉冲信号及其各阶导数波形

解：将 $f(t)$ 取一阶和二阶导数，得到

$$f'(t) = \begin{cases} \dfrac{2E}{\tau}, & -\dfrac{\tau}{2} < t < 0 \\[2mm] -\dfrac{2E}{\tau}, & 0 < t < \dfrac{\tau}{2} \\[2mm] 0, & |t| > \dfrac{\tau}{2} \end{cases}$$

及

$$f''(t) = \frac{2E}{\tau}\delta\left(t + \frac{\tau}{2}\right) - \frac{4E}{\tau}\delta(t) + \frac{2E}{\tau}\delta\left(t - \frac{\tau}{2}\right)$$

它们的形状分别如图 3-41b、c 所示。

以 $F(\omega)$、$F_1(\omega)$、$F_2(\omega)$ 分别表示 $f(t)$ 及其一阶导数、二阶导数的傅里叶变换，先求得

$F_2(\omega)$ 如下：

$$F_2(\omega) = \mathscr{F}[f''(t)] = \frac{2E}{\tau}e^{\frac{j\omega\tau}{2}} - \frac{4E}{\tau} + \frac{2E}{\tau}e^{-\frac{j\omega\tau}{2}}$$

$$= \frac{2E}{\tau}\left[2\cos\left(\frac{\omega\tau}{2}\right) - 2\right] = -\frac{8E}{\tau}\sin^2\left(\frac{\omega\tau}{4}\right)$$

利用积分特性容易求得

$$F_1(\omega) = \mathscr{F}[f'(t)] = \left(\frac{1}{j\omega}\right)\left[-\frac{8E}{\tau}\sin^2\left(\frac{\omega\tau}{4}\right)\right] + \pi F_2(0)\delta(\omega)$$

$F_2(0) = 0$

$$F(\omega) = \mathscr{F}[f(t)] = \frac{1}{(j\omega)^2}\left[-\frac{8E}{\tau}\sin^2\left(\frac{\omega\tau}{4}\right)\right] + \pi F_1(0)\delta(\omega)$$

$F_1(0) = 0$

$$F(\omega) = \mathscr{F}[f(t)] = \frac{1}{(j\omega)^2}\left[-\frac{8E}{\tau}\sin^2\left(\frac{\omega\tau}{4}\right)\right]$$

$$= \frac{E\tau}{2}\frac{\sin^2\left(\frac{\omega\tau}{4}\right)}{\left(\frac{\omega\tau}{4}\right)^2} = \frac{E\tau}{2}\mathrm{Sa}^2\left(\frac{\omega\tau}{4}\right)$$

频谱如图 3-42 所示。

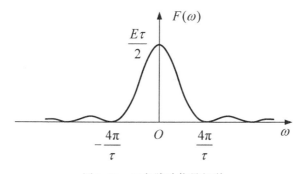

图 3-42　三角脉冲信号频谱

3.5.7　卷积特性

1. 时域卷积定理

若

$$f_1(t) \leftrightarrow F_1(\omega), f_2(t) \leftrightarrow F_2(\omega)$$

则

$$f_1(t) * f_2(t) \leftrightarrow F_1(\omega)F_2(\omega) \tag{3-119}$$

即时域卷积对应频域频谱密度函数乘积。

证明：

$$f_1(t) * f_2(t) = \int_{-\infty}^{\infty} f_1(\tau)f_2(t - \tau)\mathrm{d}\tau$$

因此

$$f_1(t) * f_2(t) \leftrightarrow \int_{-\infty}^{\infty} \left[\int_{-\infty}^{\infty} f_1(\tau) f_2(t - \tau) \mathrm{d}\tau \right] \mathrm{e}^{-\mathrm{j}\omega t} \mathrm{d}t$$

$$= \int_{-\infty}^{\infty} f_1(\tau) \left[\int_{-\infty}^{\infty} f_2(t - \tau) \mathrm{e}^{-\mathrm{j}\omega t} \mathrm{d}t \right] \mathrm{d}\tau$$

$$= \int_{-\infty}^{\infty} f_1(\tau) F_2(\omega) \mathrm{e}^{-\mathrm{j}\omega \tau} \mathrm{d}\tau$$

所以

$$f_1(t) * f_2(t) \leftrightarrow F_1(\omega) F_2(\omega)$$

【例 3-16】　如图 3-43 所示，求三角脉冲信号 $f(t)$ 的频谱密度函数。

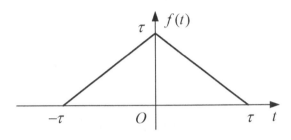

图 3-43　三角脉冲信号

解：三角脉冲信号 $f(t)$ 可以看作是两个相同矩形脉冲的卷积

$$f(t) = f_1(t) * f_2(t)$$

$f_1(t)$ 与 $f_2(t)$ 是完全相同的信号，如图 3-44 所示。

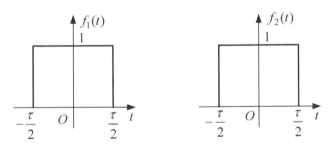

图 3-44　完全相同的两个矩形脉冲信号

$$F_1(\omega) = F_2(\omega) = \tau \mathrm{Sa}\left(\frac{\omega \tau}{2} \right)$$

由时域卷积定理可得

$$F(\omega) = F_1(\omega) F_2(\omega) = \tau \mathrm{Sa}\left(\frac{\omega \tau}{2} \right) \cdot \tau \mathrm{Sa}\left(\frac{\omega \tau}{2} \right) = \tau^2 \, \mathrm{Sa}^2\left(\frac{\omega \tau}{2} \right) \tag{3-120}$$

式（3-120）即为三角脉冲信号的频谱，如图 3-45 所示。

2. 频域卷积定理

若

$$f_1(t) \leftrightarrow F_1(\omega), f_2(t) \leftrightarrow F_2(\omega)$$

则

$$f_1(t) f_2(t) \leftrightarrow \frac{1}{2\pi} F_1(\omega) * F_2(\omega) \tag{3-121}$$

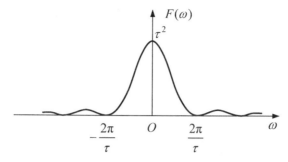

图 3-45 三角脉冲信号频谱

时间函数乘积的傅里叶变换等于各自频谱函数的卷积的 $\frac{1}{2\pi}$ 倍。

证明方法同时域卷积定理，读者可自行证明，这里不再重复。

【例 3-17】 已知

$$f(t) = \begin{cases} E\cos\left(\dfrac{\pi t}{\tau}\right), & |t| \leqslant \dfrac{\tau}{2} \\ 0, & |t| > \dfrac{\tau}{2} \end{cases}$$

利用卷积定理求余弦脉冲的频谱。

解：将余弦脉冲 $f(t)$ 看成矩形脉冲 $G(t)$ 与无穷长余弦函数 $\cos\left(\dfrac{\pi t}{\tau}\right)$ 的乘积，如图 3-46 第一列所示，其表达式为

$$f(t) = G(t)\cos\left(\frac{\pi t}{\tau}\right)$$

矩形脉冲和余弦信号的频谱为

$$G(\omega) = \mathscr{F}[G(t)] = E\tau \mathrm{Sa}\left(\frac{\omega\tau}{2}\right)$$

$$\mathscr{F}\left[\cos\left(\frac{\pi t}{\tau}\right)\right] = \pi\delta\left(\omega + \frac{\pi}{\tau}\right) + \pi\delta\left(\omega - \frac{\pi}{\tau}\right)$$

根据频域卷积定理，可以得到 $f(t)$ 的频谱为

$$F(\omega) = \mathscr{F}\left[G(t)\cos\left(\frac{\pi t}{\tau}\right)\right]$$

$$= \frac{1}{2\pi}E\tau\mathrm{Sa}\left(\frac{\omega\tau}{2}\right) * \left[\pi\delta\left(\omega + \frac{\pi}{\tau}\right) + \pi\delta\left(\omega - \frac{\pi}{\tau}\right)\right]$$

$$= \frac{E\tau}{2}\mathrm{Sa}\left[\left(\omega + \frac{\pi}{\tau}\right)\frac{\tau}{2}\right] + \frac{E\tau}{2}\mathrm{Sa}\left[\left(\omega - \frac{\pi}{\tau}\right)\frac{\tau}{2}\right]$$

上式化简后得到余弦脉冲的频谱为

$$F(\omega) = \frac{2E\tau}{\pi}\frac{\cos\left(\dfrac{\omega\tau}{2}\right)}{\left[1 - \left(\dfrac{\omega\tau}{\pi}\right)^2\right]}$$

以上分析及结果如图 3-46 第二列所示。

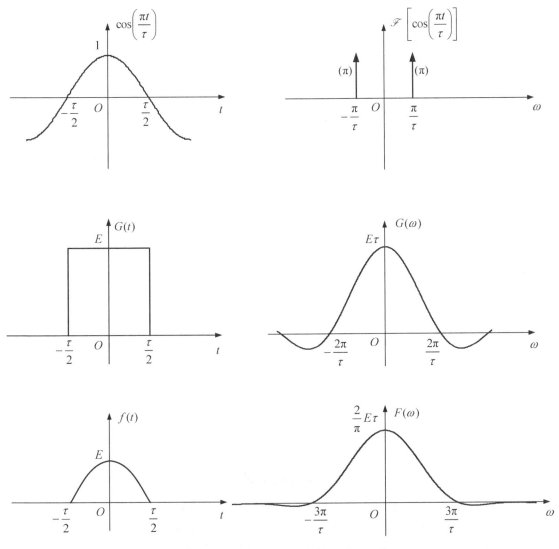

图 3-46　利用卷积定理求余弦脉冲的频谱

【例 3-18】　利用时域卷积定理求 $\int_{-\infty}^{t} f(\tau)\,\mathrm{d}\tau$ 的傅里叶变换。

解：

$$\int_{-\infty}^{t} f(\tau)\,\mathrm{d}\tau = \int_{-\infty}^{\infty} f(\tau)u(t-\tau)\,\mathrm{d}\tau = f(t)*u(t)$$

$$\int_{-\infty}^{t} f(\tau)\,\mathrm{d}\tau \leftrightarrow F(\omega)\left[\pi\delta(\omega)+\frac{1}{\mathrm{j}\omega}\right]=\pi F(0)\delta(\omega)+\frac{F(\omega)}{\mathrm{j}\omega}$$

由此例题证明了积分特性。

还可以利用时域卷积定理来求得系统的零状态响应，此种方法将在后面的学习中专门讲解。

表 3-2 给出了傅里叶变换的基本性质。

表 3-2　傅里叶变换的基本性质

性　　质	时域 $f(t)$	频域 $F(\omega)$
1. 线性	$c_1 f_1(t) + c_2 f_2(t)$	$c_1 F_1(\omega) + c_2 F_2(\omega)$
2. 对称性	$F(t)$	$2\pi f(-\omega)$
3. 尺度变换	$f(at)$	$\dfrac{1}{\lvert a \rvert} F\left(\dfrac{\omega}{a}\right)$
4. 时移	$f(t - t_0)$	$F(\omega)\mathrm{e}^{-j\omega t_0}$
	$f(t + t_0)$	$F(\omega)\mathrm{e}^{j\omega t_0}$
5. 频移	$f(t)\mathrm{e}^{j\omega_0 t}$	$F(\omega - \omega_0)$
	$f(t)\mathrm{e}^{-j\omega_0 t}$	$F(\omega + \omega_0)$
6. 时域微分	$f'(t)$	$j\omega F(\omega)$
	$f^{(n)}(t)$	$(j\omega)^n F(\omega)$
7. 频域微分	$-jt f(t)$	$\dfrac{\mathrm{d}F(\omega)}{\mathrm{d}\omega}$
	$(-jt)^n f(t)$	$\dfrac{\mathrm{d}^n F(\omega)}{\mathrm{d}\omega^n}$
8. 时域积分	$\displaystyle\int_{-\infty}^{t} f(\tau)\,\mathrm{d}\tau$	$\dfrac{F(\omega)}{j\omega} + \pi F(0)\delta(\omega)$
9. 时域卷积	$f_1(t) * f_2(t)$	$F_1(\omega) F_2(\omega)$
10. 频域卷积	$f_1(t) f_2(t)$	$\dfrac{1}{2\pi} F_1(\omega) * F_2(\omega)$

课堂练习题

3.5-1　（判断）信号时域时移，其对应的幅度频谱不变，相位频谱将发生相移。　　　　　　（　　）

3.5-2　（判断）连续时间信号在时域展宽后，其对应的频谱中高频分量将增加。　　　　　（　　）

3.5-3　（判断）若信号是实信号，则其傅里叶变换的相位频谱是偶函数。　　　　　　　　（　　）

3.5-4　已知信号 $f_1(t) = \mathrm{e}^{-\lvert t \rvert}$ 的频谱 $F_1(\omega) = \dfrac{2}{\omega^2 + 1}$，则信号 $f_2(t) = \dfrac{1}{t^2 + 1}$ 的频谱为　（　　）

A. $2\pi\mathrm{e}^{\lvert \omega \rvert}$　　　　　　B. $\pi\mathrm{e}^{-\lvert \omega \rvert}$　　　　　　C. $2\pi\mathrm{e}^{-\lvert \omega \rvert}$　　　　　　D. $\mathrm{e}^{-\lvert \omega \rvert}$

3.5-5　已知连续实信号 $f(t)$ 的频谱为 $F(\omega)$，则信号 $f(-2t + 1)$ 的频谱为　　　　（　　）

A. $0.5F(0.5\omega)\mathrm{e}^{-j0.5\omega}$　　B. $0.5F(-0.5\omega)\mathrm{e}^{-j0.5\omega}$　　C. $0.5F(0.5\omega)\mathrm{e}^{j0.5\omega}$　　D. $0.5F(-0.5\omega)\mathrm{e}^{-j\omega}$

3.5-6　已知某语音信号 $e(t)$，对其进行运算得到信号 $r(t) = e(0.5t)$，与信号 $e(t)$ 相比，信号 $r(t)$ 将发生什么变化？　　　　　　　　　　　　　　　　　　　　　　　　　　　　　（　　）

A. $r(t)$ 的长度会变长、音调会变低　　　　　B. $r(t)$ 的长度会变长、音调会变高

C. $r(t)$ 的长度会变短、音调会变低　　　　　D. $r(t)$ 的长度会变短、音调会变高

3.5-7　信号 $f(t)$ 的傅里叶变换为 $F(\omega) = -j\mathrm{sgn}(\omega)$，有关 $f(t)$ 描述不正确的是　　（　　）

A. $f(t)$ 不是能量信号　　　　　　　　　　　B. $f(t)$ 是奇函数

C. $f(t) = f(t)u(t)$　　　　　　　　　　　　D. $f(t)$ 的带宽是无穷大

3.5-8　信号的时宽与信号的频宽之间呈　　　　　　　　　　　　　　　　　　　　　　（　　）

A. 正比关系　　　　　　B. 反比关系　　　　　C. 二次方关系　　　　D. 没有关系

3.5-9　时域是实偶函数，其傅里叶变换一定是　　　　　　　　　　　　　　　（　　）

A. 实偶函数　　　　　　B. 纯虚函数　　　　　C. 任意复函数　　　　D. 任意实函数

3.6　抽样信号的傅里叶变换及抽样定理

1. 抽样

抽样是从连续信号到离散信号的桥梁，也是对信号进行数字处理的第一个环节。所谓抽样，就是利用抽样脉冲序列从连续信号中抽取一系列的离散样值，这种离散信号通常称为抽样信号。图 3-47 示出实现抽样的原理框图。

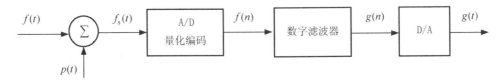

图 3-47　抽样原理框图

这里，$f(t)$ 是连续信号，$p(t)$ 为抽样脉冲，$f_s(t)$ 为抽样信号。连续信号经过抽样信号抽样后，一般还要量化编码变成数字信号再进行传输，接收端需要上述逆过程来恢复原模拟信号。图 3-48 为抽样波形示意图。

具体的通信过程不在本教材的讨论范畴，此处需要讨论的问题是，在什么条件下采样信号能保留原信号的全部信息，以及如何从采样信号中恢复原信号。取样少了，会漏掉重要信息，取样多了，则增加处理负担。所以需要解决的问题：①$F_s(\omega)$ 与 $F(\omega)$ 有着什么样的关系？②由 $f_s(t)$ 能否恢复 $f(t)$？为了解决以上问题，接下来讨论时域抽样以及时域抽样定理。

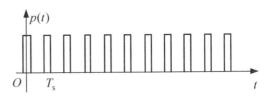

2. 理想抽样

连续信号：$f(t)$

抽样脉冲序列：$p(t) = \delta_T(t)$

抽样信号：$f_s(t) = f(t)\delta_T(t)$

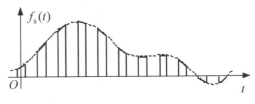

图 3-48　抽样信号的波形

$$f(t) \leftrightarrow F(\omega) \quad (-\omega_m < \omega < \omega_m)$$

$$p(t) \leftrightarrow P(\omega)$$

$$f_s(t) \leftrightarrow F_s(\omega)$$

$p(t)$ 是周期信号，周期为 T_s，根据式（3-13）和式（3-14）可得，$p(t) = \sum\limits_{n=-\infty}^{\infty} P_n \mathrm{e}^{jn\omega_s t}$，其

中 $P_n = \dfrac{1}{T_s} \displaystyle\int_{-\frac{T_s}{2}}^{\frac{T_s}{2}} p(t) \mathrm{e}^{-jn\omega_s t} \mathrm{d}t$，为 $p(t)$ 的傅里叶级数系数。参考例 3-11，利用频移性质可得

$$p(t) \leftrightarrow P(\omega) = 2\pi \sum_{n=-\infty}^{\infty} P_n \delta(\omega - n\omega_s) \tag{3-122}$$

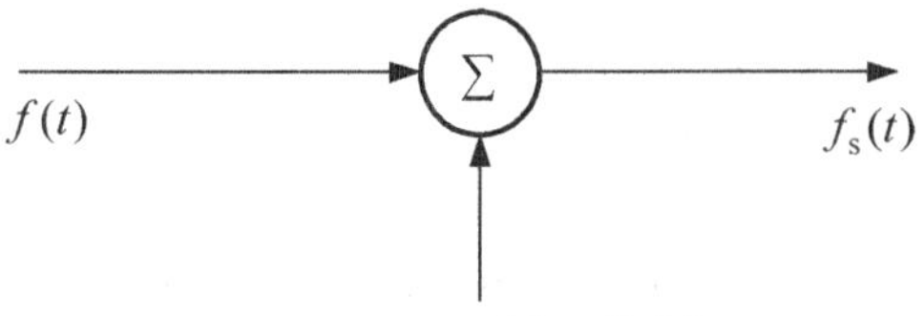

理想抽样 $p(t) = \delta_T(t)$，通过计算求得 $\delta_T(t)$ 的

傅里叶级数系数 $P_n = \dfrac{1}{T_s}$，代入式（3-122）可得

$$\delta_T(t) \leftrightarrow P(\omega) = \omega_s \sum_{n=-\infty}^{\infty} \delta(\omega - n\omega_s)$$

利用频域卷积定理，可求出

$$F_s(\omega) = \mathscr{F}[f(t)\delta_T(t)] = \frac{1}{2\pi}F(\omega)*P(\omega) = \frac{1}{T_s}\sum_{n=-\infty}^{\infty} F(\omega - n\omega_s) \tag{3-123}$$

图 3-49　理想抽样

波形和频谱如图 3-50 所示。

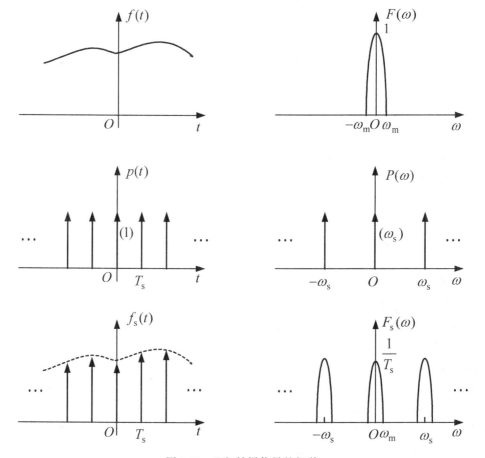

图 3-50　理想抽样信号的频谱

由以上分析可知：

1）$n=0$ 时，$F_s(\omega) = \dfrac{1}{T_s}F(\omega)$ 包含原信号的全部信息，幅度是原来的 $\dfrac{1}{T_s}$。

2）$F_s(\omega)$ 为以 ω_s 为周期的连续谱，有新的频率成分，即 $F(\omega)$ 的周期性延拓。

3）若接一个理想低通滤波器，其增益为 T_s，截止频率为 $\omega_m < \omega_c < \omega_s - \omega_m$，滤除高频

成分，即可重现原信号。

3. 矩形脉冲抽样

连续信号：$f(t)$

抽样脉冲序列：$p(t)$

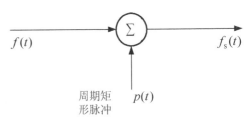

图 3-51　矩形脉冲抽样

抽样信号：$f_s(t) = f(t)p(t)$

$$f(t) \leftrightarrow F(\omega) \quad (-\omega_m < \omega < \omega_m)$$

$$p(t) \leftrightarrow P(\omega)$$

$$f_s(t) \leftrightarrow F_s(\omega)$$

由 $P(\omega) = 2\pi \sum\limits_{n=-\infty}^{\infty} P_n \delta(\omega - n\omega_s)$，$P_n = \dfrac{1}{T_s}\displaystyle\int_{-\frac{T_s}{2}}^{\frac{T_s}{2}} p(t)\mathrm{e}^{-jn\omega_s t}\mathrm{d}t$，当 $p(t)$ 为矩形脉冲时，通过计算可得 $P_n = \dfrac{E\tau}{T_s}\mathrm{Sa}\left(\dfrac{n\omega_s\tau}{2}\right)$，于是可求得

$$P(\omega) = 2\pi \sum_{n=-\infty}^{\infty} \frac{E\tau}{T_s}\mathrm{Sa}\left(\frac{n\omega_s\tau}{2}\right)\delta(\omega - n\omega_s) \tag{3-124}$$

$$\begin{aligned}
F_s(\omega) &= \mathscr{F}[f(t)p(t)] = \frac{1}{2\pi}F(\omega) * P(\omega) \\
&= \frac{E\tau}{T_s}\sum_{n=-\infty}^{\infty}\mathrm{Sa}\left(\frac{n\omega_s\tau}{2}\right)F(\omega) * \delta(\omega - n\omega_s) \\
&= \frac{E\tau}{T_s}\sum_{n=-\infty}^{\infty}\mathrm{Sa}\left(\frac{n\omega_s\tau}{2}\right)F(\omega - n\omega_s)
\end{aligned} \tag{3-125}$$

波形和频谱如图 3-52 所示。

可见，$F(\omega)$ 在以 ω_s 为周期的重复过程中，幅度以 $\mathrm{Sa}\left(\dfrac{n\omega_s\tau}{2}\right)$ 的规律变化。矩形脉冲抽样又可称为"自然抽样"。冲激抽样是矩形脉冲抽样的一种极限情况，即脉宽 $\tau \to 0$。在实际中通常采用矩形脉冲抽样，但当脉宽相对较窄时，往往又近似为冲激抽样。

4. 抽样定理

由上一节中对理想抽样的分析可知，$F_s(\omega)$ 为 $F(\omega)$ 以 ω_s 为周期的重复，即 $F(\omega)$ 的周期性延拓。假设 $F(\omega)$ 为带限信号，最高频率为 ω_m，则当 $\omega_s \geqslant 2\omega_m$ 时，基带频谱与各次谐波频谱彼此是不重叠的，基带频谱保留了原信号的全部信息，这时可以用一个理想低通滤波器提取出基带频谱，从而恢复 $f(t)$，如图 3-53 所示。当 $\omega_s < 2\omega_m$ 时，就会出现混叠现象，无法提取基带频谱，也就不能恢复 $f(t)$，如图 3-54 所示。

时域抽样定理：一个频带受限的信号 $f(t)$，若频谱只占据 $-\omega_m \sim +\omega_m$ 的范围，则信号 $f(t)$ 可用等间隔的抽样值来唯一表示。其抽样间隔必须不大于 $\dfrac{1}{2f_m}$，即 $T_s \leqslant \dfrac{1}{2f_m}$（$\omega_m = 2\pi f_m$），或者说最低抽样频率为 $2f_m$，即 $f_s \geqslant 2f_m$。

如果不满足抽样定理，则无法重建原信号。

抽样定理表明了什么条件下，抽样信号能保留原信号的全部信息，即重建原信号的必要条件：

$$f_s \geqslant 2f_m \text{ 或 } T_s \leqslant \frac{1}{2f_m} \tag{3-126}$$

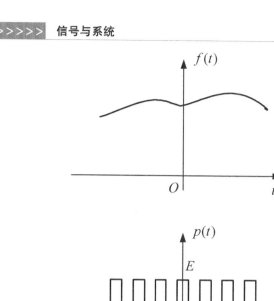

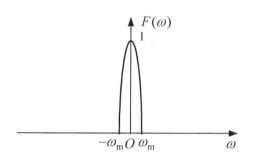

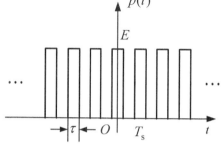

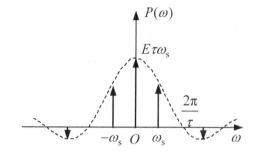

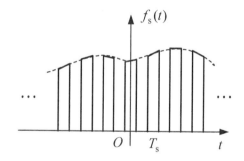

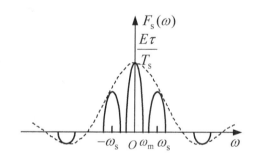

图 3-52　矩形脉冲抽样信号的频谱

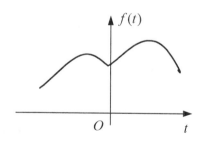

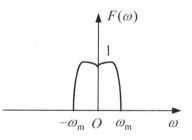

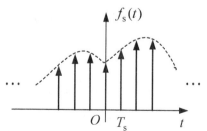

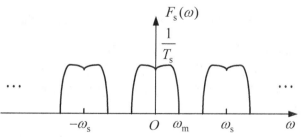

图 3-53　高抽样率时的抽样信号及频谱

不满足此条件，就会发生频谱混叠现象。这里

$$T_s = \frac{1}{2f_m} \tag{3-127}$$

是最大抽样间隔，称为奈奎斯特抽样间隔。

$$f_s = 2f_m \tag{3-128}$$

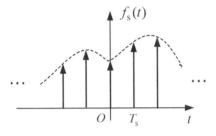
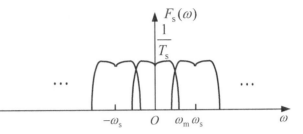

图 3-54   低抽样率时的抽样信号及频谱（混叠）

是最低允许的抽样频率，称为奈奎斯特抽样频率。

例如语音信号的频率范围为 300 ～ 3400Hz，即

$$f_m = 3.4 \text{ kHz}$$

$$f_s \geqslant 2f_m, f_{smin} = 6.8 \text{kHz}, T_{smax} = \frac{1}{2f_m}$$

若取 $f_s = 8000 \text{Hz}$，则 $T_s = \frac{1}{8000} = 125 \mu s$。

3-4   抽样信号的
频谱及抽样定理

抽样信号的频谱及抽样定理演示可扫描二维码 3-4 进行观看。

课堂练习题

3.6-1 （判断）冲激抽样（理想抽样）信号的频谱是周期的。   （   ）

3.6-2 （判断）抽样信号的频率比抽样频率的一半要大。   （   ）

3.6-3 已知信号 $f(t)$ 的频率范围为 $0 \sim f_m$，若对信号 $f\left(\frac{t}{2}\right)$ 进行抽样，则其频谱不混叠的最大抽样间隔等
于   （   ）

A. $\frac{1}{4f_m}$ B. $\frac{1}{2f_m}$ C. $\frac{2}{f_m}$ D. $\frac{1}{f_m}$

3.6-4 若信号 $f(t)$ 的带宽为 f_m，则信号 $g(t) = f(t)f(2t)$ 的奈奎斯特采样频率为   （   ）

A. $6f_m$ B. $3f_m$ C. $\frac{3f_m}{2}$ D. f_m

3.6-5 对于信号 $f(t) = \sin 2\pi \times 10^3 t + \sin 4\pi \times 10^3 t$ 的最小取样频率是   （   ）

A. 8kHz   B. 4kHz   C. 2kHz   D. 1kHz

3.7 LTI 系统的频域分析

利用时域卷积定理可以求得系统的零状态
响应，如图 3-55 所示

$$r(t) = h(t) * e(t)$$

设 $R(j\omega)$、$H(j\omega)$、$E(j\omega)$ 分别表示 $r(t)$、

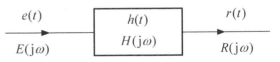

图 3-55   激励与响应的关系

$h(t)$、$e(t)$的傅里叶变换，即

$$E(j\omega) = \mathscr{F}[e(t)]$$
$$H(j\omega) = \mathscr{F}[h(t)]$$
$$R(j\omega) = \mathscr{F}[r(t)]$$

利用傅里叶变换的时域卷积定理可以得出

$$R(j\omega) = H(j\omega)E(j\omega)$$

频率响应 $H(j\omega)$ 可定义为系统零状态响应的傅里叶变换 $R(j\omega)$ 与激励的傅里叶变换 $E(j\omega)$ 之比，即

$$H(j\omega) = \frac{R(j\omega)}{E(j\omega)} \tag{3-129}$$

由上述定义可知，$H(j\omega)$ 是冲激响应 $h(t)$ 的傅里叶变换。即

$$H(j\omega) = \mathscr{F}[h(t)] \tag{3-130}$$

$H(j\omega)$ 是复函数，可以写成模和相位形式

$$H(j\omega) = |H(j\omega)|e^{j\varphi(\omega)} \tag{3-131}$$

$|H(j\omega)| \sim \omega$ 的关系称为系统的幅频特性，$\varphi(\omega) \sim \omega$ 关系称为系统的相频特性。

如果将 $E(j\omega)$ 也写成模和相位的形式，即

$$E(j\omega) = |E(j\omega)|e^{j\varphi_e(\omega)}$$

则可以得到

$$|R(j\omega)| = |E(j\omega)||H(j\omega)| \tag{3-132}$$
$$\varphi_r(\omega) = \varphi_e(\omega) + \varphi(\omega) \tag{3-133}$$

可见，$E(j\omega)$ 的幅度由 $|H(j\omega)|$ 加权，$E(j\omega)$ 的相位由 $\varphi(\omega)$ 修正，系统可以看作信号处理器。对于不同的频率 ω，有不同的加权作用，这也是信号分解，求响应再叠加的过程。频率响应函数 $H(j\omega)$ 也称作系统函数。关于系统函数，第 4 章将做更详细的说明。

【例 3-19】 求图 3-56 所示零阶保持电路的系统函数 $H(j\omega)$。

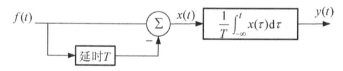

图 3-56 例 3-19 电路图

解：先求出单位冲激响应 $h(t)$，$h(t)$ 的定义为输入为 $\delta(t)$ 时的零状态响应。则当 $f(t) = \delta(t)$ 时

$$x(t) = \delta(t) - \delta(t - T)$$

再经过与 $\frac{1}{T}\int_{-\infty}^{t} x(\tau)d\tau$ 进行积分运算，则

$$y(t) = \frac{1}{T}[u(t) - u(t - T)] = h(t)$$

根据式（3-130）对上式求傅里叶变换

$$H(j\omega) = \mathscr{F}[h(t)] = \mathscr{F}\left[\frac{1}{T}[u(t) - u(t - T)]\right]$$

$$= \frac{1}{j\omega T}(1 - e^{-j\omega T}) = \text{Sa}\left(\frac{\omega T}{2}\right)e^{-j\frac{\omega T}{2}}$$

单位冲激响应和系统函数的幅频特性如图 3-57 所示。

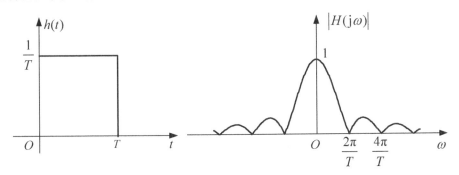

图 3-57　例 3-19 系统冲激响应与系统函数的幅频特性

【**例 3-20**】　如图 3-58a 所示 RC 电路，在输入端 $1-1'$ 加入如图 3-58b 所示矩形脉冲 $v_1(t)$，利用傅里叶分析法求 $2-2'$ 端电压 $v_2(t)$。

解：因为

$$R(j\omega) = H(j\omega)E(j\omega)$$

所以先求出

$$H(j\omega) = \frac{\dfrac{1}{j\omega C}}{R + \dfrac{1}{j\omega C}} = \frac{\dfrac{1}{RC}}{j\omega + \dfrac{1}{RC}}$$

引用符号 $\alpha = \dfrac{1}{RC}$，得到

$$H(j\omega) = \frac{\alpha}{\alpha + j\omega}$$

激励信号 $v_1(t)$ 的傅里叶变换式为

$$V_1(j\omega) = E\tau \mathrm{Sa}\left(\frac{\omega\tau}{2}\right) \mathrm{e}^{-j\frac{\omega\tau}{2}} = \frac{E}{j\omega}(1 - \mathrm{e}^{-j\omega\tau})$$

所以，响应 $v_2(t)$ 的傅里叶变换为

$$
\begin{aligned}
V_2(j\omega) &= H(j\omega)V_1(j\omega) \\
&= \frac{\alpha}{\alpha + j\omega}\frac{E}{j\omega}(1 - \mathrm{e}^{-j\omega\tau}) \\
&= E\left(\frac{1}{j\omega} - \frac{1}{\alpha + j\omega}\right)(1 - \mathrm{e}^{-j\omega\tau}) \\
&= \frac{E}{j\omega}(1 - \mathrm{e}^{-j\omega\tau}) - \frac{E}{\alpha + j\omega}(1 - \mathrm{e}^{-j\omega\tau})
\end{aligned}
$$

求出逆变换可得

$$
\begin{aligned}
v_2(t) &= E[u(t) - u(t-\tau)] - E[\mathrm{e}^{-\alpha t}u(t) - \mathrm{e}^{-\alpha(t-\tau)}u(t-\tau)] \\
&= E(1 - \mathrm{e}^{-\alpha t})u(t) - E[1 - \mathrm{e}^{-\alpha(t-\tau)}]u(t-\tau)
\end{aligned}
$$

输出波形如图 3-58c 所示。频谱如图 3-58d、e、f 所示。

由以上分析可以得出：①系统具有低通特性，半功率带宽为 α。②输入信号在 $t=0$ 时急剧上升，$t=\tau$ 时急剧下降，蕴含着高频成分。经低通滤波后，波形以指数规律上升和下降，波形

变圆滑。③$\alpha = \dfrac{1}{RC}$，$\tau = RC$ 称为时间常数，$RC\downarrow \Rightarrow \alpha\uparrow$，即带宽增加，允许更高的频率分量通过，响应波形的上升、下降时间缩短。

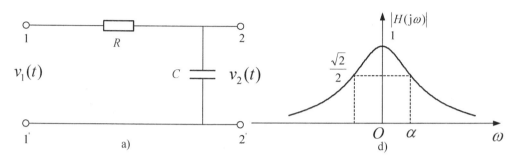

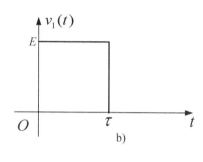

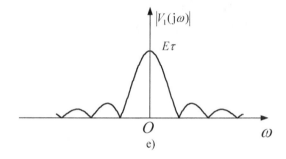

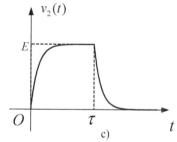

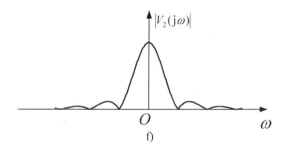

图 3-58 矩形脉冲通过 RC 低通滤波网络

傅里叶分析从频谱改变的观点说明激励与响应波形的差异，系统对信号的加权作用改变了信号的频谱，物理概念清楚。

【例 3-21】 如例 3-20 所示电路，求当输入为周期矩形脉冲时的输出。

解： 为描述方便，将原来的输入和输出标记为 $v_{10}(t)$ 和 $v_{20}(t)$，则

$$v_1(t) = v_{10}(t) * \delta_T(t)$$

这里 $\delta_T(t)$ 是周期为 T_1 的冲激信号，其傅里叶变换可以由式（3-110）和式（3-111）求得。

$$F(\omega) = \omega_1 \sum_{n=-\infty}^{\infty} \delta(\omega - n\omega_1) \tag{3-134}$$

由时域卷积性质，可得

$$V_1(j\omega) = V_{10}(j\omega) \cdot \omega_1 \sum_{n=-\infty}^{\infty} \delta(\omega - n\omega_1), \quad \omega_1 = \frac{2\pi}{T_1}$$

所以

$$V_2(j\omega) = V_1(j\omega)H(j\omega)$$

$$= V_{10}(j\omega)H(j\omega) \cdot \omega_1 \sum_{n=-\infty}^{\infty} \delta(\omega - n\omega_1)$$

$$= V_{20}(j\omega) \cdot \omega_1 \sum_{n=-\infty}^{\infty} \delta(\omega - n\omega_1)$$

可以看出

$$v_2(t) = v_{20}(t) * \delta_T(t)$$

波形和频谱如图 3-59 所示。

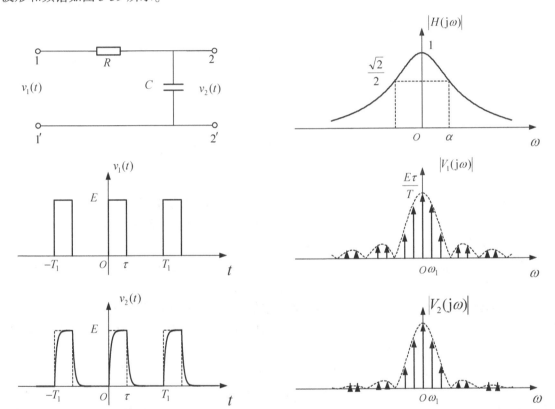

图 3-59　例 3-21 波形和频谱图

LTI 连续系统的频域分析演示可扫描二维码 3-5 进行观看。

课堂练习题

3.7-1　某因果稳定的连续时间 LTI 系统的微分方程为 $y''(t) + 8y'(t) + 15y(t) = 4x''(t) + x(t)$，则系统的频率响应 $H(j\omega)$ 为　　　　　（　　）

A. $H(j\omega) = \dfrac{(j\omega)^2 + 8(j\omega) + 15}{4(j\omega)^2 + 1}$　　　　　B. $H(j\omega) = \dfrac{(j\omega)^2 + 8(j\omega) + 15}{(j\omega)^2 + 4}$

C. $H(j\omega) = \dfrac{4(j\omega) + 1}{(j\omega)^2 + 8(j\omega) + 15}$　　　　　D. $H(j\omega) = \dfrac{4(j\omega)^2 + 1}{(j\omega)^2 + 8(j\omega) + 15}$

3.7-2　某连续时间 LTI 系统的单位冲激响应 $h(t) = (e^{-t} + e^{-4t})u(t)$，该系统的频率响应 $H(j\omega)$ 为（　　）

A. $H(j\omega) = \dfrac{2(j\omega) + 5}{(j\omega)^2 + 4(j\omega) + 5}$　　　　　B. $H(j\omega) = \dfrac{2(j\omega) + 3}{(j\omega)^2 + 5(j\omega) + 4}$

3-5　连续系统
频域分析

C. $H(j\omega) = \dfrac{2(j\omega)+5}{(j\omega)^2+5(j\omega)+4}$ D. $H(j\omega) = \dfrac{1}{(j\omega)^2+5(j\omega)+4}$

3.7-3 已知某连续时间 LTI 系统的单位冲激响应 $h(t) = \text{Sa}(t-2)$，则系统的频率响应 $H(j\omega)$ 为   ( )

A. $\pi G_2(\omega)e^{2j\omega}$ B. $2\pi G_2(\omega)e^{2j\omega}$ C. $\pi G_2(\omega)e^{-2j\omega}$ D. $2\pi G_2(\omega)e^{-2j\omega}$

3.7-4 某连续时间系统的系统函数为 $H(j\omega) = \dfrac{3+2j\omega}{2+3j\omega+(j\omega)^2}$，则描述该系统的线性微分方程为   ( )

A. $\dfrac{d^2r(t)}{dt} + 3\dfrac{dr(t)}{dt} + 2r(t) = 2\dfrac{de(t)}{dt} + 3e(t)$ B. $\dfrac{d^2r(t)}{dt} + 2\dfrac{dr(t)}{dt} + r(t) = \dfrac{de(t)}{dt} + 3e(t)$

C. $\dfrac{d^2r(t)}{dt} + 3\dfrac{dr(t)}{dt} + 2r(t) = \dfrac{de(t)}{dt} + \dfrac{3}{2}e(t)$ D. $\dfrac{d^2r(t)}{dt} + 2\dfrac{dr(t)}{dt} + r(t) = \dfrac{de(t)}{dt} + \dfrac{3}{2}e(t)$

3.7-5 对于某系统的系统函数 $H(j\omega) = |H(j\omega)|e^{j\varphi(\omega)}$，幅频特性和相频特性分别为   ( )

A. 关于 ω 的奇函数，关于 ω 的偶函数   B. 关于 ω 的奇函数，关于 ω 的奇函数

C. 关于 ω 的偶函数，关于 ω 的偶函数   D. 关于 ω 的偶函数，关于 ω 的奇函数

3.8 无失真传输

信号经系统传输，要受到系统函数 $H(j\omega)$ 的加权，输出波形发生了变化，与输入波形不同，则产生失真。

线性系统引起的信号失真由两方面因素造成，一是幅度失真，二是相位失真。幅度失真使各频率分量幅度产生不同程度的衰减，各频率分量之间的相对振幅关系发生了变化。相位失真使各频率分量产生的相移不与频率成正比，响应的各频率分量在时间轴上的相对位置产生变化。这两种失真都不会使信号产生新的频率分量。

非线性失真是信号通过非线性系统产生的，会产生新的频率成分。在通信与电子技术中失真的应用比较广泛，比如各类调制技术、滤波器的提取。

而信号传输过程中，为了不丢失信息，则要求信号失真尽量小或不失真。无失真传输系统定义：信号无失真传输是指系统的输出信号与输入信号相比，只有幅度的大小和出现时间的先后不同，而没有波形上的变化。

已知系统 $h(t)$，激励为 $e(t)$，响应为 $r(t)$，如图 3-60 所示，如果满足条件

$$r(t) = Ke(t-t_0) \tag{3-135}$$

则系统不产生失真。式中，K 为系统增益，t_0 为延迟时间，K 和 t_0 均为常数。由图 3-61 可见，响应波形形状不变，幅度可以成比例增加或减少，也可以有时移。

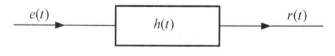

图 3-60 线性网络

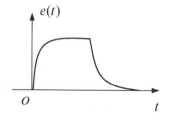 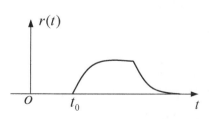

图 3-61 线性网络的无失真传输

因为

$$r(t) = Ke(t - t_0)$$

所以

$$R(j\omega) = KE(j\omega)e^{-j\omega t_0} \tag{3-136}$$

根据式（3-129），可得

$$H(j\omega) = \frac{R(j\omega)}{E(j\omega)} = Ke^{-j\omega t_0} \tag{3-137}$$

即

$$\begin{cases} |H(j\omega)| = K \\ \varphi(\omega) = -\omega t_0 \end{cases} \tag{3-138}$$

频谱图如图 3-62 所示。

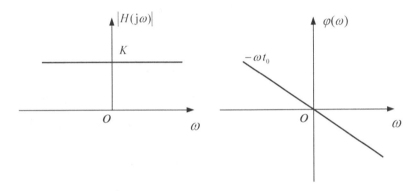

图 3-62　无失真传输系统的幅频特性和相频特性

由图可见，无失真传输系统要求幅度为与频率无关的常数 K，系统的通频带为无限宽。相位与频率成正比，是一条过原点的负斜率直线。

对 $H(j\omega)$ 进行逆变换可得

$$h(t) = K\delta(t - t_0) \tag{3-139}$$

即无失真传输系统的冲激响应也是冲激函数。

现在来讨论一下无失真传输系统为什么要求相位与频率成正比关系。因为只有相位与频率成正比，才能保证各谐波有相同的延迟时间，在延迟后各次谐波叠加才能不失真。

延迟时间 t_0 是相频特性的斜率，即

$$\frac{d\varphi(\omega)}{d\omega} = -t_0$$

将

$$\tau = -\frac{d\varphi(\omega)}{d\omega} \tag{3-140}$$

称为群时延特性。可见在满足信号传输不产生相位失真的情况下，系统的群时延特性应为常数。

如图 3-63 所示为一个有相位失真的系统，此系统不满足 $\dfrac{d\varphi(\omega)}{d\omega} = -t_0$，对不同谐波分量的延时不同，导致信号传输后失真。

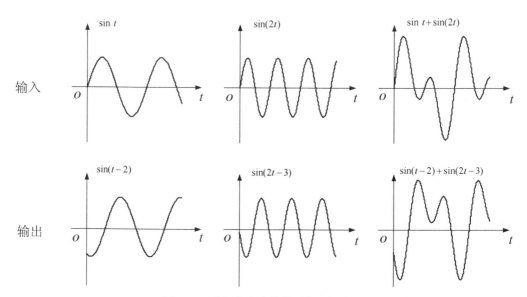

图 3-63　有相位失真传输系统波形比较

当然也存在有意识地利用失真的情况，如图 3-64 所示，此系统利用冲激响应产生了升余弦脉冲。在实际中，$\delta(t)$ 可用足够窄的脉冲代替。此时只需要把系统 $H(j\omega)$ 设计为升余弦信号的频谱函数。这时输入到输出产生的失真是人为的和必需的。

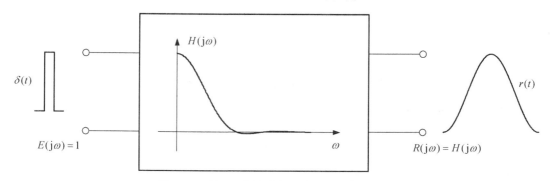

图 3-64　利用系统的冲激响应产生升余弦脉冲

课堂练习题

3.8-1 （判断）线性时不变系统的输出信号频率范围可以比输入信号的频率范围大。（　　）

3.8-2 （判断）如果信号要想实现无失真传输，那么信号必须要通过一个无失真传输系统来进行传输。

（　　）

3.8-3 （判断）无失真传输系统的相频特性是一个常数。（　　）

3.8-4 对于无失真系统，其系统特性描述不正确的是（　　）

A. 系统函数形式为 $H(j\omega) = Ke^{-j\omega_0 t}$

B. 系统函数形式为 $H(j\omega) = Ke^{-j(\omega_0 t + \omega_0)}$

C. 冲激响应形式为 $K\delta(t - t_0)$

D. 对信号 $f(t)$ 的响应形式为 $Kf(t - t_0)$

3.8-5 线性时不变系统引起的失真有两方面的因素，即幅度失真和相位失真，线性时不变系统的哪种失真将产生新的频率成分？（　　）

A. 幅度失真和相位失真都产生

B. 幅度失真产生

C. 幅度失真和相位失真都不产生

D. 相位失真产生

3.9　理想低通滤波器

1. 理想低通滤波器的频率响应特性

在许多实际应用中，系统需要保留信号的部分频率分量，而抑制另一部分频率分量。比如在前述 3.6 节中，提到过用理想低通滤波器提取出基带频谱进而恢复原模拟信号。理想滤波器的特点是对信号中要保留的频率分量直通，而其余部分衰减为零。本节讨论理想低通滤波器，并研究其冲激响应、阶跃响应、矩形脉冲响应。

理想低通滤波器的频率特性如图 3-65 所示。

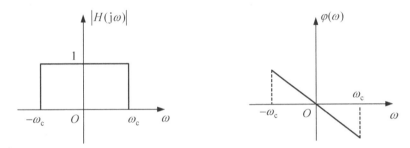

图 3-65　理想低通滤波器的频率特性

其系统函数为

$$H(\mathrm{j}\omega) = \begin{cases} 1 \cdot \mathrm{e}^{-\mathrm{j}\omega t_0}, & |\omega| < \omega_c \\ 0, & |\omega| > \omega_c \end{cases} \tag{3-141}$$

幅频特性为

$$|H(\mathrm{j}\omega)| = \begin{cases} 1, & |\omega| < \omega_c \\ 0, & |\omega| > \omega_c \end{cases} \tag{3-142}$$

相频特性为

$$\varphi(\omega) = -\omega t_0 \tag{3-143}$$

其中，ω_c 为截止频率，称为理想低通滤波器的通频带，简称为频带。ω 在 $0 \sim \omega_c$ 的低频段内，传输信号无失真（只有时移 t_0）。

2. 理想低通滤波器的冲激响应

因为

$$h(t) \leftrightarrow H(\mathrm{j}\omega)$$

所以

$$\begin{aligned} h(t) &= \frac{1}{2\pi}\int_{-\infty}^{\infty} H(\mathrm{j}\omega)\mathrm{e}^{\mathrm{j}\omega t}\mathrm{d}\omega = \frac{1}{2\pi}\int_{-\omega_c}^{\omega_c} 1 \cdot \mathrm{e}^{-\mathrm{j}\omega t_0}\mathrm{e}^{\mathrm{j}\omega t}\mathrm{d}\omega \\ &= \frac{1}{2\pi}\int_{-\omega_c}^{\omega_c} 1 \cdot \mathrm{e}^{\mathrm{j}\omega(t-t_0)}\mathrm{d}\omega = \frac{1}{2\pi}\frac{1}{\mathrm{j}(t-t_0)}\mathrm{e}^{\mathrm{j}\omega(t-t_0)} \Big|_{-\omega_c}^{\omega_c} \\ &= \frac{\omega_c}{\pi}\frac{\sin\omega_c(t-t_0)}{\omega_c(t-t_0)} = \frac{\omega_c}{\pi}\mathrm{Sa}[\omega_c(t-t_0)] \end{aligned} \tag{3-144}$$

理想低通滤波器的输入与冲激响应如图 3-66 所示。

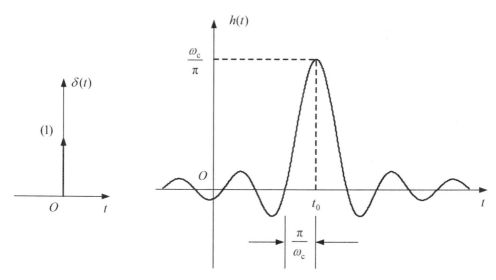

图 3-66　理想低通滤波器的输入与冲激响应

比较输入输出可见波形出现严重失真。原因是 $\delta(t) \leftrightarrow 1$，信号频带无限宽，而理想低通的通频带（系统频带）是有限的，当 $\delta(t)$ 经过理想低通滤波器时，ω_c 以上的频率成分都衰减为 0，所以产生失真。只有当 $\omega_c \rightarrow \infty$ 时，可以实现无失真传输，此时系统为全通网络。

理想低通滤波器是非因果系统。原因是，激励 $\delta(t)$ 是零时刻才输入的，而响应 $h(t)$ 却在 $t < 0$ 时已经出现，不满足因果系统的条件。非因果系统是物理上不可实现的系统。

3. 理想低通滤波器的阶跃响应

激励为阶跃信号

$$e(t) = u(t) \leftrightarrow \pi\delta(\omega) + \frac{1}{j\omega}$$

理想低通滤波器的系统函数为

$$h(t) \leftrightarrow H(j\omega) = \begin{cases} 1 \cdot e^{-j\omega t_0}, & |\omega| < \omega_c \\ 0, & |\omega| > \omega_c \end{cases}$$

系统的阶跃响应为

$$r(t) = u(t) * h(t)$$

根据时域卷积性质

$$R(\omega) = \left[\pi\delta(\omega) + \frac{1}{j\omega}\right]e^{-j\omega t_0} \quad (-\omega_c < \omega < \omega_c)$$

则由傅里叶逆变换式

$$\begin{aligned} r(t) &= \frac{1}{2\pi}\int_{-\omega_c}^{\omega_c}\left[\pi\delta(\omega) + \frac{1}{j\omega}\right]e^{-j\omega t_0}e^{j\omega t}d\omega \\ &= \frac{1}{2\pi}\int_{-\omega_c}^{\omega_c}\pi\delta(\omega)e^{j\omega(t-t_0)}d\omega + \frac{1}{2\pi}\int_{-\omega_c}^{\omega_c}\frac{e^{j\omega(t-t_0)}}{j\omega}d\omega \\ &= \frac{1}{2} + \frac{1}{\pi}\int_0^{\omega_c}\frac{\sin[\omega(t-t_0)]}{\omega}d\omega \end{aligned}$$

令 $x = \omega(t - t_0)$，则

$$r(t) = \frac{1}{2} + \frac{1}{\pi}\int_0^{\omega_c(t-t_0)} \frac{\sin x}{x}\mathrm{d}x$$

函数 $\frac{\sin x}{x}$ 的积分称为"正弦积分",在一些数学书中已制成标准表格或曲线,以符号 $\mathrm{Si}(y)$ 表示

$$\mathrm{Si}(y) = \int_0^y \frac{\sin x}{x}\mathrm{d}x$$

波形如图 3-67 所示。由图可见 $\mathrm{Si}(y)$ 为奇函数,最大值出现在 $y = \pi$ 处,最小值出现在 $y = -\pi$ 处。

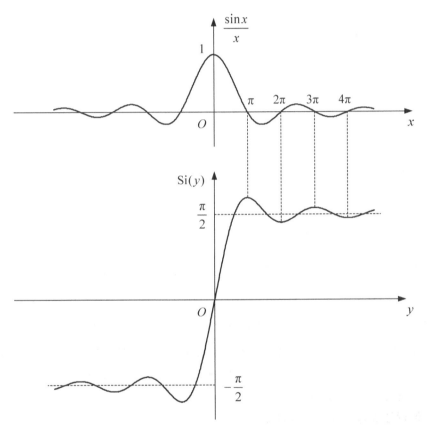

图 3-67 $\frac{\sin x}{x}$ 函数与 $\mathrm{Si}(y)$ 函数

所以阶跃响应 $r(t)$ 写作

$$r(t) = \frac{1}{2} + \frac{1}{\pi}\mathrm{Si}[\omega_c(t - t_0)] \tag{3-145}$$

波形如图 3-68 所示。

由图可见,响应最大值位置在 $t_0 + \frac{\pi}{\omega_c}$ 处,最小值位置在 $t_0 - \frac{\pi}{\omega_c}$ 处,t_0 为系统延迟时间。输出由最小值到最大值所经历的时间称为上升时间,记作 t_r,$t_r = 2\frac{\pi}{\omega_c} = \frac{1}{B}$,$B = \frac{\omega_c}{2\pi} = f_c$,$B$ 是将角频率折合为频率的滤波器带宽(截止频率)。阶跃响应的上升时间 t_r 与网络的截止频率 B(带宽)成反比,$Bt_r = 1$。

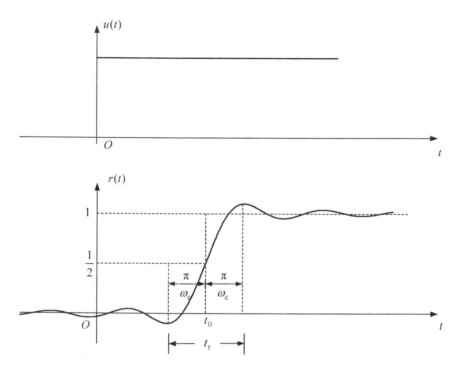

图 3-68   理想低通滤波器的阶跃响应

　　理想低通滤波器抑制了信号的高频分量以及它在通带内的线性相移，使得输出波形与输入波形对比发生了失真。表现为：①响应时间滞后 t_0，t_0 正是线性相移的斜率；②响应建立需要时间 t_r；③$t<0$ 时有输出，说明系统是非因果的；④具有吉布斯现象，在 $t_0 + \dfrac{\pi}{\omega_c}$ 处有近 9% 的上冲。从频域角度看，理想滤波器就像一个"矩形窗"。"矩形窗"的宽度不同，截取频率分量就不同。利用矩形窗滤取信号频谱时，在时域不连续点处会出现上冲。增加 ω_c 虽然会使上升时间减少，但无法改变 9% 的上冲值。

4. 理想低通滤波器对矩形脉冲的响应

　　因为

$$e_1(t) = u(t) - u(t-\tau)$$

所以应用式（3-145）可得

$$r_1(t) = \frac{1}{\pi}\left\{ \mathrm{Si}[\,\omega_c(t-t_0)\,] - \mathrm{Si}[\,\omega_c(t-t_0-\tau)\,] \right\} \tag{3-146}$$

波形如图 3-69 所示。

　　需要注意的是，只有 $t_r = \dfrac{2\pi}{\omega_c} << \tau$ 时，才有如图 3-69 所示的近似矩形脉冲的响应。如果 τ 过窄或 ω_c 过小，则响应波形上升与下降时间连在一起，完全失去了激励信号的脉冲形象。另外，同阶跃响应一样存在吉布斯现象，跳变点有 9% 的上冲。对于周期性矩形脉冲信号，其频谱分布虽然变为离散型，但产生吉布斯现象的原理仍然可用这一节的内容来解释，改成其他的"窗函数"有可能消除上冲。

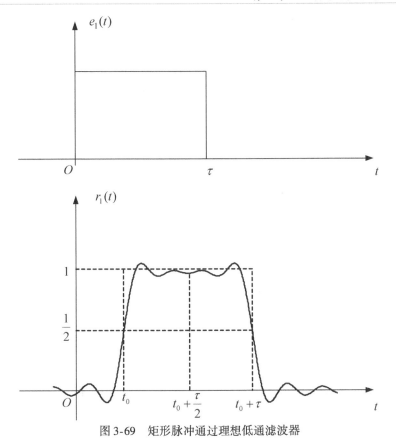

图 3-69 矩形脉冲通过理想低通滤波器

课堂练习题

3.9-1 （判断）理想低通滤波器是无失真传输系统。 （ ）

3.9-2 （判断）已知某线性时不变系统的系统函数为 $H(\omega) = u(\omega + 2) - u(\omega - 2)$，则该系统的单位冲激响应为 $h(t) = \dfrac{2}{\pi} \mathrm{Sa}(2t)$。 （ ）

3.9-3 理想低通滤波器是 （ ）

A. 因果系统   B. 物理可实现系统

C. 非因果系统   D. 响应不超前于激励发生的系统

3.9-4 具有矩形幅频特性和线性相频特性的理想低通滤波器，其冲激响应 $h(t)$ 具有的函数形式是 （ ）

A. 指数函数波形   B. 矩形波形   C. 冲激函数波形   D. 抽样函数波形

3.9-5 信号 $e(t) = 1 + \cos(\omega_0 t) + \cos(2\omega_0 t)$，经过系统函数 $H(\omega) = u\left(\omega + \dfrac{\omega_0}{2}\right) - u\left(\omega - \dfrac{\omega_0}{2}\right)$ 的低通滤波器后，其输出为 （ ）

A. 1   B. $1 + \cos(2\omega_0 t)$

C. $1 + \cos(\omega_0 t) + \cos(2\omega_0 t)$ D. $1 + \cos(\omega_0 t)$

3.10 调制与解调

1. 调制原理

在通信系统中，为实现信号从发射端到接收端的传输，往往要进行调制和解调。所谓调制就是将信号的频谱搬移到任何所需的较高频段上的过程。

载波调制是用调制信号去控制载波参数的过程。载波信号可以分为正弦型信号和脉冲串，或一组数字信号，一般所指的调制是正弦载波调制。

如果调制信号控制的是正弦载波的幅度，就会得到幅度已调信号，图 3-70 所示为一种幅度调制原理框图。

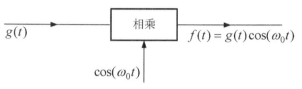

图 3-70　一种幅度调制原理框图

这里，$g(t)$ 为调制信号，$f(t)$ 为已调信号，$\cos(\omega_0 t)$ 为载波信号，ω_0 为载波角频率。时域波形和频谱结构如图 3-71 所示。

假设 $|\omega| > \omega_m$ 时，$|G(\omega)| = 0$，$\omega_0 \gg \omega_m$。

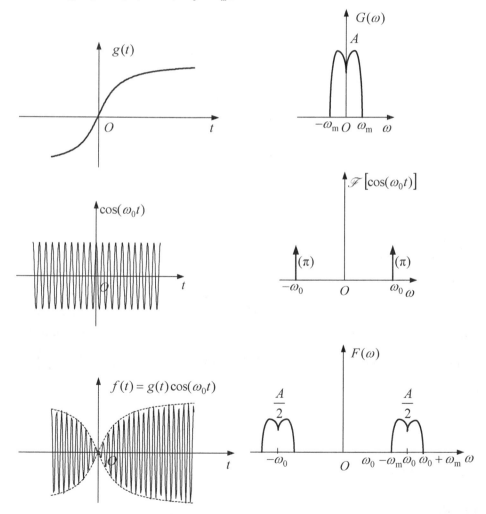

图 3-71　幅度调制的时域波形及其频谱

$$f(t) = g(t)\cos(\omega_0 t) \tag{3-147}$$

由欧拉公式

$$f(t) = g(t)\frac{e^{j\omega_0 t} + e^{-j\omega_0 t}}{2} \tag{3-148}$$

$$= \frac{1}{2}g(t)(e^{j\omega_0 t} + e^{-j\omega_0 t})$$

由频移性质，可得

$$F(\omega) = \frac{1}{2}\left[G(\omega - \omega_0) + G(\omega + \omega_0) \right] \tag{3-149}$$

可见调制的实质是频谱搬移。

2. 解调原理

将已调信号 $f(t)$ 恢复成原信号 $g(t)$ 的过程叫作解调。图 3-72 所示为一种实现同步解调的原理框图。

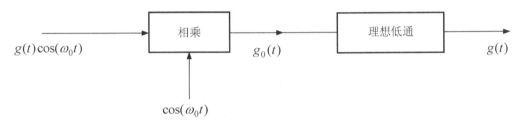

图 3-72　同步解调原理框图

理想滤波器的特性如图 3-73 所示，其中 $\omega_m < \omega_c < 2\omega_0 - \omega_m$。

这里，需要一个同频同相的本地载波 $\cos(\omega_0 t)$，相乘可得

$$g_0(t) = g(t)\cos^2(\omega_0 t)$$
$$= \frac{1}{2}g(t)\left[1 + \cos(2\omega_0 t) \right] \tag{3-150}$$

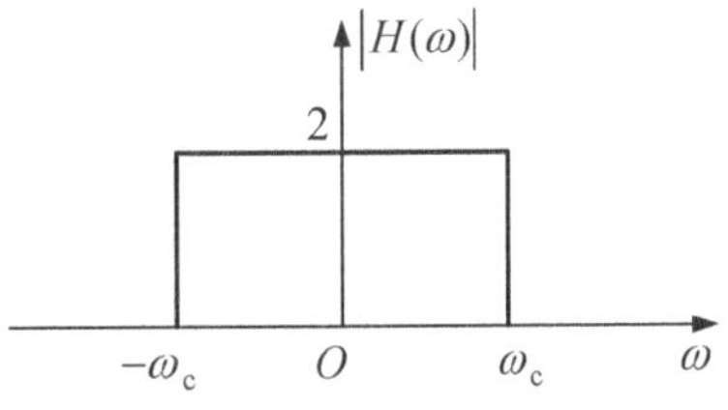

图 3-73　理想低通滤波器

$f(t)$ 与 $\cos(\omega_0 t)$ 相乘的结果使频谱 $F(\omega)$ 向左右分别移动 $\pm \omega_0$ 并乘以系数 $\frac{1}{2}$，得到如图 3-74 所示频谱 $G_0(\omega)$，即

$$G_0(\omega) = \frac{1}{2}G(\omega) + \frac{1}{4}G(\omega - 2\omega_0) + \frac{1}{4}G(\omega + 2\omega_0) \tag{3-151}$$

$G_0(\omega)$ 通过理想低通滤波器 $H(\omega)$ 滤波，滤除频率在 $2\omega_0$ 附近的分量，取出 $G(\omega)$，即可得到 $g(t)$，完成解调。

$$G_0(\omega)H(\omega) = G(\omega) \tag{3-152}$$

解调过程频谱如图 3-74 所示。

这种解调器称为同步解调或相干解调，需要在接收端产生与发送端频率相同的本地载波，这将使接收机复杂化。为了使接收端省去本地载波，可以采用在发射信号中加入一定强度的载波信号 $A\cos(\omega_0 t)$，这时，发送端信号为 $[A + g(t)]\cos(\omega_0 t)$，如果 $A + g(t) > 0$，则已调信号的包络就是 $A + g(t)$，这时可采用包络检波法恢复 $g(t)$，只需简单的包络检波电路，不需要同频同相的本地载波。这种方法在民用通信设备中是常用的，如图 3-75 所示。

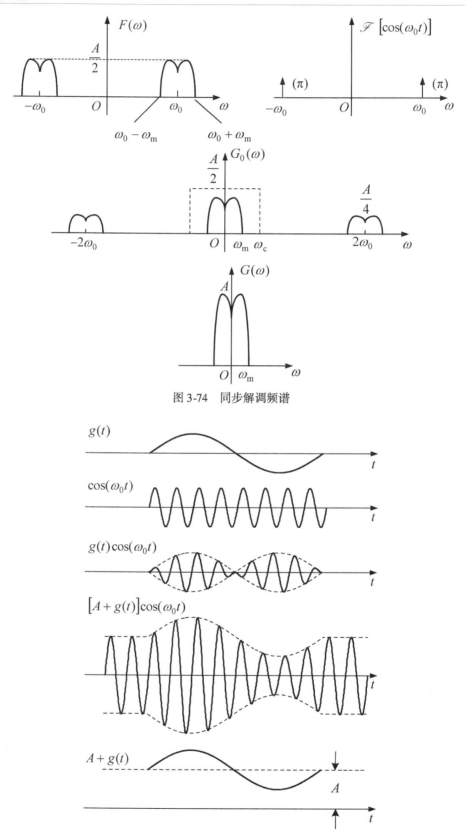

图 3-74 同步解调频谱

图 3-75 调幅、抑制载波调幅及其解调波形

这种调制方法中，载波的振幅随 $g(t)$ 成比例改变，因而称为"振幅调制"或"调幅"（AM）。前述不传送载波的方案称为"抑制载波振幅调制"（AM-SC）。

如果用 $g(t)$ 控制载波的频率或相位，使它们随信号 $g(t)$ 成比例地变化，这两种调制方法分别称为"频率调制"或"调频"（FM）与"相位调制"或"调相"（PM）。它们的原理也是使 $g(t)$ 的频谱 $G(\omega)$ 搬移，但搬移之后的频谱有新的频率分量出现，不再与原始频谱相似。

课堂练习题

3.10-1　（判断）已知信号 $x(t)$ 的傅里叶变换为 $X(\omega)$，则 $x(t)\cos(\omega_0 t)$ 的傅里叶变换可以表示为 $\dfrac{X(\omega+\omega_0)}{2}+\dfrac{X(\omega-\omega_0)}{2}$。　　　　　　　　　　　　　　　　（　　）

3.10-2　幅度调制的本质是　　　　　　　　　　　　　　　　　　　　　　　　（　　）

A. 改变信号的频率　　　B. 改变信号的相位　　　C. 改变信号频谱的位置　D. 改变信号频谱的结构

3.10-3　无线通信系统通过空间辐射方式传送信号，根据电磁波理论，当天线尺寸为被辐射信号波长的 1/10 以上时，信号才能有效地被辐射。对于 300Hz 的语音信号，其被有效辐射所需天线的尺寸应大于 100km，通过哪种技术可以保证在信号被有效辐射的前提下减少天线的尺寸？　　　　　　（　　）

A. 频谱搬移　　　　　　B. 频分复用　　　　　　C. 量化　　　　　　　　D. 抽样

3.10-4　关于抑制载波的调制与解调说法错误的是　　　　　　　　　　　　　（　　）

A. 抑制载波的调制与解调实现了调制信号的频谱搬移

B. 抑制载波的调制与解调中的已调信号的频宽是调制信号频宽的两倍

C. 抑制载波的调制与解调中的已调信号不含有载波信号，故也被称为抑制载频调幅

D. 抑制载波的调制与解调中的同步是指调制信号与已调信号之间是同步关系

习　题

3-1　求题图 3-1 所示周期锯齿信号的指数形式的傅里叶级数，并大致画出频谱图。

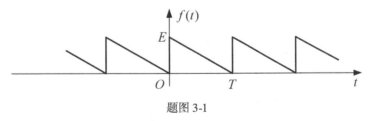

题图 3-1

3-2　已知周期信号

$$f(t)=3\cos t+\sin\left(5t+\frac{\pi}{6}\right)-2\cos\left(8t-\frac{2\pi}{3}\right)$$

试：

（1）画出单边幅度频谱和相位频谱；

（2）画出双边幅度频谱和相位频谱。

3-3　周期矩形信号如题图 3-2 所示。若重复频率 $f=5\text{kHz}$，脉宽 $\tau=20\mu\text{s}$，幅度 $E=10\text{V}$。求直流分量大小以及基波、二次谐波和三次谐波的有效值。

3-4　已知 $f(t)$ 如题图 3-3 所示，其傅里叶

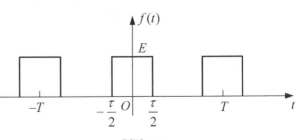

题图 3-2

变换为 $F(\omega)$，$F(\omega) = |F(\omega)|e^{j\varphi(\omega)}$，求：

(1) $\varphi(\omega)$；

(2) $F(0)$；

(3) $\int_{-\infty}^{\infty} F(\omega)\,\mathrm{d}\omega$；

(4) $\mathscr{F}^{-1}\{\mathrm{Re}[F(\omega)]\}$ 的图形。

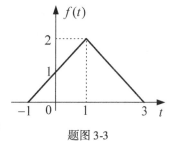

题图 3-3

3-5 利用时域与频域变换的对称性求 $f(t) = \dfrac{1}{t}$ 的傅里叶变换 $F(\omega)$。

3-6 若已知 $\mathscr{F}[f(t)] = F(\omega)$，利用傅里叶变换的性质确定下列信号的傅里叶变换。

(1) $tf(3t)$　　　　　(2) $t\dfrac{\mathrm{d}f(t)}{\mathrm{d}t}$　　　　　(3) $f(3-2t)$

3-7 求题图 3-4 信号 $f(t)$ 的傅里叶变换。

3-8 已知双 Sa 信号

$$f(t) = \frac{\omega_c}{\pi}\{\mathrm{Sa}(\omega_c t) - \mathrm{Sa}[\omega_c(t-2\tau)]\}$$

试求其频谱。

3-9 求题图 3-5 所示信号的傅里叶变换。

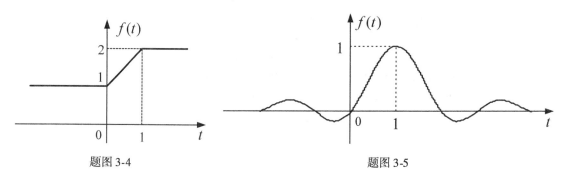

题图 3-4　　　　　　　　　　　　　　　　题图 3-5

3-10 已知信号

$$f(t) = \begin{cases} 1 + \cos t, & |t| \leqslant \pi \\ 0, & |t| > \pi \end{cases}$$

求该信号的傅里叶变换。

3-11 已知三角脉冲 $f_1(t)$ 的傅里叶变换为

$$F_1(\omega) = \frac{E\tau}{2}\mathrm{Sa}^2\left(\frac{\omega\tau}{4}\right)$$

试利用有关定理求 $f_2(t) = f_1\left(t - \dfrac{\tau}{2}\right)\cos(\omega_0 t)$ 的傅里叶变换 $F_2(\omega)$。$f_1(t)$、$f_2(t)$ 的波形如题图 3-6 所示。

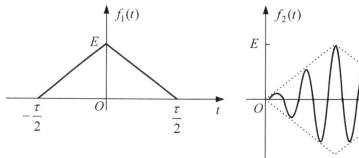

题图 3-6

3-12 已知题图 3-7 中两个矩形脉冲 $f_1(t)$ 及 $f_2(t)$，且

$$\mathscr{F}[f_1(t)] = E_1\tau_1\mathrm{Sa}\left(\frac{\omega\tau_1}{2}\right)$$

$$\mathscr{F}[f_2(t)] = E_2\tau_2\mathrm{Sa}\left(\frac{\omega\tau_2}{2}\right)$$

（1）画出 $f_1(t) * f_2(t)$ 的图形；

（2）求 $f_1(t) * f_2(t)$ 的频谱。

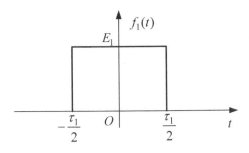

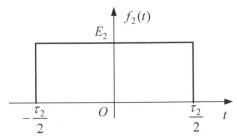

题图 3-7

3-13 求题图 3-8 所示 $F(\omega)$ 的傅里叶逆变换 $f(t)$。

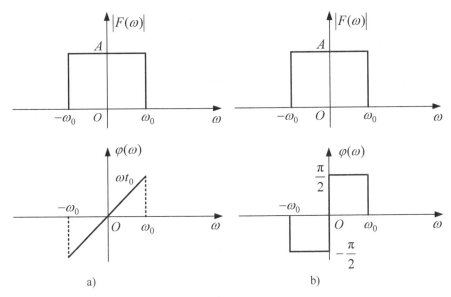

a)   b)

题图 3-8

3-14 确定下列信号的奈奎斯特抽样间隔。

（1）$\mathrm{Sa}(50t)$ （2）$\mathrm{Sa}^2(50t)$

（3） $\mathrm{Sa}(50t) + \mathrm{Sa}(100t)$ （4） $\mathrm{Sa}(50t) + \mathrm{Sa}^2(100t)$

3-15 已知有限频带信号 $f(t)$ 的最高频率为 100Hz，若对 $f(2t) * f(3t)$ 进行时域取样，求最小取样频率 f_s。

3-16 系统如题图 3-9 所示，$f_1(t) = \mathrm{Sa}(1000\pi t)$，$f_2(t) = \mathrm{Sa}(2000\pi t)$，$p(t) = \sum_{n=-\infty}^{\infty} \delta(t - nT)$，$f(t) = f_1(t)f_2(t)$，$f_s(t) = f(t)p(t)$。求：

（1） 为从 $f_s(t)$ 无失真恢复 $f(t)$，求最大抽样间隔 $T_{\max}$；

（2） 当 $T = T_{\max}$ 时，画出 $f_s(t)$ 的幅度频谱 $|F_s(\omega)|$。

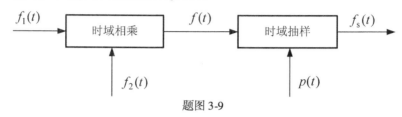

题图 3-9

3-17 一个理想低通滤波器的幅度响应与相位响应特性如题图 3-10 所示。证明此滤波器对 $\dfrac{\pi}{\omega_c}\delta(t)$ 和

$\dfrac{\sin(\omega_c t)}{\omega_c t}$ 的响应是一样的。

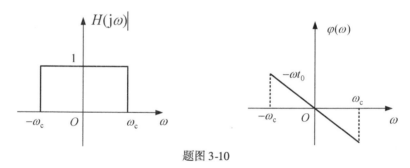

题图 3-10

3-18 一个理想低通滤波器的系统函数如习题 3-17，ω_c 为滤波器的截止频率。

（1） 假定 $\omega_0 < \omega_c$，求此滤波器对于 $\dfrac{\sin(\omega_0 t)}{\omega_0 t}$ 信号的响应；

（2） 假定 $\omega_0 > \omega_c$，求此滤波器对于 $\dfrac{\sin(\omega_0 t)}{\omega_0 t}$ 信号的响应。

3-19 如题图 3-11a 所示的系统，带通滤波器的频率响应 $H(j\omega)$ 如题图 3-11b 所示，其相频特性 $\varphi(\omega) = 0$，若输入 $f(t) = \dfrac{\sin(2t)}{2\pi t}$，$s(t) = \cos(1000t)$，求输出信号 $y(t)$。

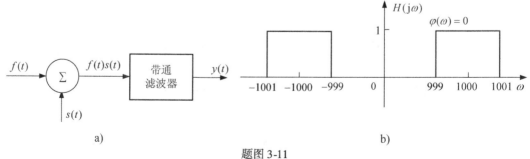

题图 3-11

第4章　连续时间信号与系统的复频域分析

以傅里叶变换为基础的频域分析方法的优点在于它给出的结果有着清楚的物理意义，在分析信号的谐波分量、系统的频率响应、系统带宽、波形失真等实际问题时有着不可替代的地位。但也有不足之处，傅里叶变换只能处理符合狄利克雷条件的信号，即满足

$$\int_{-\infty}^{\infty} |f(t)| \, \mathrm{d}t < \infty$$

虽然有些满足绝对可积条件的信号比如阶跃信号，也可以求得傅里叶变换，但是由于存在冲激项使得处理时并不方便，因而其信号的分析受到限制。另外在求解时域响应时运用傅里叶逆变换对频率进行的无穷积分

$$f(t) = \frac{1}{2\pi} \int_{-\infty}^{\infty} F(\omega) \mathrm{e}^{\mathrm{j}\omega t} \mathrm{d}\omega$$

求解困难，并且初始状态在变换式中也无法体现，只能求系统的零状态响应。

以拉普拉斯变换为基础的复频域分析法，扩大了存在变换的信号范围，常见的指数阶信号其变换存在。系统响应的求解比较简单，特别是对微分方程进行变换时，初始条件被自动计入，因此应用更为普遍。另外也有相对简单的逆变换方法，比如部分分式展开法。利用其系统函数零极点分布，可定性分析系统的时域、频响特性和稳定性。

本章首先由傅里叶变换引出拉氏变换，然后对拉氏正变换、拉氏逆变换及拉氏变换的性质进行讨论。接下来利用拉氏变换进行系统分析，包括利用拉氏变换解微分方程和利用 s 域模型求解电路响应。最后介绍系统函数 $H(s)$ 以及由 $H(s)$ 零极点分布研究系统时域特性，分析系统频率响应。

4.1　拉普拉斯变换的定义

4.1.1　从傅里叶变换到拉普拉斯变换

通过第 3 章的学习可知，信号在满足绝对可积条件时，其傅里叶正、逆变换为

$$F(\omega) = \int_{-\infty}^{\infty} f(t) \mathrm{e}^{-\mathrm{j}\omega t} \mathrm{d}t$$

$$f(t) = \frac{1}{2\pi} \int_{-\infty}^{\infty} F(\omega) \mathrm{e}^{\mathrm{j}\omega t} \mathrm{d}\omega$$

有些函数不满足绝对可积条件，求解傅里叶变换困难，为了使函数收敛，可用一衰减因子 $\mathrm{e}^{-\sigma t}$（σ 为任意实常数）乘信号 $f(t)$，适当选取 σ 的值，使乘积信号 $f(t)\mathrm{e}^{-\sigma t}$ 在 $t \to \infty$ 时信号幅度趋近于 0，从而使 $f(t)\mathrm{e}^{-\sigma t}$ 的傅里叶变换存在。

1. 拉普拉斯正变换

如果信号 $f(t)$ 乘以衰减因子 $\mathrm{e}^{-\sigma t}$（σ 为任意实常数）后满足绝对可积条件，则根据傅里叶变换定义，可以得到式（4-1）。

$$F_1(\omega) = \mathscr{F}[f(t)\mathrm{e}^{-\sigma t}] = \int_{-\infty}^{+\infty}[f(t)\mathrm{e}^{-\sigma t}]\mathrm{e}^{-\mathrm{j}\omega t}\mathrm{d}t$$

$$= \int_{-\infty}^{+\infty}f(t)\mathrm{e}^{-(\sigma+\mathrm{j}\omega)t}\mathrm{d}t \tag{4-1}$$

$$= F(\sigma + \mathrm{j}\omega)$$

令 $\sigma + \mathrm{j}\omega = s$，则式（4-1）可以写为

$$F(s) = \int_{-\infty}^{\infty}f(t)\mathrm{e}^{-st}\mathrm{d}t \tag{4-2}$$

s 具有频率的量纲，称为复频率。式（4-2）称为 $f(t)$ 的拉普拉斯变换，简称为拉氏变换，拉氏变换可以记为

$$\mathscr{L}[f(t)] = F(s) = \int_{-\infty}^{\infty}f(t)\mathrm{e}^{-st}\mathrm{d}t$$

2. 拉普拉斯逆变换

由前面分析可知，$f(t)\mathrm{e}^{-\sigma t}$ 是 $F(\sigma + \mathrm{j}\omega)$ 的傅里叶逆变换，即

$$f(t)\mathrm{e}^{-\sigma t} = \frac{1}{2\pi}\int_{-\infty}^{\infty}F(\sigma + \mathrm{j}\omega)\mathrm{e}^{\mathrm{j}\omega t}\mathrm{d}\omega$$

上式两边同时乘以 $\mathrm{e}^{\sigma t}$，由于 $\mathrm{e}^{\sigma t}$ 不是 ω 的函数，因此可以放入积分号里面，由此得到

$$f(t) = \frac{1}{2\pi}\int_{-\infty}^{\infty}F(\sigma + \mathrm{j}\omega)\mathrm{e}^{(\sigma+\mathrm{j}\omega)t}\mathrm{d}\omega$$

其中 $s = \sigma + \mathrm{j}\omega$，若 σ 取常数，则 $\mathrm{d}s = \mathrm{j}\mathrm{d}\omega$，积分限将发生改变，对 ω 的积分上下限分别为 $+\infty$ 和 $-\infty$，即 $\int_{-\infty}^{\infty}$，则对 s 的积分上下限分别为 $\sigma + \mathrm{j}\infty$ 和 $\sigma - \mathrm{j}\infty$，即 $\int_{\sigma-\mathrm{j}\infty}^{\sigma+\mathrm{j}\infty}$，所以

$$f(t) = \frac{1}{2\pi\mathrm{j}}\int_{\sigma-\mathrm{j}\infty}^{\sigma+\mathrm{j}\infty}F(s)\mathrm{e}^{st}\mathrm{d}s \tag{4-3}$$

式（4-3）称为 $F(s)$ 的拉普拉斯逆变换，简称为拉氏逆变换，记作 $\mathscr{L}^{-1}[F(s)]$，于是得到了拉氏变换对

$$\left.\begin{aligned}F(s) &= \mathscr{L}[f(t)] = \int_{-\infty}^{\infty}f(t)\mathrm{e}^{-st}\mathrm{d}t \\ f(t) &= \mathscr{L}^{-1}[F(s)] = \frac{1}{2\pi\mathrm{j}}\int_{\sigma-\mathrm{j}\infty}^{\sigma+\mathrm{j}\infty}F(s)\mathrm{e}^{st}\mathrm{d}s\end{aligned}\right\} \tag{4-4}$$

可以简写为

$$f(t) \leftrightarrow F(s) \tag{4-5}$$

$f(t)$ 称为原函数，$F(s)$ 称为象函数。

考虑到实际信号都是因果信号，拉氏正变换可以写为

$$F(s) = \int_{0}^{\infty}f(t)\mathrm{e}^{-st}\mathrm{d}t \tag{4-6}$$

又考虑到零点处的跳变问题，所以一般采用 0_- 系统，相应的单边拉氏变换为

$$F(s) = \int_{0_-}^{\infty}f(t)\mathrm{e}^{-st}\mathrm{d}t \tag{4-7}$$

在本章，如果不特别说明，拉氏变换均指单边拉氏变换，并且采用 0_- 系统。

在以上的讨论中，衰减因子 $\mathrm{e}^{-\sigma t}$ 的引入，从数学上看，这是使 $f(t)\mathrm{e}^{-\sigma t}$ 满足绝对可积条件；从物理意义上看，则是将频率 ω 变换为复频率 s，ω 只能描述振荡的重复频率，而 s 不仅

能给出重复频率，还可以表示振荡幅度的增长和衰减速度。

虽然拉氏变换存在的条件要比傅里叶变换宽松，但也不是任何信号都存在拉氏变换。拉氏变换收敛域能够说明这个问题。

4.1.2　拉氏变换的收敛域

收敛域是使 $f(t)\mathrm{e}^{-\sigma t}$ 满足绝对可积的 σ 的取值范围，或者说使 $F(s)$ 存在的 s 的区域，记为 ROC（Region of Convergence），实际上就是拉氏变换存在的条件

$$\lim_{t\to\infty} f(t)\mathrm{e}^{-\sigma t} = 0 \quad (\sigma > \sigma_0) \tag{4-8}$$

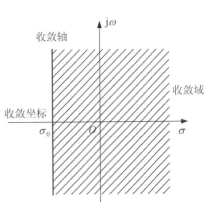

图 4-1　收敛域的划分

如图 4-1 所示，在 s 平面（复平面）上表示出了收敛坐标 σ_0、收敛轴和收敛域。收敛轴把 s 平面划分成两个部分，收敛轴是收敛域的边界，收敛域不包括收敛轴，收敛域也称为收敛区。

凡是能满足式（4-8）的函数称为"指数阶函数"。指数阶函数若具有发散特性则可借助指数函数的衰减压下去，使之成为收敛函数。因此，指数阶信号的拉氏变换一定存在。

考虑以下几种形式的信号，通过分析可知：

1）有界的非周期信号的拉氏变换一定存在，如单脉冲信号，其收敛坐标位于 $-\infty$。

2）幅度既不衰减也不增长的信号，比如周期信号，其收敛坐标位于原点，即稍加衰减就可以使其收敛。

3）$\lim\limits_{t\to\infty} t^n\mathrm{e}^{-\sigma t} = 0 \ (\sigma > 0)$，即任何随时间 t 增长的信号，以及随 t^n 增长的信号，收敛坐标落于原点。

4）$\lim\limits_{t\to\infty}\mathrm{e}^{\alpha t}\mathrm{e}^{-\sigma t} = 0 \ (\sigma > \alpha)$，如果函数按指数规律增长，衰减因子的衰减速度要快于指数函数的增长速度，即收敛域为 $\sigma > \alpha$。

5）类似 e^{t^2} 这种信号比指数信号增长快，找不到收敛坐标，为非指数阶信号，无法进行拉氏变换。

收敛坐标如果位于左半平面，即 $\sigma_0 < 0$，这时收敛域包含虚轴，函数的傅里叶变换存在，并且 $F(\omega) = F(s)\big|_{s=\mathrm{j}\omega}$。

一般求函数的单边拉氏变换可以不加注其收敛范围。

4.1.3　常用信号的拉氏变换

1. 阶跃函数

$$\mathscr{L}\big[u(t)\big] = \int_0^\infty 1\cdot\mathrm{e}^{-st}\mathrm{d}t = \frac{1}{-s}\mathrm{e}^{-st}\Big|_0^\infty = \frac{1}{s} \quad (\sigma > 0) \tag{4-9}$$

2. 指数函数

$$\mathscr{L}\big[\mathrm{e}^{-\alpha t}\big] = \int_0^\infty \mathrm{e}^{-\alpha t}\mathrm{e}^{-st}\mathrm{d}t = \frac{\mathrm{e}^{-(\alpha+s)t}}{-(\alpha+s)}\Big|_0^\infty = \frac{1}{\alpha+s} \quad (\sigma > -\alpha) \tag{4-10}$$

3. 单位冲激信号

$$\mathscr{L}[\delta(t)] = \int_0^\infty \delta(t)e^{-st}dt = 1 \quad (全 s 平面收敛) \tag{4-11}$$

$$\mathscr{L}[\delta(t-t_0)] = \int_0^\infty \delta(t-t_0)e^{-st}dt = e^{-st_0} \tag{4-12}$$

4. $t^n u(t)$

$$\begin{aligned}
\mathscr{L}[t^n] &= \int_0^\infty t^n e^{-st}dt \\
&= \frac{t^n}{-s}e^{-st}\Big|_0^\infty + \frac{n}{s}\int_0^\infty t^{n-1}e^{-st}dt \\
&= \frac{n}{s}\int_0^\infty t^{n-1}e^{-st}dt
\end{aligned}$$

所以

$$\mathscr{L}[t^n] = \frac{n}{s}\mathscr{L}[t^{n-1}]$$

$n=1$ 时

$$\mathscr{L}[t] = \frac{1}{s}\mathscr{L}[1] = \frac{1}{s}\frac{1}{s} = \frac{1}{s^2}$$

$n=2$ 时

$$\mathscr{L}[t^2] = \frac{2}{s}\mathscr{L}[t] = \frac{2}{s}\frac{1}{s^2} = \frac{2}{s^3}$$

$n=3$ 时

$$\mathscr{L}[t^3] = \frac{3}{s}\mathscr{L}[t^2] = \frac{3}{s}\frac{2}{s^3} = \frac{6}{s^4}$$

......

所以

$$\mathscr{L}[t^n] = \frac{n!}{s^{n+1}} \tag{4-13}$$

将上述结果及其他常用信号的拉氏变换列于表 4-1 中，此表中的序号 5~10 将在基本性质的学习中得到证明。

表 4-1　一些常用信号的拉氏变换表

序　号	$f(t)u(t)$	$F(s)$
1	$\delta(t)$	1
2	$u(t)$	$\frac{1}{s}$
3	$e^{-\alpha t}$	$\frac{1}{s+\alpha}$
4	t^n（n 是正整数）	$\frac{n!}{s^{n+1}}$
5	$\sin(\omega t)$	$\frac{\omega}{s^2+\omega^2}$

（续）

序　号	$f(t)u(t)$	$F(s)$
6	$\cos(\omega t)$	$\dfrac{s}{s^2+\omega^2}$
7	$e^{-\alpha t}\sin(\omega t)$	$\dfrac{\omega}{(s+\alpha)^2+\omega^2}$
8	$e^{-\alpha t}\cos(\omega t)$	$\dfrac{s+\alpha}{(s+\alpha)^2+\omega^2}$
9	$te^{-\alpha t}$	$\dfrac{1}{(s+\alpha)^2}$
10	$t^n e^{-\alpha t}$（n 是正整数）	$\dfrac{n!}{(s+\alpha)^{n+1}}$
11	$t\sin(\omega t)$	$\dfrac{2\omega s}{(s^2+\omega^2)^2}$
12	$t\cos(\omega t)$	$\dfrac{s^2-\omega^2}{(s^2+\omega^2)^2}$
13	$\sinh(\alpha t)$	$\dfrac{\alpha}{s^2-\alpha^2}$
14	$\cosh(\alpha t)$	$\dfrac{s}{s^2-\alpha^2}$

课堂练习题

4.1-1 （判断）拉氏变换是对连续时间系统进行分析的一种方法。　　　　　　（　　）

4.1-2 （判断）一个信号存在拉氏变换就一定存在傅里叶变换。　　　　　　（　　）

4.1-3 （判断）$\dfrac{1}{\beta-\alpha}(e^{-\alpha t}-e^{-\beta t})$ 的单边拉氏变换为 $\dfrac{1}{\beta-\alpha}\left[\dfrac{1}{s+\alpha}-\dfrac{1}{s+\beta}\right]$。　　（　　）

4.1-4 信号 t^2 的拉氏变换为　　　　　　　　　　　　　　　　　　　　（　　）

A. $\dfrac{1}{s}$　　　　　　B. $\dfrac{6}{s^4}$　　　　　　C. $\dfrac{2}{s^3}$　　　　　　D. $\dfrac{1}{s^2}$

4.1-5 $2\delta(t)-3e^{-7t}$ 的拉氏变换为　　　　　　　　　　　　　　　　　（　　）

A. $F(s)=2-\dfrac{7}{s+3}$　　B. $F(s)=2-\dfrac{3}{s+7}$　　C. $F(s)=2-\dfrac{7}{s-3}$　　D. $F(s)=2-\dfrac{3}{s-7}$

4.2　拉氏变换的基本性质

4.2.1　线性性质

若 $\mathscr{L}[f_1(t)]=F_1(s)$，$\mathscr{L}[f_2(t)]=F_2(s)$，$K_1$、$K_2$ 为常数，则

$$\mathscr{L}[K_1 f_1(t)+K_2 f_2(t)]=K_1 F_1(s)+K_2 F_2(s) \tag{4-14}$$

证明：

$$\mathscr{L}[K_1 f_1(t)+K_2 f_2(t)]=\int_0^\infty [K_1 f_1(t)+K_2 f_2(t)]e^{-st}dt$$

$$= \int_0^\infty K_1 f_1(t) \mathrm{e}^{-st} \mathrm{d}t + \int_0^\infty K_2 f_2(t) \mathrm{e}^{-st} \mathrm{d}t$$

$$= K_1 F_1(s) + K_2 F_2(s)$$

可见，函数之和的拉氏变换等于各函数的拉氏变换之和。当函数乘以常数 K 时，其变换式乘以相同的常数 K。线性是实际应用中用得最多也是最灵活的性质。

【例 4-1】 求 $\cos(\omega t)$ 的拉氏变换。

解：由欧拉公式可知

$$\cos(\omega t) = \frac{1}{2}(\mathrm{e}^{j\omega t} + \mathrm{e}^{-j\omega t})$$

已知

$$\mathscr{L}[\mathrm{e}^{-\alpha t}] = \frac{1}{s+\alpha}$$

则由线性性质得

$$\mathscr{L}[\cos(\omega t)] = \frac{1}{2}\left(\frac{1}{s-j\omega} + \frac{1}{s+j\omega}\right) = \frac{s}{s^2+\omega^2} \tag{4-15}$$

同理可得

$$\mathscr{L}[\sin(\omega t)] = \frac{\omega}{s^2+\omega^2} \tag{4-16}$$

4.2.2 时域微分与积分性质

1. 时域微分

若 $\mathscr{L}[f(t)] = F(s)$，则

$$\mathscr{L}\left[\frac{\mathrm{d}f(t)}{\mathrm{d}t}\right] = sF(s) - f(0_-) \tag{4-17}$$

式中，$f(0_-)$ 为 $f(t)$ 在 $t=0_-$ 时的值。

证明：

$$\mathscr{L}\left[\frac{\mathrm{d}f(t)}{\mathrm{d}t}\right] = \int_{0_-}^\infty f'(t)\mathrm{e}^{-st}\mathrm{d}t$$

$$= f(t)\mathrm{e}^{-st}\Big|_{0_-}^\infty - \int_{0_-}^\infty -sf(t)\mathrm{e}^{-st}\mathrm{d}t$$

$$= -f(0_-) + sF(s)$$

推广得

$$\mathscr{L}\left[\frac{\mathrm{d}^2f(t)}{\mathrm{d}t^2}\right] = s[sF(s) - f(0_-)] - f'(0_-) \tag{4-18}$$

$$= s^2F(s) - sf(0_-) - f'(0_-)$$

$$\mathscr{L}\left[\frac{\mathrm{d}^nf(t)}{\mathrm{d}t^n}\right] = s^nF(s) - \sum_{r=0}^{n-1} s^{n-r-1}f^{(r)}(0_-) \tag{4-19}$$

由时域微分性质可以求出电感的 s 域模型，已知电感时域模型如图 4-2 所示，流经电感的电流是 $i_L(t)$，则电感电压为

$$v_L(t) = L\frac{\mathrm{d}i_L(t)}{\mathrm{d}t} \tag{4-20}$$

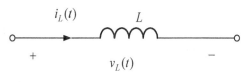

图 4-2 电感时域模型

设
$$\mathscr{L}\left[i_L(t)\right]=I_L(s)\,,\quad \mathscr{L}\left[v_L(t)\right]=V_L(s)$$

应用微分性质，有
$$V_L(s)=L\left[sI_L(s)-i_L(0_-)\right]=sLI_L(s)-Li_L(0_-) \tag{4-21}$$

则电感 s 域模型如图 4-3 所示。

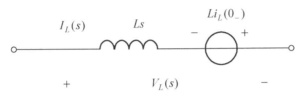

图 4-3　电感 s 域模型

2. 时域积分

若 $\mathscr{L}\left[f(t)\right]=F(s)$，则
$$\mathscr{L}\left[\int_{-\infty}^{t}f(\tau)\mathrm{d}\tau\right]=\frac{F(s)}{s}+\frac{f^{(-1)}(0_-)}{s} \tag{4-22}$$

式中
$$f^{(-1)}(0_-)=\int_{-\infty}^{0_-}f(\tau)\mathrm{d}\tau \tag{4-23}$$

是 $f(t)$ 的积分式在 $t=0_-$ 时的取值。

证明：
$$\int_{-\infty}^{t}f(\tau)\mathrm{d}\tau=\int_{-\infty}^{0_-}f(\tau)\mathrm{d}\tau+\int_{0_-}^{t}f(\tau)\mathrm{d}\tau$$

上式右端第一项为常数，所以
$$f^{(-1)}(0_-)\leftrightarrow\frac{f^{(-1)}(0_-)}{s}$$

第二项借助分部积分求得
$$\int_{0_-}^{\infty}\left[\int_{0_-}^{t}f(\tau)\mathrm{d}\tau\right]\mathrm{e}^{-st}\mathrm{d}t=\left[-\frac{\mathrm{e}^{-st}}{s}\int_{0_-}^{t}f(\tau)\mathrm{d}\tau\right]_{0_-}^{\infty}+\frac{1}{s}\int_{0_-}^{\infty}f(t)\,\mathrm{e}^{-st}\mathrm{d}t$$
$$=\frac{1}{s}\int_{0_-}^{\infty}f(t)\,\mathrm{e}^{-st}\mathrm{d}t=\frac{F(s)}{s}$$

所以
$$\mathscr{L}\left[\int_{-\infty}^{t}f(\tau)\mathrm{d}\tau\right]=\frac{F(s)}{s}+\frac{f^{(-1)}(0_-)}{s}$$

由时域积分性质可以求出电容的 s 域模型，已知电容时域模型如图 4-4 所示，流经电容的电流是 $i_C(t)$，则电容电压为
$$v_C(t)=\frac{1}{C}\int_{-\infty}^{t}i_c(\tau)\mathrm{d}\tau \tag{4-24}$$

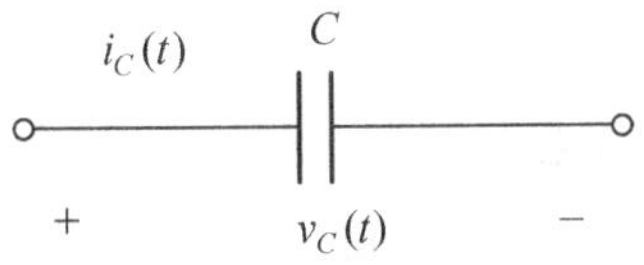

设
$$\mathscr{L}\left[i_C(t)\right]=I_C(s),\mathscr{L}\left[v_C(t)\right]=V_C(s)$$

应用积分性质，有

图 4-4　电容时域模型

$$V_C(s) = \frac{1}{C}\left[\frac{I_C(s)}{s} + \frac{i_C^{(-1)}(0_-)}{s}\right]$$
$$= \frac{1}{sC}I_C(s) + \frac{1}{s}v_C(0_-)$$

(4-25)

注意式中推导过程

$$\frac{1}{C}i_C^{(-1)}(0_-) = \frac{1}{C}\int_{-\infty}^{0_-}i_C(\tau)\mathrm{d}\tau = v_C(0_-)$$

(4-26)

电容元件的 s 域模型如图 4-5 所示。

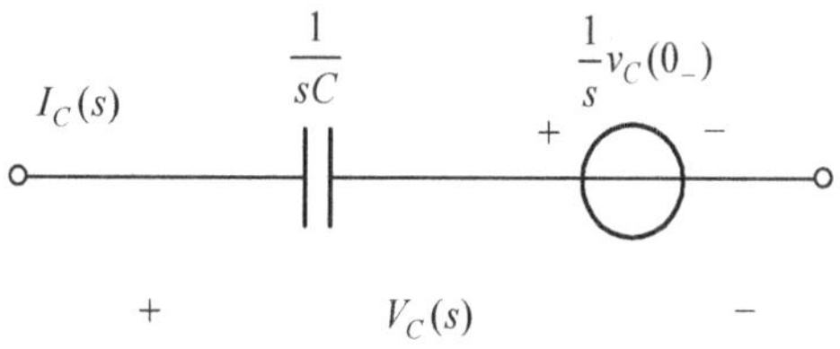

图 4-5 电容 s 域模型

4.2.3 延时特性

若 $\mathscr{L}[f(t)] = F(s)$，则

$$\mathscr{L}[f(t-t_0)u(t-t_0)] = F(s)\mathrm{e}^{-st_0}$$

(4-27)

证明：

$$\mathscr{L}[f(t-t_0)u(t-t_0)] = \int_{0_-}^{\infty}f(t-t_0)u(t-t_0)\mathrm{e}^{-st}\mathrm{d}t$$
$$= \int_{t_0}^{\infty}f(t-t_0)\mathrm{e}^{-st}\mathrm{d}t$$

令 $\tau = t - t_0$，则有 $t = \tau + t_0$，$\mathrm{d}t = \mathrm{d}\tau$，代入上式得

$$\mathscr{L}[f(t-t_0)u(t-t_0)] = \int_{0_-}^{\infty}f(\tau)\mathrm{e}^{-st_0}\mathrm{e}^{-s\tau}\mathrm{d}\tau$$
$$= F(s)\mathrm{e}^{-st_0}$$

延时特性表明，波形在时间轴上向右平移 t_0，其拉氏变换应乘以移位因子 e^{-st_0}。一定要注意区分 $f(t-t_0)u(t-t_0)$ 和 $f(t-t_0)$，因为在单边拉氏变换中，对 $f(t-t_0)$ 求拉氏变换等价于对 $f(t-t_0)u(t)$ 求拉氏变换。而此特性适用于 $f(t-t_0)u(t-t_0)$，延时特性也称为时域平移特性。

【例 4-2】 已知 $f(t) = tu(t-1)$，求 $F(s)$。

解：

$$F(s) = \mathscr{L}[tu(t-1)] = \mathscr{L}[(t-1)u(t-1) + u(t-1)]$$
$$= \left(\frac{1}{s^2} + \frac{1}{s}\right)\mathrm{e}^{-s}$$

【例 4-3】 已知 $f(t) = \sqrt{2}\cos\left(t + \frac{\pi}{4}\right)u(t)$，求 $F(s)$。

解：

$$f(t) = \sqrt{2}\cos t\cos\frac{\pi}{4} - \sqrt{2}\sin t\sin\frac{\pi}{4} = \cos t - \sin t$$

查常用拉氏变换表可得

$$F(s) = \frac{s}{1+s^2} - \frac{1}{1+s^2} = \frac{s-1}{1+s^2}$$

注意此题为 $f(t-t_0)u(t)$ 形式，不适合用时移特性。

4.2.4 s 域平移特性

若 $\mathscr{L}[f(t)] = F(s)$，则

$$\mathscr{L}[f(t)e^{-\alpha t}] = F(s+\alpha) \quad (4\text{-}28)$$

证明：

$$\mathscr{L}[f(t)e^{-\alpha t}] = \int_{0_-}^{\infty} f(t)e^{-\alpha t}e^{-st}dt = F(s+\alpha)$$

此式表明，时间函数乘以 $e^{-\alpha t}$，相当于 $F(s)$ 在 s 域内平移 α。

【例 4-4】 求 $e^{-\alpha t}\cos(\omega_0 t)$ 的拉氏变换。

解：已知

$$\mathscr{L}[\cos(\omega_0 t)u(t)] = \frac{s}{s^2+\omega_0^2}$$

利用 s 域内平移特性，有

$$e^{-\alpha t}\cos(\omega_0 t)u(t) \leftrightarrow \frac{s+\alpha}{(s+\alpha)^2+\omega_0^2} \quad (4\text{-}29)$$

同理

$$e^{-\alpha t}\sin(\omega_0 t)u(t) \leftrightarrow \frac{\omega_0}{(s+\alpha)^2+\omega_0^2} \quad (4\text{-}30)$$

式（4-29）和式（4-30）是常用拉氏变换表 4-1 中序号 7 和序号 8 的变换式。

4.2.5 尺度变换特性

若 $\mathscr{L}[f(t)] = F(s)$，则

$$\mathscr{L}[f(at)] = \frac{1}{a}F\left(\frac{s}{a}\right) \quad (a>0) \quad (4\text{-}31)$$

证明：

$$\mathscr{L}[f(at)] = \int_{0_-}^{\infty} f(at)e^{-st}dt$$

令 $\tau=at$，则

$$\mathscr{L}[f(at)] = \int_{0_-}^{\infty} f(\tau)e^{-(\frac{s}{a})\tau}d\left(\frac{\tau}{a}\right)$$

$$= \frac{1}{a}\int_{0_-}^{\infty} f(\tau)e^{-(\frac{s}{a})\tau}d\tau$$

$$= \frac{1}{a}F\left(\frac{s}{a}\right)$$

当时移和尺度变换都存在时

$$\mathscr{L}[f(at-b)u(at-b)] = \frac{1}{a}F\left(\frac{s}{a}\right)e^{-s\frac{b}{a}} \quad (a>0,b>0) \quad (4\text{-}32)$$

读者可以自行证明。

【例 4-5】 求 $\delta(at)$ 的象函数。

解：根据尺度变换特性得

$$\delta(at) \leftrightarrow \frac{1}{a}F\left(\frac{s}{a}\right) = \frac{1}{a} \quad (4\text{-}33)$$

【例 4-6】 已知 $f(t) \leftrightarrow F(s)$，求 $f_1(t) = e^{-at}f\left(\frac{t}{a}\right)$ 的象函数 $F_1(s)$。

解：先进行尺度变换

$$f\left(\frac{t}{a}\right) \leftrightarrow aF(as) \tag{4-34}$$

对式（4-34）应用 s 域平移性质，有

$$F_1(s) = \mathrm{e}^{-at}f\left(\frac{t}{a}\right) \leftrightarrow aF[a(s+a)] = aF(as+a^2)$$

4.2.6 初值定理与终值定理

1. 初值定理

若 $f(t)$ 及 $\dfrac{\mathrm{d}f(t)}{\mathrm{d}t}$ 可以进行拉氏变换，$\mathscr{L}[f(t)] = F(s)$，则

$$\lim_{t \to 0_+} f(t) = f(0_+) = \lim_{s \to \infty} sF(s) \tag{4-35}$$

证明：由时域微分性质可知

$$\begin{aligned}
sF(s) - f(0_-) &= \mathscr{L}\left(\frac{\mathrm{d}f(t)}{\mathrm{d}t}\right) \\
&= \int_{0_-}^{\infty} \frac{\mathrm{d}f(t)}{\mathrm{d}t}\mathrm{e}^{-st}\mathrm{d}t \\
&= \int_{0_-}^{0_+} \frac{\mathrm{d}f(t)}{\mathrm{d}t}\mathrm{e}^{-st}\mathrm{d}t + \int_{0_+}^{\infty} \frac{\mathrm{d}f(t)}{\mathrm{d}t}\mathrm{e}^{-st}\mathrm{d}t \\
&= f(0_+) - f(0_-) + \int_{0_+}^{\infty} \frac{\mathrm{d}f(t)}{\mathrm{d}t}\mathrm{e}^{-st}\mathrm{d}t
\end{aligned}$$

所以

$$sF(s) = f(0_+) + \int_{0_+}^{\infty} \frac{\mathrm{d}f(t)}{\mathrm{d}t}\mathrm{e}^{-st}\mathrm{d}t \tag{4-36}$$

当 $s \to \infty$ 时

$$\lim_{s \to \infty}\left[\int_{0_+}^{\infty} \frac{\mathrm{d}f(t)}{\mathrm{d}t}\mathrm{e}^{-st}\mathrm{d}t\right] = \int_{0_+}^{\infty} \frac{\mathrm{d}f(t)}{\mathrm{d}t}\left[\lim_{s \to \infty}\mathrm{e}^{-st}\right]\mathrm{d}t = 0$$

因此

$$f(0_+) = \lim_{s \to \infty} sF(s)$$

关于初值定理，要特别注意所求得的初值是 $f(t)$ 在 $t=0_+$ 时刻的值，而不是 $f(t)$ 在 $t=0$ 或 $t=0_-$ 时刻的值。

另外，在利用式（4-35）求 $f(t)$ 的初值时，应注意它的应用条件。如果 $F(s)$ 是有理代数式，则 $F(s)$ 必须是真分式，即 $F(s)$ 分子的阶次应低于分母的阶次。如果 $F(s)$ 不是真分式，则应利用长除法，使 $F(s)$ 中出现真分式 $F_1(s)$，即

$$F(s) = k_m s^m + k_{m-1}s^{m-1} + \cdots + k_0 + F_1(s)$$

式中，$F_1(s)$ 为真分式。对上式取逆变换，得

$$f(t) = k_m \delta^{(m)}(t) + k_{m-1}\delta^{(m-1)}(t) + \cdots + k_0\delta(t) + f_1(t)$$

其中冲激函数及其各阶导数在 $t=0_+$ 时刻全为零，所以 $f(0_+) = f_1(0_+)$。因而初值 $f(0_+)$ 等于真分式 $F_1(s)$ 之逆变换式 $f_1(t)$ 的初值 $f_1(0_+)$。即

$$f(0_+) = f_1(0_+) = \lim_{s \to \infty} sF_1(s) \tag{4-37}$$

2. 终值定理

若 $f(t)$ 及 $\dfrac{\mathrm{d}f(t)}{\mathrm{d}t}$ 可以进行拉氏变换，$\mathscr{L}[f(t)]=F(s)$，而且 $\lim\limits_{t\to\infty}f(t)$ 存在，则

$$\lim_{t\to\infty}f(t)=\lim_{s\to0}sF(s) \tag{4-38}$$

证明：根据初值定理证明时得到的公式

$$sF(s)=f(0_+)+\int_{0_+}^{\infty}\frac{\mathrm{d}f(t)}{\mathrm{d}t}\mathrm{e}^{-st}\mathrm{d}t$$

取 $s\to0$ 时的极限，得

$$\lim_{s\to0}sF(s)=f(0_+)+\lim_{s\to0}\int_{0_+}^{\infty}\frac{\mathrm{d}f(t)}{\mathrm{d}t}\mathrm{e}^{-st}\mathrm{d}t$$

$$=f(0_+)+\lim_{t\to\infty}f(t)-f(0_+)$$

$$=\lim_{t\to\infty}f(t)$$

于是得到

$$\lim_{t\to\infty}f(t)=\lim_{s\to0}sF(s)$$

关于终值定理应用条件做如下说明：终值是否存在，可从 s 域做出判断，即 $sF(s)$ 所有极点都在 s 左半平面（$F(s)$ 可有在原点处的一阶极点），终值定理才可以应用。例如 $F(s)=\dfrac{s}{s^2+\omega^2}$，变换式分母的根 $s=\pm\mathrm{j}\omega$ 在虚轴上，显然 $f(t)=\cos(\omega t)$ 振荡不止，$t\to\infty$ 时极限不存在，因此终值不存在，所以不能应用此定理。

由初值定理和终值定理可知，只要知道变换式 $F(s)$，不求逆变换，借助定理可以求得 $f(0_+)$ 和 $t\to\infty$ 时 $f(t)$ 的值。

【例 4-7】 求象函数 $F(s)=\dfrac{2s}{s^2+2s+2}$ 对应原函数 $f(t)$ 的初值与终值。

解： 此象函数 $F(s)$ 为真分式形式，且一对共轭极点位于 s 左半平面，可直接利用初值定理和终值定理，由式（4-35）和式（4-38），可得

$$f(0_+)=\lim_{s\to\infty}sF(s)=\lim_{s\to\infty}\frac{2s^2}{s^2+2s+2}=2$$

$$f(\infty)=\lim_{s\to0}sF(s)=\lim_{s\to0}\frac{2s^2}{s^2+2s+2}=0$$

4.2.7　卷积定理

若 $\mathscr{L}[f_1(t)]=F_1(s)$，$\mathscr{L}[f_2(t)]=F_2(s)$，$f_1(t)$、$f_2(t)$ 为因果信号，则

$$\mathscr{L}[f_1(t)*f_2(t)]=F_1(s)F_2(s) \tag{4-39}$$

$$\mathscr{L}[f_1(t)f_2(t)]=\frac{1}{2\pi\mathrm{j}}F_1(s)*F_2(s) \tag{4-40}$$

证明：

$$\mathscr{L}[f_1(t)*f_2(t)]=\int_0^{\infty}\int_0^{\infty}f_1(\tau)u(\tau)f_2(t-\tau)u(t-\tau)\mathrm{d}\tau\mathrm{e}^{-st}\mathrm{d}t$$

交换积分次序

$$\mathscr{L}[f_1(t)*f_2(t)]=\int_0^{\infty}f_1(\tau)\left[\int_0^{\infty}f_2(t-\tau)u(t-\tau)\mathrm{e}^{-st}\mathrm{d}t\right]\mathrm{d}\tau$$

令 $x = t - \tau$, $t = x + \tau$, 得到

$$\mathscr{L}[f_1(t) * f_2(t)] = \int_0^\infty f_1(\tau)\left[e^{-s\tau}\int_0^\infty f_2(x)e^{-sx}dx\right]d\tau$$

$$= F_1(s)F_2(s)$$

此式为时域卷积定理。

同理可得复频域卷积定理，也称为时域相乘定理

$$\mathscr{L}[f_1(t)f_2(t)] = \frac{1}{2\pi j}[F_1(s) * F_2(s)] = \frac{1}{2\pi j}\int_{\sigma-j\infty}^{\sigma+j\infty} F_1(p)F_2(s-p)dp$$

证明过程略。

4.2.8 复频域微分与积分

1. 复频域微分

若 $\mathscr{L}[f(t)] = F(s)$，则

$$\mathscr{L}[t^n f(t)] = (-1)^n \frac{d^n F(s)}{ds^n} \quad (n\text{ 取正整数}) \tag{4-41}$$

证明：

$$-\frac{dF(s)}{ds} = -\frac{d}{ds}\int_0^\infty f(t)e^{-st}dt$$

变换积分次序

$$-\frac{dF(s)}{ds} = -\int_0^\infty f(t)\left[\frac{d}{ds}e^{-st}\right]dt = \int_0^\infty tf(t)e^{-st}dt$$

即

$$\mathscr{L}[tf(t)] = -\frac{dF(s)}{ds} \tag{4-42}$$

由式 (4-42) 容易推广到高阶，即

$$\mathscr{L}[t^n f(t)] = (-1)^n \frac{d^n F(s)}{ds^n}$$

2. 复频域积分

若 $\mathscr{L}[f(t)] = F(s)$，则

$$\mathscr{L}\left[\frac{f(t)}{t}\right] = \int_s^\infty F(s)ds \tag{4-43}$$

证明：

$$F(s) = \int_0^\infty f(t)e^{-st}dt$$

两边对 s 积分，得

$$\int_s^\infty F(s)ds = \int_s^\infty\left[\int_0^\infty f(t)e^{-st}dt\right]ds$$

交换积分次序

$$\int_s^\infty F(s)ds = \int_0^\infty f(t)\left[\int_s^\infty e^{-st}ds\right]dt$$

$$= \int_0^\infty f(t)\left[-\frac{1}{t}e^{-st}\bigg|_s^\infty\right]dt$$

$$= \int_0^\infty \frac{f(t)}{t} \mathrm{e}^{-st} \mathrm{d}t$$

即

$$\mathscr{L}\left[\frac{f(t)}{t}\right] = \int_s^\infty F(s)\,\mathrm{d}s$$

关于拉氏变换的基本性质在表 4-2 中列出。

表 4-2　拉氏变换的基本性质

序号	性质名称	结　　论
1	线性	$\mathscr{L}\left[K_1 f_1(t) + K_2 f_2(t)\right] = K_1 F_1(s) + K_2 F_2(s)$
2	时域微分	$\mathscr{L}\left[\dfrac{\mathrm{d}f(t)}{\mathrm{d}t}\right] = sF(s) - f(0_-)$ $\mathscr{L}\left[\dfrac{\mathrm{d}^2 f(t)}{\mathrm{d}t^2}\right] = s\left[F(s) - f(0_-)\right] - f'(0_-) = s^2 F(s) - sf(0_-) - f'(0_-)$ $\mathscr{L}\left[\dfrac{\mathrm{d}^n f(t)}{\mathrm{d}t^n}\right] = s^n F(s) - \sum_{r=0}^{n-1} s^{n-r-1} f^{(r)}(0_-)$
3	时域积分	$\mathscr{L}\left[\int_{-\infty}^t f(\tau)\,\mathrm{d}\tau\right] = \dfrac{F(s)}{s} + \dfrac{f^{(-1)}(0_-)}{s}$
4	延时特性	$\mathscr{L}\left[f(t-t_0)u(t-t_0)\right] = F(s)\mathrm{e}^{-st_0}$
5	s 域平移特性	$\mathscr{L}\left[f(t)\mathrm{e}^{-\alpha t}\right] = F(s+\alpha)$
6	尺度变换特性	$\mathscr{L}\left[f(at)\right] = \dfrac{1}{a} F\left(\dfrac{s}{a}\right)\ (a>0)$
7	初值定理	$\lim_{t\to 0_+} f(t) = f(0_+) = \lim_{s\to\infty} sF(s)$
8	终值定理	$\lim_{t\to\infty} f(t) = \lim_{s\to 0} sF(s)$
9	卷积定理	$\mathscr{L}\left[f_1(t) * f_2(t)\right] = F_1(s)F_2(s)$ $\mathscr{L}\left[f_1(t)f_2(t)\right] = \dfrac{1}{2\pi\mathrm{j}}\left[F_1(s) * F_2(s)\right] = \dfrac{1}{2\pi\mathrm{j}} \int_{\sigma-\mathrm{j}\infty}^{\sigma+\mathrm{j}\infty} F_1(p)F_2(s-p)\,\mathrm{d}p$
10	复频域微分	$\mathscr{L}\left[tf(t)\right] = -\dfrac{\mathrm{d}F(s)}{\mathrm{d}s}$
11	复频域积分	$\mathscr{L}\left[\dfrac{f(t)}{t}\right] = \int_s^\infty F(s)\,\mathrm{d}s$

课堂练习题

4.2-1　（判断）函数 $t^n \mathrm{e}^{-3t}$ 的拉氏变换是 $\dfrac{n!}{(s+3)^{n+1}}$。　　　　　　　　　　　　（　　）

4.2-2　（判断）信号 $t[u(t) - u(t-1)]$ 的拉氏变换为 $\dfrac{1-\mathrm{e}^{-s}}{s^2}$。　　　　　　　　　（　　）

4.2-3　（判断）因果信号 $f(t)$ 的拉氏变换为 $\dfrac{s}{s+2}$，则 $f(0_+) = -2$。　　　　　　　（　　）

4.2-4　若信号 $f(t)$ 的拉氏变换为 $F(s)$，则 $f(t)\mathrm{e}^{-3t}$ 的拉氏变换是　　　　　　　（　　）

A. $F(s-3)$　　　　　　B. $F(s)\mathrm{e}^{3s}$　　　　　　C. $F(s)\mathrm{e}^{-3s}$　　　　　　D. $F(s+3)$

4.2-5 若 $F(s) = \dfrac{s}{s+1}$，则 $f(t)$ 的终值 $f(\infty)$ 为   (   )

A. 0　　　　　　　　B. -1　　　　　　　C. 不存在　　　　　　　D. 1

4.3 拉氏逆变换

在本章后面的学习中，将要用拉氏变换法进行系统的分析。不论是电路问题的求解、微分方程的求解，还是通过系统函数的零极点来进行时域特性的分析，都离不开逆变换。因此先要解决拉氏逆变换的问题。

拉氏逆变换是将象函数 $F(s)$ 变换为原函数 $f(t)$ 的运算。对于逆变换，首先想到的是拉氏逆变换式

$$f(t) = \frac{1}{2\pi j} \int_{\sigma-j\infty}^{\sigma+j\infty} F(s)\,\mathrm{e}^{st}\,\mathrm{d}s$$

但是这个公式的被积函数是一个复变函数，其积分是沿着收敛域内的直线 $\sigma-j\infty \to \sigma+j\infty$ 进行的。这个积分可以用复变函数中的留数定理求得。但当象函数为有理函数时，代数方法往往更简单，这种方法就是"部分分式展开法"。本书只讨论拉氏逆变换的部分分式展开法。

通常 $F(s)$ 具有如下的有理分式形式：

$$F(s) = \frac{A(s)}{B(s)} = \frac{a_m s^m + a_{m-1} s^{m-1} + \cdots + a_1 s + a_0}{b_n s^n + b_{n-1} s^{n-1} + \cdots + b_1 s + b_0} \tag{4-44}$$

式中，a_i、b_i 为实数；m、n 为正整数。

部分分式展开法的实质是利用拉氏变换的线性特性，先将 $F(s)$ 展开为如表 4-1 所示的简单象函数之和，然后分别对这些简单象函数求原函数。

将分子、分母多项式进行分解

$$F(s) = \frac{A(s)}{B(s)} = \frac{a_m(s-z_1)(s-z_2)\cdots(s-z_m)}{b_n(s-p_1)(s-p_2)\cdots(s-p_n)} \tag{4-45}$$

式中，z_1，z_2，z_3，$\cdots$，z_m 是 $A(s)=0$ 的根，当 s 等于任一根值时，$F(s)=0$，z_1，z_2，z_3，$\cdots$，z_m 称为 $F(s)$ 的零点；而 p_1，p_2，p_3，$\cdots$，p_n 是 $B(s)=0$ 的根，当 s 等于任一根值时，$F(s)=\infty$，p_1，p_2，$p_3\cdots p_n$ 称为 $F(s)$ 的极点。极点有可能是单根、共轭复根或者重根形式。有理分式也有可能是真分式和非真分式形式。下面先讨论当 $m<n$，即 $F(s)$ 为有理真分式的情况下的部分分式展开法。

部分分式展开法求拉氏逆变换的过程：首先找出 $F(s)$ 的极点，然后将 $F(s)$ 展成部分分式，再查拉氏变换表求 $f(t)$。

1. 极点为单阶实数

$$F(s) = \frac{A(s)}{(s-p_1)(s-p_2)\cdots(s-p_n)} \tag{4-46}$$

p_1，p_2，p_3，$\cdots$，p_n 为不同的实数根，此时 $F(s)$ 可展开为

$$F(s) = \frac{K_1}{s-p_1} + \frac{K_2}{s-p_2} + \cdots + \frac{K_n}{s-p_n} \tag{4-47}$$

其中

$$K_i = (s-p_i)F(s)\big|_{s=p_i}, i=1,2,\cdots,n \tag{4-48}$$

求出 K_1，K_2，K_3，$\cdots$，K_n，即可将 $F(s)$ 展开为部分分式。

再根据

$$\mathscr{L}\left[\,\mathrm{e}^{-\alpha t}u(t)\,\right]=\frac{1}{s+\alpha}$$

即可求出

$$f(t)=K_1\mathrm{e}^{p_1t}+K_2\mathrm{e}^{p_2t}+\cdots+K_n\mathrm{e}^{p_nt}\quad(t\geqslant0)\tag{4-49}$$

现在来分析式（4-48）是如何得到的。在式（4-47）两边乘以（$s-p_1$），得

$$(s-p_1)F(s)=K_1+\frac{(s-p_1)K_2}{s-p_2}+\cdots+\frac{(s-p_1)K_n}{s-p_n}\tag{4-50}$$

再令 $s=p_1$，则式（4-50）右边除了 K_1，其余各项都为零，由此得到

$$K_1=(s-p_1)F(s)\,\big|_{s=p_1}\tag{4-51}$$

所以

$$K_i=(s-p_i)F(s)\,\big|_{s=p_i}\quad i=1,2,\cdots,n$$

【例 4-8】　求象函数

$$F(s)=\frac{2s^2+3s+3}{s^3+6s^2+11s+6}$$

的逆变换 $f(t)$。

解：先找极点，并对分母进行分解

$$F(s)=\frac{2s^2+3s+3}{(s+1)(s+2)(s+3)}$$

写成部分分式展开形式

$$F(s)=\frac{K_1}{s+1}+\frac{K_2}{s+2}+\frac{K_3}{s+3}$$

求系数 K_1、K_2、K_3，根据式（4-48），可得

$$K_1=(s+1)F(s)\,\big|_{s=-1}=1$$
$$K_2=(s+2)F(s)\,\big|_{s=-2}=-5$$
$$K_3=(s+3)F(s)\,\big|_{s=-3}=6$$

所以

$$F(s)=\frac{1}{s+1}+\frac{-5}{s+2}+\frac{6}{s+3}$$

进行逆变换

$$f(t)=\mathrm{e}^{-t}-5\mathrm{e}^{-2t}+6\mathrm{e}^{-3t},\quad t\geqslant0$$

2. 极点为共轭复数

$$F(s)=\frac{A(s)}{D(s)\left[(s+\alpha)^2+\beta^2\right]}=\frac{F_1(s)}{(s+\alpha-\mathrm{j}\beta)(s+\alpha+\mathrm{j}\beta)}$$

共轭极点出现在 $-\alpha\pm\mathrm{j}\beta$，$F_1(s)=\dfrac{A(s)}{D(s)}$，展开成部分分式

$$F(s)=\frac{K_1}{s+\alpha-\mathrm{j}\beta}+\frac{K_2}{s+\alpha+\mathrm{j}\beta}+\cdots$$

引用式（4-51）求系数

$$K_1=(s+\alpha-\mathrm{j}\beta)F(s)\,\big|_{s=-\alpha+\mathrm{j}\beta}=\frac{F_1(-\alpha+\mathrm{j}\beta)}{2\mathrm{j}\beta}\tag{4-52}$$

$$K_2 = (s + \alpha + \mathrm{j}\beta) F(s) \big|_{s = -\alpha - \mathrm{j}\beta} = \frac{F_1(-\alpha - \mathrm{j}\beta)}{-2\mathrm{j}\beta} \tag{4-53}$$

可见 K_1、K_2 成共轭关系

$$K_1 = A + \mathrm{j}B \tag{4-54}$$

则

$$K_2 = A - \mathrm{j}B = K_1{}^* \tag{4-55}$$

则共轭复数极点有关部分的逆变换 $f_C(t)$ 为

$$f_C(t) = \mathscr{L}^{-1}\left[\frac{K_1}{s + \alpha - \mathrm{j}\beta} + \frac{K_2}{s + \alpha + \mathrm{j}\beta}\right] = \mathrm{e}^{-\alpha t}(K_1 \mathrm{e}^{\mathrm{j}\beta t} + K_1{}^* \mathrm{e}^{-\mathrm{j}\beta t}) \tag{4-56}$$

$$= 2\mathrm{e}^{-\alpha t}\left[A\cos(\beta t) - B\sin(\beta t)\right]$$

【例 4-9】 求 $F(s) = \dfrac{s^2 + 3}{(s+2)(s^2 + 2s + 5)}$ 的逆变换 $f(t)$。

解：

$$F(s) = \frac{s^2 + 3}{(s + 1 + \mathrm{j}2)(s + 1 - \mathrm{j}2)(s + 2)}$$

$$= \frac{K_0}{s + 2} + \frac{K_1}{s + 1 - \mathrm{j}2} + \frac{K_2}{s + 1 + \mathrm{j}2}$$

求系数

$$K_0 = (s + 2)F(s)\big|_{s = -2} = \frac{7}{5}$$

$$K_1 = \frac{s^2 + 3}{(s + 2)(s + 1 + \mathrm{j}2)}\bigg|_{s = -1 + \mathrm{j}2} = \frac{-1 + \mathrm{j}2}{5}$$

由式 (4-54) 可知，$A = -\dfrac{1}{5}$，$B = \dfrac{2}{5}$，并且 $\alpha = 1$，$\beta = 2$，借助式 (4-56)，可得

$$f(t) = \frac{7}{5}\mathrm{e}^{-2t} + 2\mathrm{e}^{-t}\left[-\frac{1}{5}\cos(2t) - \frac{2}{5}\sin(2t)\right], t \geq 0$$

一般共轭复根极点求逆变换，还有另外一个做法是把共轭复根作为整体考虑，而不是分成两个复数单根，即把部分分式分解为表 4-1 中序号 5~8 的 s 域形式：

$$F(s) = \frac{s^2 + 3}{(s + 2)(s^2 + 2s + 5)}$$

$$= \frac{K_1}{s + 2} + \frac{K_2 s + K_3}{s^2 + 2s + 5}$$

先求出系数 K_1

$$K_1 = (s + 2)F(s)\big|_{s = -2} = \frac{7}{5}$$

再将 $K_1 = \dfrac{7}{5}$ 代回原式，并且通分得

$$\frac{s^2 + 3}{(s + 2)(s^2 + 2s + 5)} = \frac{\frac{7}{5}s^2 + \frac{14}{5}s + 7 + K_2 s^2 + K_3 s + 2K_2 s + 2K_3}{(s + 2)(s^2 + 2s + 5)}$$

$$= \frac{\left(\frac{7}{5} + K_2\right)s^2 + \left(\frac{14}{5} + K_3 + 2K_2\right)s + 2K_3 + 7}{(s + 2)(s^2 + 2s + 5)}$$

方程左右两端系数平衡相等可求得 $K_2 = -\dfrac{2}{5}$，$K_3 = -2$，则

$$F(s) = \frac{\frac{7}{5}}{s+2} + \frac{-\frac{2}{5}s-2}{s^2+2s+5} = \frac{\frac{7}{5}}{s+2} + \frac{-\frac{2}{5}s-2}{(s+1)^2+2^2}$$

$$= \frac{\frac{7}{5}}{s+2} - \frac{2}{5}\frac{(s+1)}{(s+1)^2+2^2} - \frac{4}{5}\frac{2}{(s+1)^2+2^2}$$

利用

$$\mathscr{L}\left[\mathrm{e}^{-\alpha t}\sin(\omega t)\right] = \frac{\omega}{(s+\alpha)^2+\omega^2}$$

$$\mathscr{L}\left[\mathrm{e}^{-\alpha t}\cos(\omega t)\right] = \frac{s+\alpha}{(s+\alpha)^2+\omega^2}$$

可求得

$$f(t) = \frac{7}{5}\mathrm{e}^{-2t} + 2\mathrm{e}^{-t}\left[-\frac{1}{5}\cos(2t) - \frac{2}{5}\sin(2t)\right], t \geqslant 0$$

两种解法得到相同结果。

【例 4-10】　求象函数 $F(s) = \dfrac{s+\alpha}{(s+\beta)^2+\gamma^2}$ 的逆变换 $f(t)$。

解： $F(s)$ 具有共轭极点，改写为

$$F(s) = \frac{s+\beta}{(s+\beta)^2+\gamma^2} + \frac{\frac{\alpha-\beta}{\gamma}\gamma}{(s+\beta)^2+\gamma^2}$$

利用

$$\mathscr{L}\left[\mathrm{e}^{-\alpha t}\sin(\omega t)\right] = \frac{\omega}{(s+\alpha)^2+\omega^2}$$

$$\mathscr{L}\left[\mathrm{e}^{-\alpha t}\cos(\omega t)\right] = \frac{s+\alpha}{(s+\alpha)^2+\omega^2}$$

求得

$$f(t) = \mathrm{e}^{-\beta t}\cos(\gamma t) + \frac{\alpha-\beta}{\gamma}\mathrm{e}^{-\beta t}\sin(\gamma t), t \geqslant 0$$

3. 极点有重根存在

在讲解一般形式之前，先举一个例子：

$$F(s) = \frac{s^2}{(s+2)(s+1)^2} = \frac{K_1}{s+2} + \frac{K_2}{s+1} + \frac{K_3}{(s+1)^2}$$

K_1 为单根系数，K_3 为重根部分分式中分母最高次对应系数。按照之前求系数进行的分析，同样可以求得

$$K_1 = (s+2)\frac{s^2}{(s+2)(s+1)^2}\bigg|_{s=-2} = 4$$

$$K_3 = (s+1)^2\frac{s^2}{(s+2)(s+1)^2}\bigg|_{s=-1} = 1$$

但是 K_2 如何求解？对原式两边乘以 $(s+1)^2$，得

$$\frac{s^2}{s+2} = (s+1)^2 \frac{K_1}{s+2} + K_2(s+1) + K_3$$

令 $s = -1$ 时，只能求出 $K_3 = 1$；若求 K_2，可以两边再对 s 求导，得

$$\frac{d}{ds}\left[(s+1)^2 \frac{K_1}{s+2} + (s+1)K_2 + K_3\right]$$

$$= \frac{2(s+1)(s+2)K_1 - K_1(s+1)^2}{(s+2)^2} + K_2 + 0$$

$$\frac{d}{ds}\left[(s+1)^2 F(s)\right] = \frac{d}{ds}\left[\frac{s^2}{s+2}\right] = \frac{2s(s+2) - s^2}{(s+2)^2} = \frac{s^2 + 4s}{(s+2)^2}$$

此时令 $s = -1$，可求得

$$K_2 = \frac{s^2 + 4s}{(s+2)^2}\bigg|_{s=-1} = -3$$

则 $K_2 = -3$，所以

$$F(s) = \frac{4}{s+2} + \frac{-3}{s+1} + \frac{1}{(s+1)^2}$$

利用

$$\mathscr{L}\left[t^n e^{-\alpha t}\right] = \frac{n!}{(s+\alpha)^{n+1}}$$

可求得逆变换

$$f(t) = \mathscr{L}^{-1}[F(s)] = 4e^{-2t} - 3e^{-t} + te^{-t}, \quad t \geq 0$$

由上例分析可得出一般情况

$$F(s) = \frac{A(s)}{B(s)} = \frac{A(s)}{D(s)(s-p_1)^k} \tag{4-57}$$

在 $s = p_1$ 处，$F(s)$ 的分母多项式 $B(s)$ 有 k 重根，也即 k 阶极点，此时 $F(s)$ 的展开式为

$$F(s) = \frac{K_{11}}{(s-p_1)^k} + \frac{K_{12}}{(s-p_1)^{k-1}} + \cdots + \frac{K_{1(k-1)}}{(s-p_1)^2} + \frac{K_{1k}}{s-p_1} + \frac{E(s)}{D(s)} \tag{4-58}$$

式中，$\dfrac{E(s)}{D(s)}$ 为与 p_1 无关的其余部分。令

$$F_1(s) = (s-p_1)^k F(s) \tag{4-59}$$

则

$$K_{11} = F_1(s)\big|_{s=p_1} \tag{4-60}$$

求其他系数，要用式 (4-61)

$$K_{1i} = \frac{1}{(i-1)!}\frac{d^{i-1}}{ds^{i-1}}F_1(s)\bigg|_{s=p_1}, \text{其中 } i = 1,2,3,\cdots,k \tag{4-61}$$

即

$$i = 2 \text{ 时}, K_{12} = \frac{d}{ds}F_1(s)\big|_{s=p_1}$$

$$i = 3 \text{ 时}, K_{13} = \frac{1}{2}\frac{d^2}{ds^2}F_1(s)\big|_{s=p_1}$$

$$\cdots\cdots$$

【例 4-11】 已知 $F(s) = \dfrac{s-1}{s(s+1)^3}$，求原函数 $f(t)$。

解：将 $F(s)$ 写成展开式

$$F(s) = \frac{K_{11}}{(s+1)^3} + \frac{K_{12}}{(s+1)^2} + \frac{K_{13}}{s+1} + \frac{K_2}{s}$$

容易求得

$$K_2 = s\,F(s)\big|_{s=0} = -1$$

令

$$F_1(s) = (s+1)^3 F(s) = \frac{s-1}{s}$$

利用式（4-61）可得

$$K_{11} = \frac{s-1}{s}\bigg|_{s=-1} = 2$$

$$K_{12} = \frac{\mathrm{d}}{\mathrm{d}s}\left(\frac{s-1}{s}\right)\bigg|_{s=-1} = 1$$

$$K_{13} = \frac{1}{2}\frac{\mathrm{d}^2}{\mathrm{d}s^2}\left(\frac{s-1}{s}\right)\bigg|_{s=-1} = 1$$

于是有

$$F(s) = \frac{2}{(s+1)^3} + \frac{1}{(s+1)^2} + \frac{1}{s+1} + \frac{-1}{s}$$

逆变换为

$$f(t) = t^2\mathrm{e}^{-t} + t\mathrm{e}^{-t} + \mathrm{e}^{-t} - 1, \quad t \geqslant 0$$

4. 逆变换的两种特殊情况

（1）非真分式

非真分式可以通过长除法分解为真分式 + 多项式。

【例 4-12】　求 $F(s) = \dfrac{s^3 + 5s^2 + 9s + 7}{s^2 + 3s + 2}$ 的逆变换。

解：

$$F(s) = \frac{s^3 + 5s^2 + 9s + 7}{s^2 + 3s + 2}$$

不是真分式，利用长除法可求得

$$
\begin{array}{r}
s+2 \\
s^2+3s+2\overline{)s^3+5s^2+9s+7} \\
\underline{s^3+3s^2+2s} \\
2s^2+7s+7 \\
\underline{2s^2+6s+4} \\
s+3
\end{array}
$$

所以

$$F(s) = s + 2 + \frac{s+3}{(s+1)(s+2)}$$

令

$$F_1(s) = \frac{s+3}{(s+1)(s+2)}$$

为有理真分式形式，可按之前所学方法进行部分分式展开

$$F_1(s) = \frac{s+3}{(s+1)(s+2)} = \frac{2}{s+1} - \frac{1}{s+2}$$

所以可求得逆变换为

$$f(t) = \delta'(t) + 2\delta(t) + 2e^{-t}u(t) - e^{-2t}u(t)$$

（2）含 e^{-s} 的非有理式

e^{-s} 项不参加部分分式运算，求解时利用时移性质。

【例 4-13】 求 $F(s) = \dfrac{e^{-2s}}{s^2+3s+2}$ 的逆变换。

解：把不包括 e^{-s} 的部分设为 $F_1(s)$，则

$$F(s) = \frac{e^{-2s}}{s^2+3s+2} = F_1(s)e^{-2s}$$

$$F_1(s) = \frac{1}{s+1} + \frac{-1}{s+2}$$

$$f_1(t) = \mathscr{L}^{-1}[F_1(s)] = (e^{-t} - e^{-2t})u(t)$$

再利用时移性质，可求得

$$f(t) = f_1(t-2) = [e^{-(t-2)} - e^{-2(t-2)}]u(t-2)$$

课堂练习题

4.3-1 （判断）已知某因果信号的拉氏变换为 $F(s) = \dfrac{s+2}{s+3}$，则该信号为 $\delta(t) - e^{-3t}u(t)$。 　　　　　（　　）

4.3-2 （判断）$\mathscr{L}^{-1}\left[\dfrac{e^{-s}}{1+s^2}\right] = \cos(t-1)$。 　　　　　（　　）

4.3-3 若信号的拉氏变换式为 $F(s) = \dfrac{1}{(s+2)(s+3)}$，则该信号的时间函数为 　　　　（　　）

A. $e^{-2t} + e^{-3t}$ 　　　　 B. $e^{2t} - e^{3t}$ 　　　　 C. $e^{-2t} - e^{-3t}$ 　　　　 D. $e^{2t} + e^{3t}$

4.3-4 若 $F(s) = \dfrac{2s+3}{s^2+1}$，则 $F(s)$ 的拉氏逆变换 $f(t)$ 为 　　　　（　　）

A. $f(t) = (2\cos t + 3\sin t)u(t)$ 　　　　　　 B. $f(t) = (2\sin t + 3\cos t)u(t)$

C. $f(t) = (2\cos t - 3\sin t)u(t)$ 　　　　　　 D. $f(t) = (\cos t + \sin t)u(t)$

4.3-5 单边拉氏变换 $F(s) = 1 + s$ 的原函数 $f(t)$ 为 　　　　（　　）

A. $\delta(t) + \delta'(t)$ 　　　　 B. $e^{-t}u(t)$ 　　　　 C. $(t+1)u(t)$ 　　　　 D. $(1+e^{-t})u(t)$

4.4 系统响应的拉氏变换求解

4.4.1 利用拉氏变换求解微分方程

用拉氏变换法求解线性常系数微分方程，可以把对时域求解微分方程的过程，转变为在复频域中求解代数方程的过程，再经过拉氏逆变换得到方程的时域解。下面以二阶常系数微分方程为例讨论拉氏变换求解常系数微分方程的一般方法，高阶微分方程的求解方法可以此类推。线性常系数微分方程的一般形式为

$$\frac{d^2r(t)}{dt^2} + a_1\frac{dr(t)}{dt} + a_2r(t) = b_0\frac{d^2e(t)}{dt^2} + b_1\frac{de(t)}{dt} + b_2e(t) \tag{4-62}$$

设 $e(t)$ 是因果激励，又已知初始条件 $r(0_-)$、$r'(0_-)$，可利用拉氏变换求解式（4-62）。对式（4-62）两边取拉氏变换，利用单边拉氏变换的微分特性，得到

$$s^2 R(s) - sr(0_-) - r'(0_-) + a_1[sR(s) - r(0_-)] + a_2 R(s)$$
$$= b_0 s^2 E(s) + b_1 s E(s) + b_2 E(s)$$

整理上式得

$$(s^2 + a_1 s + a_2) R(s) = (b_0 s^2 + b_1 s + b_2) E(s) + sr(0_-) + r'(0_-) + a_1 r(0_-)$$

$$R(s) = \frac{b_0 s^2 + b_1 s + b_2}{s^2 + a_1 s + a_2} E(s) + \frac{sr(0_-) + r'(0_-) + a_1 r(0_-)}{s^2 + a_1 s + a_2} \tag{4-63}$$

1. 零输入响应

零输入响应是仅由系统初始储能引起的响应，与外加激励无关。由初始条件 $r(0_-)$、$r'(0_-)$ 确定，此时激励 $e(t) = 0$，式（4-63）变为

$$R_{zi}(s) = \frac{sr(0_-) + r'(0_-) + a_1 r(0_-)}{s^2 + a_1 s + a_2} \tag{4-64}$$

则可得零输入响应为

$$r_{zi}(t) = \mathscr{L}^{-1}[R_{zi}(s)] \tag{4-65}$$

【例 4-14】　给定系统微分方程 $\dfrac{d^2 r(t)}{dt^2} + 3\dfrac{dr(t)}{dt} + 2r(t) = \dfrac{de(t)}{dt} + 3e(t)$，激励 $e(t) = u(t)$，起始状态为 $r(0_-) = 1$，$r'(0_-) = 2$，试求其零输入响应。

解： 因为零输入响应 $e(t) = 0$，所以方程式等号右端为零，取拉氏变换

$$s^2 R(s) - sr(0_-) - r'(0_-) + 3[sR(s) - r(0_-)] + 2R(s) = 0$$
$$(s^2 + 3s + 2) R(s) = sr(0_-) + r'(0_-) + 3r(0_-)$$

得到零输入响应的 s 域形式

$$R_{zi}(s) = \frac{sr(0_-) + r'(0_-) + 3r(0_-)}{s^2 + 3s + 2}$$

代入初始值 $r(0_-) = 1$，$r'(0_-) = 2$，得

$$R_{zi}(s) = \frac{s + 5}{s^2 + 3s + 2}$$

展开成部分分式形式

$$R_{zi}(s) = \frac{s + 5}{s^2 + 3s + 2} = \frac{4}{s + 1} + \frac{-3}{s + 2}$$

进行逆变换可求得零输入响应为

$$r_{zi}(t) = 4e^{-t} - 3e^{-2t}, \quad t \geq 0$$

2. 零状态响应

零状态响应是仅由外加激励所引起的响应，与系统初始储能无关。当 $e(t)$ 是因果激励时，系统起始条件为零（$r(0_-) = r'(0_-) = 0$），则式（4-63）变为

$$R_{zs}(s) = \frac{b_0 s^2 + b_1 s + b_2}{s^2 + a_1 s + a_2} E(s) \tag{4-66}$$

则可得零状态响应为

$$r_{zs}(t) = \mathscr{L}^{-1}[R_{zs}(s)] \tag{4-67}$$

【例 4-15】 给定系统微分方程 $\dfrac{\mathrm{d}^2 r(t)}{\mathrm{d}t^2} + 3\dfrac{\mathrm{d}r(t)}{\mathrm{d}t} + 2r(t) = \dfrac{\mathrm{d}e(t)}{\mathrm{d}t} + 3e(t)$，激励 $e(t) = u(t)$，起始状态为 $r(0_-) = 1$，$r'(0_-) = 2$，试求其零状态响应。

解： 零状态响应起始状态为零，即 $r(0_-) = r'(0_-) = 0$，$e(t) = u(t)$，方程两端取拉氏变换

$$s^2 R(s) + 3s R(s) + 2R(s) = sE(s) + 3E(s)$$
$$(s^2 + 3s + 2)R(s) = (s+3)E(s)$$

所以，得到零状态响应的 s 域形式为

$$R_{zs}(s) = \frac{(s+3)E(s)}{(s^2+3s+2)}$$

代入 $E(s) = \dfrac{1}{s}$，得

$$R_{zs}(s) = \frac{s+3}{s(s^2+3s+2)}$$

进行部分分式展开，得

$$R_{zs}(s) = \frac{s+3}{s(s^2+3s+2)} = \frac{0.5}{s+2} + \frac{-2}{s+1} + \frac{1.5}{s}$$

对其进行逆变换可求得零状态响应为

$$r_{zs}(t) = 0.5e^{-2t} - 2e^{-t} + 1.5, \quad t \geqslant 0$$

3. 完全响应

完全响应同时考虑外加激励作用和初始储能作用，即式（4-63）就是完全响应的拉氏变换，所以

$$r(t) = r_{zi}(t) + r_{zs}(t) = \mathscr{L}^{-1}\left[\frac{b_0 s^2 + b_1 s + b_2}{s^2 + a_1 s + a_2}E(s) + \frac{sr(0_-) + r'(0_-) + a_1 r(0_-)}{s^2 + a_1 s + a_2}\right] \quad (4\text{-}68)$$

【例 4-16】 给定系统微分方程 $\dfrac{\mathrm{d}^2 r(t)}{\mathrm{d}t^2} + 3\dfrac{\mathrm{d}r(t)}{\mathrm{d}t} + 2r(t) = \dfrac{\mathrm{d}e(t)}{\mathrm{d}t} + 3e(t)$，激励 $e(t) = u(t)$，起始状态为 $r(0_-) = 1$，$r'(0_-) = 2$，试求完全响应。

解： 方程两端取拉氏变换

$$s^2 R(s) - sr(0_-) - r'(0_-) + 3[sR(s) - r(0_-)] + 2R(s) = sE(s) + 3E(s)$$
$$(s^2 + 3s + 2)R(s) = (s+3)E(s) + sr(0_-) + r'(0_-) + 3r(0_-)$$

得到完全响应的 s 域形式

$$R(s) = \frac{sr(0_-) + r'(0_-) + 3r(0_-)}{s^2 + 3s + 2} + \frac{(s+3)E(s)}{(s^2+3s+2)}$$

代入起始值 $r(0_-) = 1$，$r'(0_-) = 2$ 和 $E(s) = \dfrac{1}{s}$，得

$$R(s) = \frac{s+5}{s^2+3s+2} + \frac{s+3}{(s^2+3s+2)s}$$
$$= \frac{s^2 + 6s + 3}{(s+1)(s+2)s}$$
$$= \frac{2}{s+1} + \frac{-2.5}{s+2} + \frac{1.5}{s}$$

进行逆变换可求得完全响应为

$$r(t) = 2e^{-t} - 2.5e^{-2t} + 1.5, \quad t \geq 0$$

由此可见，完全响应等于零输入响应和零状态响应之和，即例4-14与例4-15的结果之和。

4.4.2 利用拉氏变换法分析电路、s 域元件模型

1. 电路元件的 s 域模型

对于线性时不变二端元件 R、L、C，若规定其端电压 $v(t)$ 与电流 $i(t)$ 为关联参考方向，其相应的象函数分别 $V(s)$ 和 $I(s)$，那么由拉氏变换的线性及微、积分性质可得到它们的复频域模型。

电阻元件的 s 域模型为

$$v_R(t) = Ri_R(t) \tag{4-69}$$

$$V_R(s) = RI_R(s) \text{ 或 } I_R(s) = \frac{V_R(s)}{R} \tag{4-70}$$

电阻元件的 s 域模型如图4-6所示。

电感元件的 s 域模型

$$v_L(t) = L\frac{di_L(t)}{dt} \tag{4-71}$$

$$V_L(s) = I_L(s)Ls - Li_L(0_-) \tag{4-72}$$

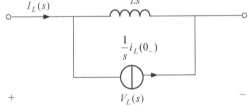

图 4-6 电阻元件串联和并联形式的 s 域模型

由式（4-72）可见，电感两端电压的象函数等于两项之差。第一项是复频域的感抗 Ls 与象电流 $I_L(s)$ 的乘积，第二项相当于某电压源的象函数 $Li_L(0_-)$，可称之为内部象电压源。这样，电感 L 的电压源形式的 s 域模型由感抗 Ls 和象电压源 $Li_L(0_-)$ 串联组成，如图4-7所示。

利用电源转换可以得到电感元件电流源形式的 s 域模型

$$I_L(s) = \frac{V_L(s)}{Ls} + \frac{1}{s}i_L(0_-) \tag{4-73}$$

式（4-73）表明，象电流 $I_L(s)$ 等于两项之和。第一项是导纳 $\frac{1}{Ls}$ 与象电压 $V_L(s)$ 的乘积，第二项为内部象电流源 $\frac{1}{s}i_L(0_-)$。电感 L 的电流源形式的 s 域模型由感抗 Ls 和电流源 $\frac{1}{s}i_L(0_-)$ 并联组成，如图4-8所示。

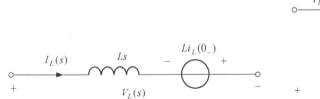

图 4-7 电感的 s 域模型（回路分析）　　图 4-8 电感的 s 域模型（节点分析）

同理，电容元件的电压源形式的 s 域模型如图4-9所示，表达式为

$$v_C(t) = \frac{1}{C}\int_{-\infty}^{t} i_C(\tau)dt \tag{4-74}$$

$$V_C(s) = I_C(s)\frac{1}{sC} + \frac{1}{s}v_C(0_-) \tag{4-75}$$

电容元件的电流源形式的 s 域模型如图 4-10 所示，表达式为

$$I_C(s) = sCV_C(s) - Cv_C(0_-) \tag{4-76}$$

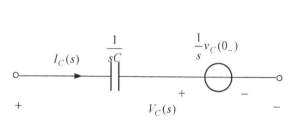

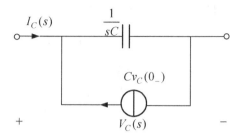

图 4-9　电容的 s 域模型（回路分析）　　　图 4-10　电容的 s 域模型（节点分析）

将网络中的每个元件都用它的 s 域模型来代替，把信号源直接写作变换式，这样就得到全部网络的 s 域模型图，对此电路模型采用 KCL 和 KVL 分析法进行分析即可找到所需求解的变换式，这时，所进行的数学运算是代数关系，它与电阻性网络的分析方法一样。

2. 电路定理的推广

$$i(t) \leftrightarrow I(s)$$
$$\text{KCL}: \sum i(t) = 0 \rightarrow \sum I(s) = 0 \tag{4-77}$$
$$v(t) \leftrightarrow V(s)$$
$$\text{KVL}: \sum v(t) = 0 \rightarrow \sum V(s) = 0 \tag{4-78}$$

3. 求响应的步骤

1）画 0_- 等效电路，求起始状态。

2）画 s 域等效模型。

3）列 s 域方程（代数方程）。

4）解 s 域方程，求出响应的拉氏变换 $V(s)$ 或 $I(s)$。

5）拉氏逆变换求 $v(t)$ 或 $i(t)$。

【例 4-17】　已知电路如图 4-11 所示，电路输入电压

$$e(t) = \begin{cases} -E, & t < 0 \\ E, & t > 0 \end{cases}$$

利用 s 域模型求 $v_C(t)$。

解：根据给出的

$$e(t) = -Eu(-t) + Eu(t)$$

可知当 $t < 0$ 时，电路输入电压为 $-E$，且电路已经达到稳定，可求出电容两端电压为 $-E$，即初始储能值

$$v_C(0_-) = -E$$

画出 s 域等效模型图如图 4-12 所示。按照 KVL，列写 s 域方程

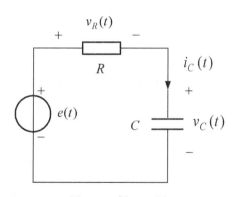

图 4-11　例 4-17 图

$$I_C(s)\left(R + \frac{1}{sC}\right) = \frac{E}{s} + \frac{E}{s}$$

$$I_C(s) = \frac{2E}{s\left(R + \dfrac{1}{sC}\right)}$$

$$V_C(s) = I_C(s)\frac{1}{sC} + \frac{-E}{s}$$

$$V_C(s) = \frac{E}{s} - \frac{2E}{s + \dfrac{1}{RC}}$$

求逆变换

$$v_C(t) = E\left(1 - 2\mathrm{e}^{-\frac{t}{RC}}\right) \quad t \geq 0$$

电容电压波形如图 4-13 所示。

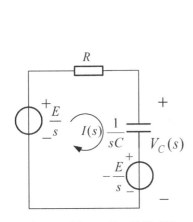

图 4-12　例 4-17 的 s 域模型图

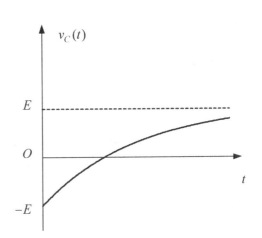

图 4-13　电容电压波形

课堂练习题

4.4-1　（判断）电路如题图 4.4-1 所示，$t=0$ 以前开关位于"1"，电路已进入稳定状态，$t=0$ 时开关从"1"倒向"2"，则电流 $i(t)$ 的表达式为 $i(t) = \dfrac{E}{2L\omega_0}\sin(\omega_0 t)u(t)$，其中 $\omega_0 = \dfrac{1}{\sqrt{LC}}$。　　　（　　）

4.4-2　描述某因果的连续时间 LTI 系统的微分方程为 $y''(t) + 3y'(t) + 2y(t) = 4x'(t) + 3x(t)$，$t \geq 0$，已知 $y(0_-) = -2$，$y'(0_-) = 3$，$x(t) = u(t)$。由 s 域求系统的零输入响应 $y_{zi}(t)$、零状响应 $y_{zs}(t)$ 和冲激响应 $h(t)$，下列哪步计算存在错误　　　（　　）

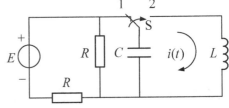

题图 4.4-1

A. 零输入响应 $y_{zi}(t)$ 计算为

$$y_{zi}(t) = \frac{sy(0_-) + y'(0_-) + 3y(0_-)}{s^2 + 3s + 2} = \frac{-2s-3}{(s+1)(s+2)} = \frac{-1}{s+1} + \frac{-1}{s+2}$$

$$y_{zi}(t) = \mathscr{L}^{-1}[Y_{zi}(s)] = -\mathrm{e}^{-t}u(t) - \mathrm{e}^{-2t}u(t)$$

B. 零状态响应 $y_{zs}(t)$ 计算为

$$y_{zs}(t) = \frac{4s+3}{(s+1)(s+2)}X(s) = \frac{4s+3}{s(s+1)(s+2)} = \frac{0.5}{s} - \frac{1}{s+1} + \frac{0.5}{s+2}$$

$$y_{zs}(t) = \mathscr{L}^{-1}[Y_{zs}(s)] = 0.5u(t) - \mathrm{e}^{-t}u(t) + 0.5\mathrm{e}^{-2t}u(t)$$

C. 对微分方程两边进行拉氏变换得

$$s^2Y(s) - sy(0_-) - y'(0_-) + 3[sY(s) - y(0_-)] + 2Y(s) = (4s+3)X(s)$$

D. 冲激响应 $h(t)$ 计算为

$$H(s) = \frac{4s+3}{(s+1)(s+2)} = \frac{-1}{s+1} + \frac{5}{s+2}$$

$$h(t) = \mathscr{L}^{-1}\left[H(s)\right] = 5\mathrm{e}^{-2t}u(t) - \mathrm{e}^{-t}u(t)$$

4.4-3 某 LTI 连续系统的微分方程为 $y''(t) + 3y'(t) + 2y(t) = 2f'(t) + 6f(t)$，已知输入 $f(t) = u(t)$，初始状态 $y(0_-) = 2$，$y'(0_-) = 1$，则该系统的零输入响应为 （　　）

A. $y_{zi}(t) = (5\mathrm{e}^{-2t} - 3\mathrm{e}^{-t})u(t)$　　　　B. $y_{zi}(t) = (5\mathrm{e}^{-2t} + 3\mathrm{e}^{-t})u(t)$

C. $y_{zi}(t) = (5\mathrm{e}^{-t} - 3\mathrm{e}^{-2t})u(t)$　　　　D. $y_{zi}(t) = (5\mathrm{e}^{-t} + 3\mathrm{e}^{-2t})u(t)$

4.4-4 某 LTI 连续系统的微分方程为 $y''(t) + 3y'(t) + 2y(t) = 2f'(t) + 6f(t)$，已知输入 $f(t) = u(t)$，初始状态 $y(0_-) = 2$，$y'(0_-) = 1$，则该系统的全响应为 （　　）

A. $y(t) = (1 + \mathrm{e}^{-t} - 2\mathrm{e}^{-2t})u(t)$　　　　B. $y(t) = (3 + \mathrm{e}^{-t} - \mathrm{e}^{-2t})u(t)$

C. $y(t) = (1 + 2\mathrm{e}^{-t} - 2\mathrm{e}^{-2t})u(t)$　　　　D. $y(t) = (3 + \mathrm{e}^{-t} - 2\mathrm{e}^{-2t})u(t)$

4.5 系统函数

4.5.1 系统函数 $H(s)$ 定义

若线性时不变系统的激励、零状态响应和冲激响应分别为 $e(t)$、$r(t)$ 和 $h(t)$，它们的拉氏变换分别为 $E(s)$、$R(s)$ 和 $H(s)$，由时域分析可知

$$r(t) = e(t) * h(t) \tag{4-79}$$

借助卷积定理可得

$$R(s) = E(s)H(s) \tag{4-80}$$

系统模型如图 4-14 所示。

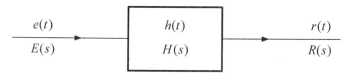

图 4-14　系统模型

定义系统函数

$$H(s) = \frac{R(s)}{E(s)} \tag{4-81}$$

为系统零状态响应的拉氏变换与激励的拉氏变换之比。

冲激响应 $h(t)$ 与系统函数 $H(s)$ 构成拉氏变换对

$$H(s) = \mathscr{L}\left[h(t)\right] \tag{4-82}$$

$h(t)$ 和 $H(s)$ 分别从时域和复频域表征了系统的特性。

从以上分析可以看到，系统函数是在零状态的条件下定义的。那么对于电路系统来说，起始条件为零，s 域元件模型可以得到简化，描述动态元件起始状态的电压源和电流源将不存在。下面介绍 $H(s)$ 的几种情况。

（1）策动点函数

激励与响应在同一端口时，如图 4-15 所示。

$H(s) = \dfrac{V_1(s)}{I_1(s)}$ 为策动点阻抗　　　　$H(s) = \dfrac{I_1(s)}{V_1(s)}$ 为策动点导纳

（2）转移函数

激励和响应不在同一端口，如图 4-16 所示。

$H(s)=\dfrac{V_2(s)}{I_1(s)}$ 为转移阻抗　　　　　　$H(s)=\dfrac{I_2(s)}{V_1(s)}$ 为转移导纳

$H(s)=\dfrac{V_2(s)}{V_1(s)}$ 为电压比　　　　　　$H(s)=\dfrac{I_2(s)}{I_1(s)}$ 为电流比

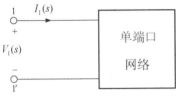

图 4-15　策动点函数　　　　　　　　　图 4-16　转移函数

【例 4-18】　已知系统 $\dfrac{d^2 r(t)}{dt^2}+5\dfrac{dr(t)}{dt}+6r(t)=2\dfrac{d^2 e(t)}{dt^2}+6\dfrac{de(t)}{dt}$，求系统函数 $H(s)$。

解： 在零起始状态下对方程两端取拉氏变换

$$s^2 R(s)+5sR(s)+6R(s)=2s^2 E(s)+6sE(s)$$

由式（4-81）可求得

$$H(s)=\frac{R(s)}{E(s)}=\frac{2s^2+6s}{s^2+5s+6}=\frac{2s}{s+2}=2-\frac{4}{s+2}$$

【例 4-19】　当输入 $e(t)=e^{-t}u(t)$ 时，LTI 因果系统的零状态响应 $r(t)=(3e^{-t}-4e^{-2t}+e^{-3t})u(t)$，求该系统的系统函数及冲激响应。

解： 由已知，对 $r(t)$ 和 $e(t)$ 进行拉氏变换

$$R(s)=3\frac{1}{s+1}-4\frac{1}{s+2}+\frac{1}{s+3}$$

$$E(s)=\frac{1}{s+1}$$

所以，由式（4-81）可求得

$$H(s)=\frac{R(s)}{E(s)}=\frac{4}{s+2}+\frac{-2}{s+3}$$

由式（4-82）可知，$h(t)=\mathscr{L}^{-1}[H(s)]$，对 $H(s)$ 进行逆变换，可得

$$h(t)=(4e^{-2t}-2e^{-3t})u(t)$$

【例 4-20】　如图 4-17 所示网络中，$L=2H$，$C=0.1F$，$R=10\Omega$。写出电压转移函数 $H(s)=\dfrac{V_2(s)}{E(s)}$。

解： 由图 4-17 可写出电路的 s 域模型，如图 4-18 所示，可知

$$E(s)\frac{\dfrac{\frac{1}{Cs}R}{\frac{1}{Cs}+R}}{Ls+\dfrac{\frac{1}{Cs}R}{\frac{1}{Cs}+R}}=V_2(s)$$

整理之后可得

$$H(s) = \frac{V_2(s)}{E(s)} = \frac{R}{RCLs^2 + Ls + R}$$

代入 $R = 10\Omega$，$L = 2H$，$C = 0.1F$，可得

$$H(s) = \frac{5}{s^2 + s + 5}$$

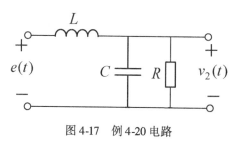

图 4-17　例 4-20 电路

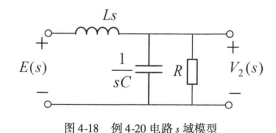

图 4-18　例 4-20 电路 s 域模型

4.5.2　应用系统函数求响应

如果已知系统函数 $H(s)$，可以先通过拉氏逆变换求出冲激响应 $h(t)$，再通过激励 $e(t)$ 与冲激响应 $h(t)$ 卷积，即 $r(t) = e(t) * h(t)$，求出系统的零状态响应。

也可以先求出激励 $e(t)$ 的拉氏变换 $E(s)$，在 s 域中直接通过 $R(s) = H(s)E(s)$，求出零状态响应的拉氏变换，然后再进行拉氏逆变换

$$r(t) = \mathscr{L}^{-1}[R(s)]$$

求出系统的零状态响应。利用系统函数求零状态响应的演示可扫描二维码 4-1 进行观看。

【例 4-21】　已知系统 $\dfrac{d^2 r(t)}{dt^2} + 5\dfrac{dr(t)}{dt} + 6r(t) = 2\dfrac{d^2 e(t)}{dt^2} + 6\dfrac{de(t)}{dt}$，激

励为 $e(t) = (1 + e^{-t})u(t)$，求系统的冲激响应 $h(t)$ 和零状态响应 $r_{zs}(t)$。

解：由例 4-18 已经求得

4-1　利用系统函数
求零状态响应

$$H(s) = \frac{R(s)}{E(s)} = \frac{2s}{s+2} = 2 - \frac{4}{s+2}$$

所以对 $H(s)$ 进行逆变换可得

$$h(t) = 2\delta(t) - 4e^{-2t}u(t)$$

由 $e(t) = (1 + e^{-t})u(t)$，可求出

$$E(s) = \frac{2s+1}{s(s+1)}$$

所以可求得响应的 s 域表达式

$$R_{zs}(s) = H(s)E(s) = \frac{2s}{s+2}\frac{2s+1}{s(s+1)} = \frac{2(2s+1)}{(s+2)(s+1)}$$

$$= \frac{6}{s+2} - \frac{2}{s+1}$$

进行逆变换可求得零状态响应

$$r_{zs}(t) = 6e^{-2t}u(t) - 2e^{-t}u(t)$$

4.5.3　系统的复频域框图表示

用框图表示一个系统可以避开系统的具体结构，集中研究输入与输出关系。有时候一个复

杂的系统，可能由很多子系统组合而成，将各子系统的系统函数写进框图的框内，连上有方向的线段，再加上一些相加符号，构成系统总框图。系统的连接有三种方式，即并联、级联和反馈，在 s 域中表示如图 4-19 ~ 图 4-21 所示。

1. LTI 系统的并联

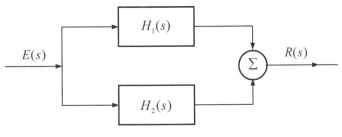

图 4-19　系统并联

在时域中并联系统的单位冲激响应为

$$h(t) = h_1(t) + h_2(t)$$

从 s 域角度，并联系统的系统函数为

$$H(s) = H_1(s) + H_2(s) \tag{4-83}$$

2. LTI 系统的级联

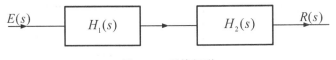

图 4-20　系统级联

在时域中级联系统的单位冲激响应为

$$h(t) = h_1(t) * h_2(t)$$

从 s 域角度，级联系统的系统函数为

$$H(s) = H_1(s)H_2(s) \tag{4-84}$$

3. LTI 系统的反馈连接

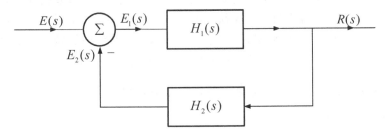

图 4-21　系统反馈连接

$$E_1(s) = E(s) - E_2(s) \qquad E_2(s) = R(s)H_2(s)$$
$$R(s) = H_1(s)\left[E(s) - E_2(s)\right]$$
$$= H_1(s)E(s) - H_1(s)E_2(s)$$
$$= H_1(s)E(s) - H_1(s)H_2(s)R(s)$$

所以

$$H(s) = \frac{R(s)}{E(s)} = \frac{H_1(s)}{1 + H_1(s)H_2(s)} \tag{4-85}$$

课堂练习题

4.5-1 （判断）系统函数可表示为系统的完全响应与输入的拉氏变换之比。 （   ）

4.5-2 （判断）单位阶跃响应的拉氏变换称为系统函数。 （   ）

4.5-3 某连续时间 LTI 系统的零状态响应 $y_{zs}(t) = (0.5 + e^{-t} - 1.5e^{-2t})u(t)$，激励信号 $x(t) = u(t)$，该系统的系统函数 $H(s)$ 的表示式为 （   ）

A. $\dfrac{2s+1}{s^2+2s+2}$ 　　B. $\dfrac{s+1}{s^2+3s+2}$ 　　C. $\dfrac{s^2+3s+2}{2s+1}$ 　　D. $\dfrac{2s+1}{s^2+3s+2}$

4.5-4 某因果的连续 LTI 系统在阶跃信号 $u(t)$ 激励下产生的阶跃响应为 $g(t) = (1 - e^{-2t})u(t)$，现观测到系统在输入信号 $e(t)$ 激励下的零状态响应为 $r_{zs}(t) = (e^{-2t} + e^{-3t})u(t)$，试确定输入信号 $e(t)$ 为 （   ）

A. $\delta(t) + 0.5e^{-3t}u(t)$ 　　B. $\delta(t) - 0.5e^{-3t}u(t)$ 　　C. $0.5e^{-3t}u(t)$ 　　D. $\delta(t) - e^{-3t}u(t)$

4.5-5 若两个子系统，其单位冲激响应分别为 $h_1(t)$ 和 $h_2(t)$，对应的系统函数分别为 $H_1(s)$ 和 $H_2(s)$。两个子系统级联后的系统如题图 4.5-1 所示，有关该复合系统，下列说法中不正确的是 （   ）

A. 冲激响应为 $h(t) = h_1(t) * h_2(t)$ 　　　　B. 冲激响应为 $h(t) = h_1(t)h_2(t)$

C. 系统函数为 $H(s) = \dfrac{R(s)}{E(s)}$ 　　　　D. 系统函数为 $H(s) = H_1(s)H_2(s)$

题图 4.5-1

4.6 由系统函数零、极点分布决定时域特性

在前面的学习中已经知道，冲激响应 $h(t)$ 与系统函数 $H(s)$ 分别从时域和复频域两方面表征了同一系统的本性。在 s 域分析中，借助系统函数在 s 平面零点与极点分布的研究，可以简明、直观地给出系统响应的许多规律。系统的时域、频域特性集中地以其系统函数的零、极点分布表现出来。即可以由系统函数的零、极点分布，预言系统的时域特性；划分系统的各个分量（自由/强迫，瞬态/稳态）；还可以用来说明系统的频率响应特性。

4.6.1 系统函数零、极点与冲激响应波形特征的对应

1. 系统函数的零、极点

系统函数一般可表示为

$$H(s) = \frac{A(s)}{B(s)} = K\frac{(s-z_1)(s-z_2)\cdots(s-z_j)\cdots(s-z_m)}{(s-p_1)(s-p_2)\cdots(s-p_k)\cdots(s-p_n)}$$

$$= K\frac{\displaystyle\prod_{j=1}^{m}(s-z_j)}{\displaystyle\prod_{i=1}^{n}(s-p_i)} \tag{4-86}$$

其零极点的定义与一般象函数 $F(s)$ 的零极点的定义相同，z_1，z_2，$\cdots$，z_m 为系统函数的零点；p_1，p_2，$\cdots$，p_n 为系统函数的极点。在 s 平面上，可以画出 $H(s)$ 的零极点图：极点用 × 表示，零点用 ○ 表示。

注意：若 $H(s)$ 是实系数的有理函数，其零、极点一定是实数或共轭成对的复数。

【例 4-22】　在 s 平面画出

$$H(s) = \frac{s(s-1+\mathrm{j}1)(s-1-\mathrm{j}1)}{(s+1)^2(s+\mathrm{j}2)(s-\mathrm{j}2)}$$

的所有零点和极点。

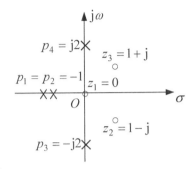

图 4-22　零极点举例

解：极点　$p_1 = p_2 = -1$（重根，二阶极点），$p_3 = -\mathrm{j}2$，$p_4 = \mathrm{j}2$。

零点　$z_1 = 0$，$z_2 = 1 - \mathrm{j}1$，$z_3 = 1 + \mathrm{j}1$，$z_4 = \infty$。

画出零极点如图 4-22 所示。

对于集总参数的 LTI 系统而言，系统函数的零极点数目应该是相等的。即当 $m < n$ 时，在无穷远处有一个 $(n-m)$ 阶零点，反之，则在无穷远处会有 $(m-n)$ 阶极点。

2. $H(s)$ 极点分布与原函数的对应关系

如果将式（4-86）所示的 $H(s)$ 展开成部分分式，那么，$H(s)$ 的每个极点将决定一项对应的时间函数。假设具有一阶极点 p_1，p_2，$\cdots$，p_n 的系统函数为

$$H(s) = K\frac{\prod_{j=1}^{m}(s-z_j)}{\prod_{i=1}^{n}(s-p_i)} = \sum_{i=1}^{n}\frac{K_i}{s-p_i} \tag{4-87}$$

则其冲激响应形式为

$$h(t) = \sum_{i=1}^{n}K_i\mathrm{e}^{p_it}u(t) \tag{4-88}$$

以 $\mathrm{j}\omega$ 轴为界，将 s 平面划分为左半平面和右半平面，图 4-23 表示了 $H(s)$ 的极点为一阶的情况下 $h(t)$ 的变化规律。

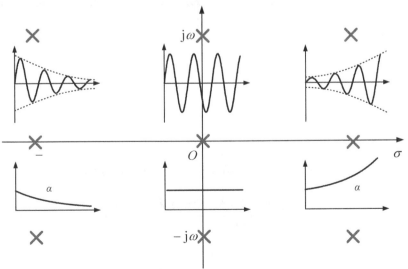

图 4-23　$H(s)$ 的一阶极点位置与 $h(t)$ 形状的关系

图 4-23 的各种情况在表 4-3 进行了说明。

表 4-3　一阶极点分布与原函数对应

$H(s)$	s 平面极点	$h(t)=\mathscr{L}^{-1}[H(s)],t\geqslant0$	$h(t)$ 波形
$\dfrac{1}{s}$	$p_1=0$,在原点	$u(t)$	等幅阶跃函数
$\dfrac{1}{s+\alpha}$	$p_1=-\alpha$,在左实轴上	$e^{-\alpha t}u(t)$	指数衰减形式
$\dfrac{1}{s-\alpha}$	$p_1=\alpha$,在右实轴上	$e^{\alpha t}u(t)$	指数增长形式
$\dfrac{\omega}{s^2+\omega^2}$	$p_1=\mathrm{j}\omega,p_2=-\mathrm{j}\omega$ 在虚轴上	$\sin(\omega t)u(t)$	等幅振荡
$\dfrac{\omega}{(s+\alpha)^2+\omega^2}$	$p_1=-\alpha+\mathrm{j}\omega,p_2=-\alpha-\mathrm{j}\omega$, 极点在左半平面	$e^{-\alpha t}\sin(\omega t)u(t)$	衰减振荡
$\dfrac{\omega}{(s-\alpha)^2+\omega^2}$	$p_1=\alpha+\mathrm{j}\omega,p_2=\alpha-\mathrm{j}\omega$, 极点在右半平面	$e^{\alpha t}\sin(\omega t)u(t)$	增长振荡

若 $H(s)$ 具有多阶极点,其对应的时间函数可能具有 $t^n e^{-\alpha t}u(t)$ 的形式,t 的幂次与极点阶次有关。表 4-4 列出二阶极点的典型情况,如图 4-24 所示。

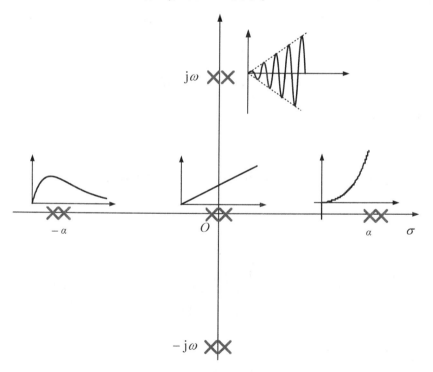

图 4-24　$H(s)$ 的二阶极点位置与 $h(t)$ 形状的关系

表 4-4　二阶极点分布与原函数对应

$H(s)$	s 平面极点	$h(t)=\mathscr{L}^{-1}[H(s)],t\geqslant0$	$h(t)$ 波形
$\dfrac{1}{s^2}$	$p_1=p_2=0$,极点在原点	$tu(t)$	增长

（续）

$H(s)$	s 平面极点	$h(t) = \mathscr{L}^{-1}[H(s)], t \geq 0$	$h(t)$ 波形
$\dfrac{1}{(s+\alpha)^2}$ $(\alpha > 0)$	$p_1 = p_2 = -\alpha$，极点在实轴上	$te^{-\alpha t}u(t), \alpha > 0$	衰减
$\dfrac{2\omega s}{(s^2+\omega^2)^2}$	$p_1 = p_2 = -\mathrm{j}\omega, p_3 = p_4 = \mathrm{j}\omega$，极点在虚轴上	$t\sin(\omega t)u(t)$	增幅振荡

　　根据以上分析可知，若 $H(s)$ 全部极点落于左半平面，则 $h(t)$ 波形衰减；若 $H(s)$ 有极点落于右半平面，则 $h(t)$ 波形增长；落于虚轴的情况分为两种，即一阶极点为等幅振荡或阶跃、二阶以上极点均为增长形式。

　　具有实际意义的物理系统都是稳定系统，即随 $t \to \infty$，$h(t) \to 0$，这表明 $H(s)$ 的极点位于左半平面，收敛域包括虚轴，$H(\mathrm{j}\omega)$ 存在，若求 $H(\mathrm{j}\omega)$，只需将 $s \to \mathrm{j}\omega$ 即可。收敛域以极点为边界但不包含任何极点。

　　系统函数零、极点分布与冲激响应波形特征对应的演示可扫描二维码 4-2 进行观看。

4-2　系统函数零、极点分布决定时域持性

4.6.2　$E(s)$、$H(s)$ 的极点分布与自由响应、强迫响应特性的对应

　　现在从 s 域的观点，即从 $E(s)$ 与 $H(s)$ 的极点分布来研究零状态响应中的自由响应分量、强迫响应分量的概念。

激励：$e(t) \leftrightarrow E(s)$　　　　　　系统函数：$h(t) \leftrightarrow H(s)$

$$E(s) = \frac{\prod\limits_{l=1}^{u}(s-z_l)}{\prod\limits_{k=1}^{v}(s-p_k)} \qquad\qquad H(s) = \frac{\prod\limits_{j=1}^{m}(s-z_j)}{\prod\limits_{i=1}^{n}(s-p_i)}$$

设响应为 $r(t)$，则 $r(t) \leftrightarrow R(s)$

$$R(s) = H(s)E(s) = \frac{\prod\limits_{j=1}^{m}(s-z_j)}{\prod\limits_{i=1}^{n}(s-p_i)} \frac{\prod\limits_{l=1}^{u}(s-z_l)}{\prod\limits_{k=1}^{v}(s-p_k)} \tag{4-89}$$

展开成部分分式形式

$$R(s) = \sum_{i=1}^{n} \frac{A_i}{s-p_i} + \sum_{k=1}^{v} \frac{A_k}{s-p_k} \tag{4-90}$$

则

$$\begin{aligned}r(t) &= \mathscr{L}^{-1}[R(s)] \\ &= \underbrace{\sum_{i=1}^{n} A_i e^{p_i t}u(t)}_{\text{自由响应分量}} + \underbrace{\sum_{k=1}^{v} A_k e^{p_k t}u(t)}_{\text{强迫响应分量}}\end{aligned} \tag{4-91}$$

　　由式（4-91）可见，响应函数 $r(t)$ 由两部分组成，即系统函数的极点形成自由响应分量、激励函数的极点形成强迫响应分量。

　　定义系统行列式（特征方程）的根为系统的固有频率（或称"自然频率""自由频率"）。$H(s)$ 的极点都是系统固有频率；$H(s)$ 零、极点相消时，某些固有频率将丢失。自由响应的极点只由系统本身的特性所决定，与激励函数的形式无关，然而系数 A_i、A_k 则与 $H(s)$ 和 $E(s)$

都有关。

与自由响应分量和强迫响应分量有着密切关系又容易发生混淆的另一对名词是瞬态响应分量和稳态响应分量。瞬态响应是指激励信号接入以后，完全响应中瞬时出现的有关成分，随着 t 增大，瞬态响应将消失；稳态响应为完全响应减去瞬态响应分量。左半平面的极点产生的函数项和瞬态响应对应，虚轴及右半平面的极点对应系统的稳态响应。

【例 4-23】 给定系统微分方程 $\dfrac{\mathrm{d}^2 r(t)}{\mathrm{d}t^2} + 3\dfrac{\mathrm{d}r(t)}{\mathrm{d}t} + 2r(t) = \dfrac{\mathrm{d}e(t)}{\mathrm{d}t} + 3e(t)$，激励 $e(t) = u(t)$，起始状态为 $r(0_-) = 1$，$r'(0_-) = 2$，试指出其完全响应中的自由响应、强迫响应分量和暂态响应、稳态响应分量。

解：系统的完全响应已经通过例 4-16 求出，完全响应的 s 域形式为

$$R(s) = \frac{sr(0_-) + r'(0_-) + 3r(0_-)}{s^2 + 3s + 2} + \frac{(s+3)E(s)}{(s^2 + 3s + 2)}$$

代入初始值 $r(0_-) = 1$，$r'(0_-) = 2$ 和 $E(s) = \dfrac{1}{s}$，则

$$R(s) = \frac{s^2 + 6s + 3}{(s^2 + 3s + 2)s} = \frac{s^2 + 6s + 3}{(s+1)(s+2)s}$$

$$= \frac{2}{s+1} + \frac{-2.5}{s+2} + \frac{1.5}{s}$$

其中 $s = -1$，$s = -2$ 为系统函数的极点，$s = 0$ 为激励函数的极点，进行逆变换可求得完全响应为

$$r(t) = 2\mathrm{e}^{-t} - 2.5\mathrm{e}^{-2t} + 1.5, \quad t \geq 0$$

根据极点是系统函数的极点还是激励函数的极点，完全响应可分为自由响应分量和强迫响应分量，即

$$R(s) = \underbrace{2\frac{1}{s+1} - 2.5\frac{1}{s+2}}_{H(s)的极点} + \underbrace{1.5\frac{1}{s}}_{E(s)的极点}$$

$$r(t) = \underbrace{2\mathrm{e}^{-t} - 2.5\mathrm{e}^{-2t}}_{自由响应} + \underbrace{1.5}_{强迫响应}, \quad t \geq 0$$

根据极点分布在左半平面还是右半平面或虚轴，完全响应可分为暂态响应分量和稳态响应分量，即

$$R(s) = \underbrace{2\frac{1}{s+1} - 2.5\frac{1}{s+2}}_{极点位于左半平面} + \underbrace{1.5\frac{1}{s}}_{极点位于虚轴}$$

$$r(t) = \underbrace{2\mathrm{e}^{-t} - 2.5\mathrm{e}^{-2t}}_{暂态响应} + \underbrace{1.5}_{稳态响应}, \quad t \geq 0$$

课堂练习题

4.6-1 （判断）$H(s)$ 的极点形成系统的强迫响应分量。 （　　）

4.6-2 （判断）某个线性系统的系统函数为 $H(s) = \dfrac{1-s}{1+s}$，当激励信号为 $\mathrm{e}^{-2t}u(t)$ 时，其自由响应为 $2\mathrm{e}^{-t}u(t)$。

　（　　）

4.6-3 系统的冲激响应的函数形式与 （　　）

A. 系统函数 $H(s)$ 的零点和极点位置都有关　　B. 输入信号的函数形式有关

C. 系统函数 $H(s)$ 的极点位置有关　　D. 系统函数 $H(s)$ 的零点位置有关

4.6-4   如果一连续时间二阶系统的系统函数 $H(s)$ 的共轭极点在虚轴上，则它的 $h(t)$ 应是   （   ）

A. 指数增长信号　　　　　B. 指数衰减振荡信号　　　C. 常数　　　　　　　　D. 等幅振荡信号

4.6-5   关于因果系统，下列说法不正确的是   （   ）

A. $H(s)$ 在虚轴上的一阶极点所对应的响应函数为稳态分量

B. $H(s)$ 在左半平面的极点所对应的响应函数为衰减的，即当 $t\to\infty$ 时，响应均趋于 0

C. $H(s)$ 在左半平面的零点所对应的响应函数为衰减的，即当 $t\to\infty$ 时，响应均趋于 0

D. $H(s)$ 在虚轴上的高阶极点或右半平面上的极点，其所对应的响应函数都是递增的

4.7   线性系统的稳定性

稳定性是系统自身的性质之一，系统是否稳定与激励信号的情况无关。冲激响应 $h(t)$、系统函数 $H(s)$ 分别从时域和 s 域表征了同一系统的本性，所以也能从时域和 s 域来判断系统的稳定性。

一个系统，如果对任意的有界输入，其零状态响应也是有界的，则称该系统为有界输入有界输出（BIBO）稳定系统，简称稳定系统。

即对所有的激励信号 $e(t)$

$$|e(t)| \leq M_{\mathrm e} \tag{4-92}$$

其响应 $r(t)$ 满足

$$|r(t)| \leq M_{\mathrm r} \tag{4-93}$$

则称该系统是稳定的。式中，$M_{\mathrm e}$、$M_{\mathrm r}$ 为有界正值。但是按式（4-92）与式（4-93）来判断系统是否稳定过于烦琐，为此导出稳定系统的充分必要条件是单位冲激响应绝对可积，即

$$\int_{-\infty}^{\infty} |h(t)| \, \mathrm dt \leq M \tag{4-94}$$

其中 M 为有界正值。满足式（4-94）的函数，一定是随时间衰减的函数。

由 4.6.1 节可知，$h(t)$ 的增减情况与 $H(s)$ 的极点分布有关，因此可由 $H(s)$ 的极点位置判断系统稳定性。

（1）稳定系统

若 $H(s)$ 的全部极点位于 s 平面的左半平面（不包括虚轴），则可满足 $\lim\limits_{t\to\infty}h(t)=0$，系统是稳定的。例如 $\dfrac{1}{s+p}$，$p>0$ 时系统稳定；$\dfrac{1}{s^2+ps+q}$，$p>0$，$q>0$ 时系统稳定。

（2）不稳定系统

若 $H(s)$ 有极点位于 s 平面的右半平面，或在虚轴上有二阶（或以上）极点，$\lim\limits_{t\to\infty}h(t)\to\infty$，系统是不稳定系统。

（3）临界稳定系统

若 $H(s)$ 有极点位于 s 平面虚轴上，且只有一阶，其余极点位于 s 平面的左半平面，$h(t)$ 趋于一个非零的数值或等幅振荡，处于上述两种类型的临界情况，系统为临界稳定系统。临界稳定系统可归属为不稳定系统。

【例 4-24】   如图 4-25 所示的反馈系统，其中子系统的系统函数 $G(s)=\dfrac{1}{(s-1)(s+2)}$，当常数 k 满足什么条件时，系统是稳定的？

解：加法器输出端的信号为

$$X(s) = F(s) - kY(s)$$

输出信号为

$$Y(s) = G(s)X(s) = G(s)F(s) - kG(s)Y(s)$$

$$[1 + kG(s)]Y(s) = G(s)F(s)$$

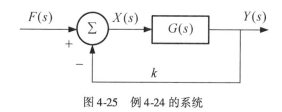

图 4-25　例 4-24 的系统

则反馈系统的系统函数为

$$H(s) = \frac{Y(s)}{F(s)} = \frac{G(s)}{1 + kG(s)} = \frac{1}{s^2 + s - 2 + k}$$

$H(s)$ 的极点为

$$p_{1,2} = -\frac{1}{2} \pm \sqrt{\frac{9}{4} - k}$$

为使极点均在 s 平面的左半平面，必须

$$\frac{9}{4} - k < 0 \quad 或 \quad \begin{cases} \dfrac{9}{4} - k > 0 \\ -\dfrac{1}{2} + \sqrt{\dfrac{9}{4} - k} < 0 \end{cases}$$

可得 $k > 2$，即 $k > 2$ 时，系统是稳定的。

课堂练习题

4.7-1　（判断）若一个连续 LTI 系统是因果系统，它一定是一个稳定系统。　　　　　　（　　）

4.7-2　（判断）不论系统是否为因果系统，如果系统冲激响应 $h(t)$ 满足 $\int_{-\infty}^{\infty} |h(t)| \mathrm{d}t < \infty$，则系统一定是稳定的。　　　　　　（　　）

4.7-3　为使因果 LTI 连续系统是稳定的，要求其系统函数 $H(s)$ 的极、零点中　　　　（　　）

A. 全部极点都在左半平面　　　　　　　　B. 至少有一个极点在左半平面

C. 全部零点都在右半平面　　　　　　　　D. 至少有一个零点在左半平面

4.7-4　如题图 4.7-1 所示反馈系统，已知子系统的系统函数 $G(s) = \dfrac{1}{(s+2)(s+3)}$，关于系统函数及稳定性说法正确的是
　　　　　　　　　　　　　　　　　　（　　）

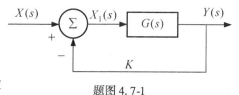

题图 4.7-1

A. 系统函数为 $H(s) = \dfrac{1}{s^2 + 5s + 6 - K}$，当 $K > 6$ 时，系统稳定

B. 系统函数为 $H(s) = \dfrac{1}{s^2 + 5s + 6 + K}$，当 $K < -6$ 时，系统稳定

C. 系统函数为 $H(s) = \dfrac{1}{s^2 + 5s + 6 - K}$，当 $K < 6$ 时，系统稳定

D. 系统函数为 $H(s) = \dfrac{1}{s^2 + 5s + 6 + K}$，当 $K > -6$ 时，系统稳定

4.8　由系统函数零、极点分布决定频响特性

有实际意义的物理系统都是稳定的因果系统。即时域上 $\lim\limits_{t \to \infty} h(t) = 0$，频域上 $H(s)$ 的全部极点落在 s 平面的左半平面。其收敛域包括虚轴，所以 $H(j\omega) = H(s)\big|_{s=j\omega}$。

由系统的零、极点分布可以定性了解系统的频响特性。由稳定系统的 $H(s)$ 在 s 平面上的

零极点图，可以描绘出系统的频响特性曲线，即幅频特性 $|H(\mathrm{j}\omega)| \sim \omega$ 和相频特性 $\varphi(\omega) \sim \omega$。

根据 $H(s)$ 零极点图绘制系统的频响特性曲线

$$H(\mathrm{j}\omega) = H(s)|_{s=\mathrm{j}\omega} = K\frac{\prod\limits_{j=1}^{m}(s - z_j)}{\prod\limits_{i=1}^{n}(s - p_i)}\bigg|_{s=\mathrm{j}\omega} = K\frac{\prod\limits_{j=1}^{m}(\mathrm{j}\omega - z_j)}{\prod\limits_{i=1}^{n}(\mathrm{j}\omega - p_i)} \tag{4-95}$$

由式（4-95）可见，$H(\mathrm{j}\omega)$ 的特性与零、极点的位置有关。

令分子中每一项

$$\mathrm{j}\omega - z_j = N_j\mathrm{e}^{\mathrm{j}\psi_j} \tag{4-96}$$

令分母中每一项

$$\mathrm{j}\omega - p_i = M_i\mathrm{e}^{\mathrm{j}\theta_i} \tag{4-97}$$

式中，N_j、M_i 分别是零、极点矢量的模；ψ_j、θ_i 分别是零、极点矢量与正实轴的夹角。即把 $\mathrm{j}\omega - z_j$、$\mathrm{j}\omega - p_i$ 都看作两矢量之差，将矢量图画于复平面内，如图 4-26 所示。

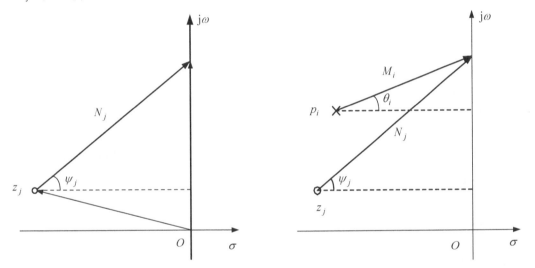

图 4-26　$\mathrm{j}\omega - z_j$ 和 $\mathrm{j}\omega - p_i$ 矢量

$\mathrm{j}\omega$ 是滑动矢量，$\mathrm{j}\omega$ 矢量变化，则 N_j、ψ_j 和 M_i、θ_i 都发生变化。

这时，频率响应特性为

$$\begin{aligned} H(\mathrm{j}\omega) &= K\frac{N_1\mathrm{e}^{\mathrm{j}\psi_1}N_2\mathrm{e}^{\mathrm{j}\psi_2}\cdots N_m\mathrm{e}^{\mathrm{j}\psi_m}}{M_1\mathrm{e}^{\mathrm{j}\theta_1}M_2\mathrm{e}^{\mathrm{j}\theta_2}\cdots M_n\mathrm{e}^{\mathrm{j}\theta_n}} \\ &= K\frac{N_1N_2\cdots N_m}{M_1M_2\cdots M_n}\mathrm{e}^{\mathrm{j}(\psi_1+\psi_2+\cdots+\psi_m)}\mathrm{e}^{\mathrm{j}(\theta_1+\theta_2+\cdots+\theta_n)} \end{aligned} \tag{4-98}$$

所以

$$|H(\mathrm{j}\omega)| = K\frac{N_1N_2\cdots N_m}{M_1M_2\cdots M_n} \tag{4-99}$$

$$\varphi(\omega) = (\psi_1 + \psi_2 + \cdots + \psi_m) - (\theta_1 + \theta_2 + \cdots + \theta_n) \tag{4-100}$$

当 ω 沿虚轴移动时，各复数因子（矢量）的模和辐角都随之改变，于是得出幅频特性曲线和相频特性曲线。

【例4-25】 用矢量图法求图 4-27 所示系统的频响特性。

解：

$$H(s) = \frac{V_2(s)}{V_1(s)} = \frac{R}{R + \frac{1}{sC}} = \frac{s}{s + \frac{1}{RC}}$$

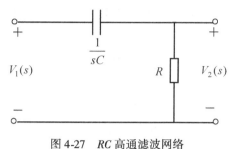

图 4-27 RC 高通滤波网络

所以

$$H(\mathrm{j}\omega) = \frac{\mathrm{j}\omega}{\mathrm{j}\omega - \left(-\frac{1}{RC}\right)} = \frac{N_1 \mathrm{e}^{\mathrm{j}\psi_1}}{M_1 \mathrm{e}^{\mathrm{j}\theta_1}}$$

零点：$z_1 = 0$，极点：$p_1 = -\dfrac{1}{RC}$，矢量图如图 4-28 所示。

幅频特性：

$$|H(\mathrm{j}\omega)| = \frac{N_1}{M_1}$$

当 $\omega = 0$ 时，$N_1 = 0$，所以 $|H(\mathrm{j}\omega)| = \dfrac{N_1}{M_1} = 0$；

当 ω 增大时，N_1 增大，M_1 增大，且趋于 $|H(\mathrm{j}\omega)| < 1$；

当 $\omega \to \infty$ 时，$N_1 \approx M_1 \to \infty$，$|H(\mathrm{j}\omega)| = \dfrac{N_1}{M_1} \approx 1$。

相频特性：

$$\varphi(\omega) = \psi_1 - \theta_1 = \frac{\pi}{2} - \theta_1$$

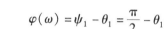

当 $\omega = 0$ 时，$\theta_1 = 0$，所以 $\varphi(\omega) = \dfrac{\pi}{2} - 0 = \dfrac{\pi}{2}$；

图 4-28 RC 高通滤波网络的 s 平面分析

当 ω 增大时，θ_1 增大，且趋于 $\varphi(\omega) < \dfrac{\pi}{2}$；

当 $\omega \to \infty$ 时，$\theta_1 \to \dfrac{\pi}{2}$，$\varphi(\omega) \to 0$。

幅频特性和相频特性如图 4-29 所示。由图可见，此网络为高通网络，截止频率位于 $\omega = \dfrac{1}{RC}$ 处。

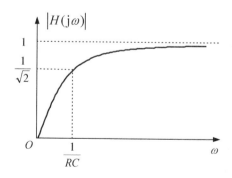
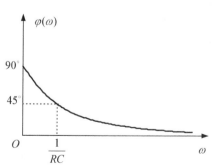

图 4-29 RC 高通滤波网络的频响特性

一阶高通滤波网络的频响特性演示可扫描二维码 4-3 进行观看。

4-3 一阶高通滤波
网络频响特性

【例4-26】 研究如图 4-30 所示 RC 低通滤波网络的频响特性 $H(\mathrm{j}\omega) = $

$\dfrac{V_2(\text{j}\omega)}{V_1(\text{j}\omega)}$。写出网络转移函数表达式。

解：

$$H(s) = \frac{V_2(s)}{V_1(s)} = \frac{1}{RC}\left(\frac{1}{s + \dfrac{1}{RC}}\right)$$

系统稳定，所以

$$H(\text{j}\omega) = \frac{1}{RC}\left(\frac{1}{\text{j}\omega - \left(-\dfrac{1}{RC}\right)}\right) = \frac{1}{RC}\frac{1}{M_1 \text{e}^{\text{j}\theta_1}}$$

极点 $p_1 = -\dfrac{1}{RC}$，画出矢量图如图 4-31 所示，分析过程如下。

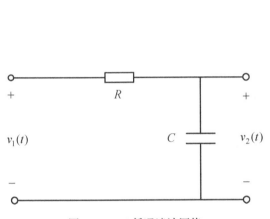

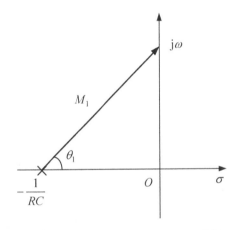

图 4-30　RC 低通滤波网络　　　　图 4-31　RC 低通滤波网络的 s 平面分析

幅频特性：

$$|H(\text{j}\omega)| = \frac{1}{RC}\frac{1}{M_1}$$

当 $\omega = 0$ 时，$M_1 = \dfrac{1}{RC}$，所以 $|H(\text{j}\omega)| = 1$；

当 ω 增大时，M_1 增大，且趋于 $|H(\text{j}\omega)| < 1$；

当 $\omega \to \infty$ 时，$M_1 \to \infty$，$|H(\text{j}\omega)| \to 0$。

相频特性：

$$\varphi(\omega) = -\theta_1$$

当 $\omega = 0$ 时，$\theta_1 = 0$，所以 $\varphi(\omega) = 0$；

当 ω 增大时，θ_1 增大，且趋于 $\varphi(\omega) > -\dfrac{\pi}{2}$；

当 $\omega \to \infty$ 时，$\theta_1 \to \dfrac{\pi}{2}$，$\varphi(\omega) \to -\dfrac{\pi}{2}$。

幅频特性和相频特性如图 4-32 所示。由图可见，此网络为低通网络，截止频率位于 $\omega = \dfrac{1}{RC}$ 处。

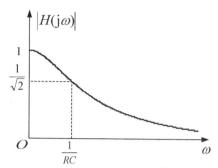 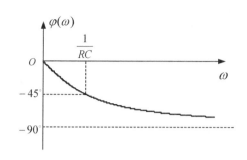

图 4-32 RC 低通滤波网络的频响特性

一阶 RC 低通滤波网络的频响特性演示可扫描二维码 4-4 进行观看。

4-4 一阶 RC 低通
滤波频响特性

【例 4-27】 研究图 4-33 所示二阶 RC 系统的频响特性 $H(j\omega) = \dfrac{V_2(j\omega)}{V_1(j\omega)}$，图中 kv_3 是受控电压源，且 $R_1C_1 < < R_2C_2$。

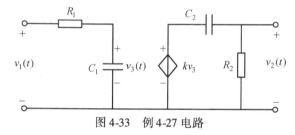

图 4-33 例 4-27 电路

解：其转移函数为

$$H(s) = \frac{V_2(s)}{V_1(s)} = \frac{1}{R_1C_1}\frac{1}{s + \dfrac{1}{R_1C_1}} \cdot k\frac{s}{s + \dfrac{1}{R_2C_2}}$$

可得到

$$H(j\omega) = \frac{1}{R_1C_1}\underbrace{\frac{1}{j\omega + \dfrac{1}{R_1C_1}}}_{\text{低通滤波器}} \cdot k\underbrace{\frac{j\omega}{j\omega + \dfrac{1}{R_2C_2}}}_{\text{高通滤波器}}$$

相当于低通与高通级联构成的带通系统。极点 $p_1 = -\dfrac{1}{R_1C_1}$，$p_2 = -\dfrac{1}{R_2C_2}$；零点 $z_1 = 0$。$R_1C_1 < < R_2C_2$，矢量图如图 4-34 所示，频响特性如图 4-35 所示。

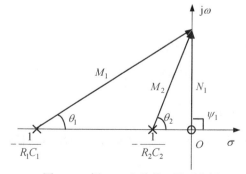

图 4-34 例 4-27 电路的 s 平面分析

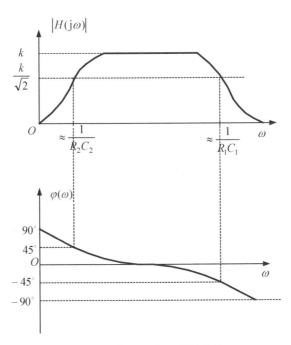

图 4-35　例 4-27 频响特性曲线

二阶网络的频响特性演示可扫描二维码 4-5 进行观看。

在系统的分析与设计中，频响特性曲线很重要。但在实际应用中，尤其是零、极点数量较多的高阶系统，准确的计算与作图都非常困难。这时可以采取仿真手段，比如 LabVIEW、MATLAB 编程等更方便地得到一般系统函数的频响特性。

4-5　二阶网络频响特性

课堂练习题

4.8-1　（判断）稳定连续系统的系统函数的收敛域一定包括虚轴。　　　　　　（　　）

4.8-2　（判断）任意系统的 $H(s)$ 只要在 s 处用 $j\omega$ 代入就可得到该系统的频率响应 $H(j\omega)$。　　（　　）

4.8-3　某连续时间 LTI 系统的系统函数 $H(s) = \dfrac{s}{s+1}$，该系统属于什么类型？　　（　　）

A. 低通　　　　　　B. 带阻　　　　　　C. 带通　　　　　　D. 高通

4.8-4　某连续时间系统的系统函数 $H(s) = \dfrac{2s}{s^2+3s+2}$，该系统幅频特性响应属于　　（　　）

A. 低通　　　　　　B. 高通　　　　　　C. 带阻　　　　　　D. 带通

4.8-5　下列哪个零点、极点分布图表示的系统是高通滤波网络？　　　　　　（　　）

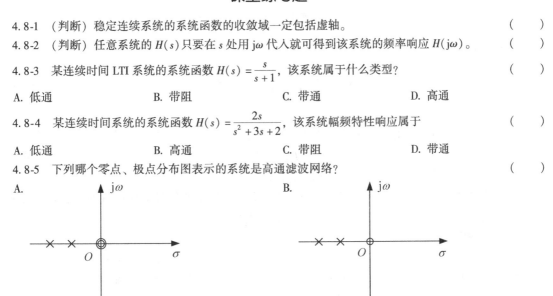

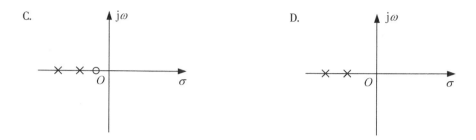

4.9 全通函数与最小相移函数的零、极点分布

1. 全通系统

当系统的幅频特性在整个频域内是常数时，其幅频特性可无失真传输，这样的系统称为全通系统。其特点是，极点位于左半平面，零点位于右半平面，零点与极点对于虚轴互为镜像。三阶全通系统零、极点分布示意图如图 4-36 所示。

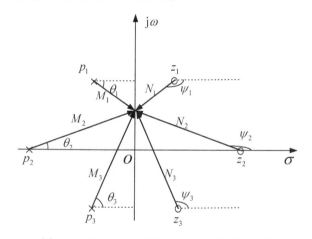

图 4-36　全通网络 s 平面零、极点分布图示例

频率特性：

$$H(j\omega) = K\frac{N_1 N_2 N_3}{M_1 M_2 M_3} e^{j[(\psi_1 + \psi_2 + \psi_3) - (\theta_1 + \theta_2 + \theta_3)]} \tag{4-101}$$

$$= Ke^{j[(\psi_1 + \psi_2 + \psi_3) - (\theta_1 + \theta_2 + \theta_3)]}$$

由于 $N_1 N_2 N_3$ 与 $M_1 M_2 M_3$ 相消，幅频特性等于常数 K，即

$$|H(j\omega)| = K \tag{4-102}$$

可见，全通系统幅频特性为常数，相频特性不受约束。

全通系统可以保证不影响待传送信号的幅频特性，只改变信号的相频特性，在传输系统中常用来进行相位校正，例如，作相位均衡器或移相器。

2. 最小相移系统

零点仅位于左半平面或 $j\omega$ 的系统称为"最小相移系统"。若系统函数在右半平面有一个或多个零点，就称为"非最小相移函数"，这类系统称为"非最小相移系统"。最小相移系统和非最小相移系统的 S 平面图示例如图 4-37 所示。

可见，$\psi_1 > \psi_3$，$\theta_1 = \theta_3$，$\theta_1 - \psi_1 < \theta_3 - \psi_3$。

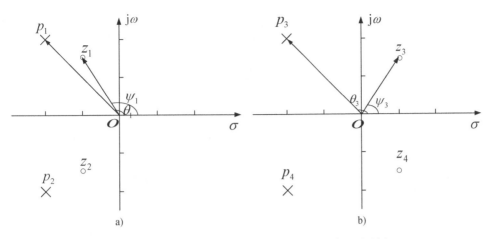

图 4-37　最小相移系统与非最小相移系统 s 平面图示例

a) 最小相移系统　b) 非最小相移系统

3. 级联

非最小相移系统可代之以最小相移系统与全通系统的级联，其系统函数关系如图 4-38 所示。

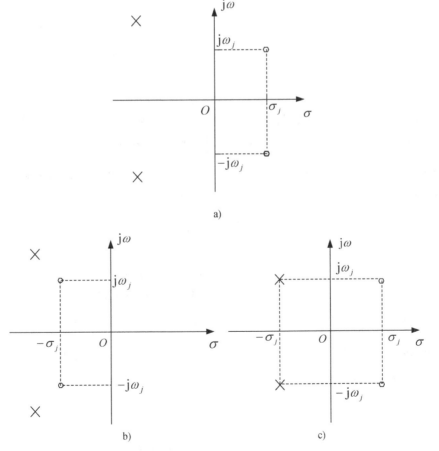

图 4-38　非最小相移网络表示为最小相移函数与全通函数的乘积

a) 非最小相移系统　b) 最小相移系统　c) 全通系统

$$H(s) = \underbrace{\{H_{\min}(s)[(s+\sigma_i)^2+\omega_i^2]\}}_{\substack{\text{最小相移函数}}} \underbrace{\frac{(s-\sigma_j)^2+\omega_j^2}{(s+\sigma_j)^2+\omega_j^2}}_{\text{全通函数}} \tag{4-103}$$
$$\underbrace{}_{\substack{\text{非最小相}\\\text{移函数}}}$$

课堂练习题

4.9-1 因果系统的系统函数为 $H(s) = \dfrac{s-1}{s+1}$，则该系统属于何种滤波网络？   （   ）

A. 高通   B. 带通   C. 低通   D. 全通

4.9-2 下列选项中的 s 平面零、极点分布图，哪个是最小相移函数？   （   ）

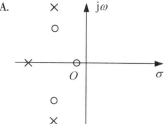

4.9-3 欲使信号通过系统后只产生相位变化，则该系统一定是   （   ）

A. 高通滤波网络   B. 带通滤波网络   C. 全通网络   D. 最小相移网络

4.9-4 已知某连续 LTI 系统的频率响应为 $H(j\omega) = \dfrac{1-3j\omega}{1+3j\omega}$，该传输系统是   （   ）

A. 幅度失真、相位无失真的传输系统   B. 幅度无失真、相位失真的传输系统

C. 幅度失真、相位失真的传输系统   D. 无失真传输系统

习   题

4-1 求下列函数的拉氏变换。

(1) $(1+2t)e^{-2t}$

(2) $2\sin t + \cos t$

(3) $t^2 + 3t$

(4) $[1+\cos(\alpha t)]e^{-\beta t}$

(5) $te^{-(t-2)}u(t-1)$

(6) $e^{-\frac{t}{\alpha}}f\left(\dfrac{t}{\alpha}\right)$，设 $\mathscr{L}[f(t)] = F(s)$

4-2 已知函数 $f(t)$ 的单边拉氏变换为 $F(s) = \dfrac{s}{s+1}$，求函数 $y(t) = 3e^{-2t}f(3t)$ 的单边拉氏变换。

4-3 求下列函数的拉氏逆变换。

(1) $\dfrac{4}{2s+5}$

(2) $\dfrac{4}{s(2s+5)}$

(3) $\dfrac{3}{(s+1)(s+2)}$

(4) $\dfrac{3s}{(s+1)(s+2)}$

(5) $\dfrac{1}{s(s^2+5)}$

(6) $\dfrac{1}{s^2-3s+2}$

(7) $\dfrac{s^2+2}{s^2+1}$

(8) $\dfrac{(4s+5)\mathrm{e}^{-s}}{s^2+5s+6}$

(9) $\dfrac{2s}{s^2+s+1}$

(10) $\dfrac{(s+3)}{(s+1)^3(s+2)}$

4-4　分别求下列函数逆变换的初值与终值。

(1) $\dfrac{(s+5)}{(s+3)(s+4)}$

(2) $\dfrac{(s+4)}{(s+2)^2(s-3)}$

4-5　题图 4-1 所示电路，$t=0$ 以前，开关 S 闭合，已进入稳定状态；$t=0$ 时，开关打开，求 $v_r(t)$ 并讨论 R 对波形的影响。

4-6　如题图 4-2 所示电路，$t=0$ 时，开关 S 闭合，求 $v_C(t)$。

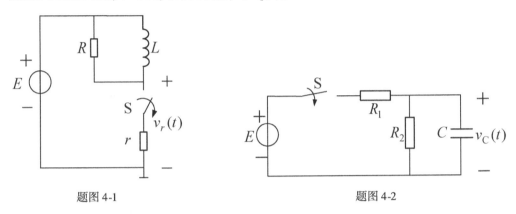

题图 4-1　　　　　　　　　　　　题图 4-2

4-7　已知描述系统输入 $f(t)$ 与输出 $y(t)$ 的微分方程为 $y''(t)+5y'(t)+6y(t)=f'(t)+4f(t)$。

(1) 写出系统的传递函数；

(2) 求当 $f(t)=\mathrm{e}^{-t}u(t)$，$y(0_-)=0$，$y'(0_-)=1$ 时系统的全响应。

4-8　已知系统的传递函数 $H(s)=\dfrac{s+4}{s^2+3s+2}$。

(1) 写出描述系统的微分方程；

(2) 求当 $f(t)=u(t)$，$y(0_-)=0$，$y'(0_-)=1$ 时系统的零状态响应和零输入响应。

4-9　已知激励信号为 $e(t)=\mathrm{e}^{-t}$，零状态响应为 $r(t)=\dfrac{1}{2}\mathrm{e}^{-t}-\mathrm{e}^{-2t}+2\mathrm{e}^{3t}$，求此系统的冲激响应 $h(t)$。

4-10　已知系统阶跃响应为 $g(t)=1-\mathrm{e}^{-2t}$，为使其响应为 $r(t)=1-\mathrm{e}^{-2t}-t\mathrm{e}^{-2t}$，求激励信号 $e(t)$。

4-11　图 4-17 所示网络中，$H(s)=\dfrac{5}{s^2+s+5}$ 已经在例 4-20 中求得，那么

(1) 画出 s 平面零、极点分布；

(2) 求冲激响应、阶跃响应。

4-12　当 $F(s)$ 极点（一阶）落于题图 4-3 所示的 s 平面图中各方框所处位置时，画出对应的 $f(t)$ 波形（填入方框中）。图中给出了示例，此例极点实部为正，波形是增长振荡。

4-13　已知某 LTI 系统的微分方程为 $r''(t)+7r'(t)+12r(t)=e'(t)+2e(t)$，且 $r(0_-)=0$，$r'(0_-)=-1$，当 $e(t)=u(t)$ 时，试求系统的全响应，并指出零输入响应、零状态响应、自由响应和强

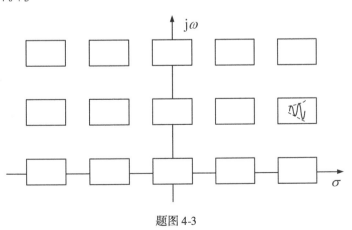

题图 4-3

迫响应各分量。

4-14　根据题图 4-4 所示反馈系统，回答下列各问：

（1）写出 $H(s) = \dfrac{V_2(s)}{V_1(s)}$；

（2）K 满足什么条件时系统稳定？

（3）在临界稳定条件下，求系统冲激响应 $h(t)$。

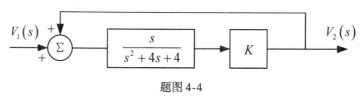

题图 4-4

4-15　给定 $H(s)$ 的零、极点分布如题图 4-5 所示，令 s 沿 $j\omega$ 轴移动，由矢量因子的变化分析频响特性，粗略绘出幅频与相频曲线。

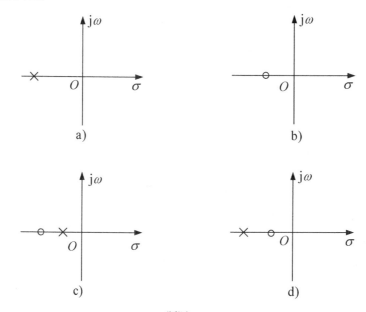

题图 4-5

第5章　离散时间系统的时域分析

随着计算机科学技术的迅猛发展及广泛应用，在信号与系统分析的研究中，人们逐渐开始采用数字信号处理的观点来认识和分析各种问题，并将其广泛应用于通信、雷达、控制、航空与航天、遥感、声呐、生物医学、地震学、核物理学、微电子学等诸多领域中。随着应用技术的发展，离散时间信号与系统自身的理论体系逐步形成，并日趋丰富和完善。

离散时间系统与连续时间系统分析在许多方面是相互平行的，它们有许多类似之处。对于连续时间系统，其数学模型是用微分方程描述的；与之相应，离散时间系统是由差分方程表示的，且差分方程与微分方程的求解方法也在相当大的程度上一一对应。在连续时间系统中，卷积积分具有重要意义，在离散时间系统分析中，卷积和也具有同样重要的地位。参照连续时间系统的某些方法学习离散时间系统理论时，需要注意它们之间存在着的重要差异，包括教学模型的建立与求解、系统的性能分析以及系统的实现原理等。

本章中，首先讨论离散时间信号与系统的时域基本理论，包括常用的离散时间信号和信号的运算；然后描述线性时不变离散时间系统的线性常系数差分方程、单位样值响应、零输入响应和零状态响应等基本概念；最后讨论卷积和以及如何用卷积和求离散系统的零状态响应。

5.1　离散时间信号——序列

5.1.1　序列的描述

仅在某些离散的时间点上才有确定值的信号称为离散时间信号。离散时间信号可以由系统内部产生，也可以从模拟信号 $f(t)$ 中按时间间隔 T 均匀采样得到，采样时刻的样值用 $f(nT)$ 表示。在离散信号传输和处理设备中，通常将信号寄放在存储器中，处理时只要知道样值的先后顺序即可。因此，离散时间信号可以直接用序列 $f(n)$ 表示，其中，自变量 n 通常被称为离散时间变量。

序列 $f(n)$ 的数学表达式可以写成闭合形式，也可以逐个列出 $f(n)$ 的值。通常把对应某序号 n 的函数值称为第 n 个样点的"样值"。

例如，图 5-1a 所示的信号 $f_1(n)$ 是有限长序列，可以表示为

$$f_1(n) = \begin{cases} -2, & n = -2 \\ -1, & n = -1 \\ 0, & n = 0 \\ 1, & n = 1 \\ 2, & n = 2 \\ 3, & n = 3 \end{cases} \quad \text{或} f_1(n) = \{-2 \quad -1 \quad \underset{\uparrow}{0} \quad 1 \quad 2 \quad 3\}$$

其中，小箭头表示 $n = 0$ 时所对应的样值。

图 5-1b 所示的信号 $f_2(n)$ 是单边指数序列，闭合形式可以表示为

$$f_2(n) = \begin{cases} 0, & n < 0 \\ \left(\dfrac{1}{2}\right)^n, & n > 0 \end{cases}$$

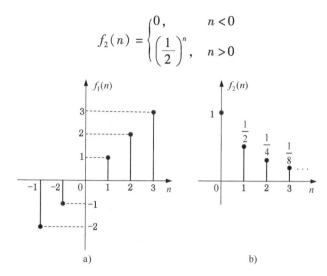

图 5-1 离散时间信号

需要说明的是，在离散时间系统分析中，通常输入信号用 $x(n)$ 而不是用 $f(n)$ 表示，本书后面都用 $x(n)$ 代表离散时间信号。

5.1.2 常用的典型序列

1. 单位样值序列

单位样值序列也称为单位取样序列或单位脉冲序列，用 $\delta(n)$ 表示，定义为

$$\delta(n) = \begin{cases} 1, & n = 0 \\ 0, & n \neq 0 \end{cases} \tag{5-1}$$

$\delta(n)$ 只在 $n = 0$ 处取单位值 1，其余样点上都为零，如图 5-2a 所示。它在离散时间系统中的作用，类似于连续时间系统中的单位冲激函数 $\delta(t)$。但是，应注意它们之间的重要区别，$\delta(t)$ 可理解为 $t = 0$ 点脉宽趋于零，幅度为无限大的信号；而 $\delta(n)$ 在 $n = 0$ 处取有限值，其值等于 1。

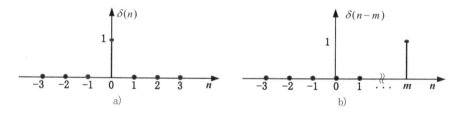

图 5-2 $\delta(n)$ 和 $\delta(n-m)$ 的图形

若将 $\delta(n)$ 平移 m 位，如图 5-2b 所示（图中 $m > 0$），可得

$$\delta(n - m) = \begin{cases} 1, & n = m \\ 0, & n \neq m \end{cases} \tag{5-2}$$

由于 $\delta(n-m)$ 只有在 $n = m$ 时其值为 1，因此

$$x(n)\delta(n - m) = x(m) \tag{5-3}$$

2. 单位阶跃序列

单位阶跃序列用 $u(n)$ 表示，定义为

$$u(n) = \begin{cases} 1, & n \geq 0 \\ 0, & n < 0 \end{cases} \tag{5-4}$$

$u(n)$ 只有在 $n \geq 0$ 的各点取单位值 1，其余样点上都为零，如图 5-3a 所示。它类似于连续时间信号中的单位阶跃函数 $u(t)$。但应注意 $u(t)$ 在 $t=0$ 点发生跳变，在此点往往不予定义（或定义为 $\frac{1}{2}$），而 $u(n)$ 在 $n=0$ 处定义为 1。

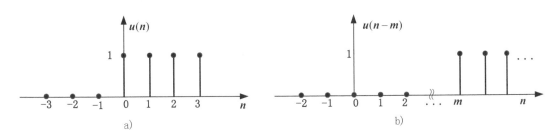

图 5-3　$u(n)$ 和 $u(n-m)$ 的图形

若将 $u(n)$ 平移 m 位，如图 5-3b 所示（图中 $m>0$），可得

$$u(n-m) = \begin{cases} 1, & n \geq m \\ 0, & n < m \end{cases} \tag{5-5}$$

不难看出，单位样值序列 $\delta(n)$ 和单位阶跃序列 $u(n)$ 之间的关系是

$$u(n) = \sum_{m=0}^{\infty} \delta(n-m) = \delta(n) + \delta(n-1) + \delta(n-2) + \cdots \tag{5-6}$$

$$\delta(n) = u(n) - u(n-1) \tag{5-7}$$

3. 单位矩形序列

单位矩形序列用 $R_N(n)$ 表示，定义为

$$R_N(n) = \begin{cases} 1, & 0 \leq n \leq N-1 \\ 0, & n < 0, n \geq N \end{cases} \tag{5-8}$$

$R_N(n)$ 从 $n=0$ 开始到 $n=N-1$，共有 N 个样点取单位值 1，其余各点都为零，如图 5-4 所示。

$R_N(n)$ 与单位样值序列 $\delta(n)$ 和单位阶跃序列 $u(n)$ 之间的关系是

$$R_N(n) = u(n) - u(n-N) = \sum_{m=0}^{N-1} \delta(n-m) \tag{5-9}$$

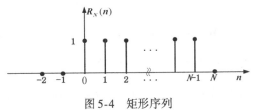

图 5-4　矩形序列

4. 单位斜变序列

如图 5-5 所示，斜变序列类似于连续时间信号中的斜变函数 $f(t) = tu(t)$，是包络为线性变化的序列，表示式为

$$x(n) = nu(n) \tag{5-10}$$

5. 实指数序列

实指数序列是包络为指数函数的序列，表示式为

$$x(n) = a^n u(n) \tag{5-11}$$

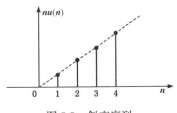

图 5-5　斜变序列

实指数序列的四种波形如图 5-6 所示,当 $|a|>1$ 时序列是发散的,$|a|<1$ 时序列收敛,$a>0$ 序列都取正值,$a<0$ 序列在正、负轴摆动。

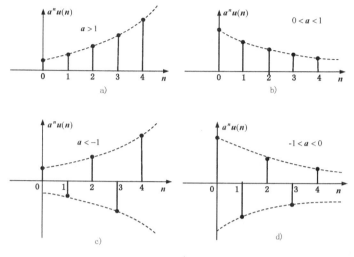

图 5-6　实指数序列

6. 正弦序列

正弦序列是包括正、余弦变化的序列,其一般表示式为

$$x(n) = \sin(n\omega_0) \tag{5-12}$$

式中,ω_0 是正弦序列的振荡频率,反映了序列样本值周期性重复的速率。

正弦序列可以通过对连续正弦波信号进行等间隔抽样得到。例如,若连续正弦信号 $f(t) = \sin(\Omega_0 t)$,其抽样间隔为 T(抽样频率为 $f_s = 1/T$),则抽样值可以表示为

$$x(n) = f(nT) = \sin(n\Omega_0 T) = \sin\left(n\frac{\Omega_0}{f_s}\right) \tag{5-13}$$

比较式(5-12)和式(5-13),得到

$$\omega_0 = \Omega_0 T = \frac{\Omega_0}{f_s} \tag{5-14}$$

由此可见,ω_0 不同于模拟正弦信号的频率 Ω_0,可以认为 ω_0 是 Ω_0 对于 f_s 取归一化的值 $\dfrac{\Omega_0}{f_s}$。为区分 ω_0 与 Ω_0,称 ω_0 为离散域的频率(又称为数字角频率,单位是 rad),而 Ω_0 为连续域的正弦频率(又称为模拟角频率,单位是 rad/s)。

需要注意的是,正弦序列是否呈周期性,取决于 $N = 2\pi/\omega_0$ 是否为有理数。例如:

1)若 $\omega_0 = 0.1\pi$,则 N 是整数 20,也就是说,序列值每 20 点重复一次正弦包络的数值,因此周期 $T = 20$,如图 5-7a 所示。

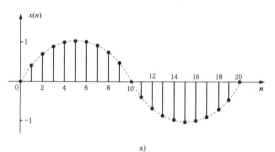

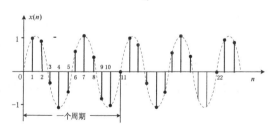

图 5-7　正弦序列 $\sin(n\omega_0)$

a）$\omega_0 = 0.1\pi$　b）$\omega_0 = \dfrac{11}{4}\pi$

2）若 $\omega_0 = \dfrac{4\pi}{11}$，则 N 是有理数 $\dfrac{11}{2}$，这就意味着至少要经 11 个序列其值才能循环一次，因此周期 $T = 11$，如图 5-7b 所示。

3）若 $\omega_0 = 0.1$，则 N 是无理数 20π，则正弦序列就不是周期性的。

无论正弦序列是否具有周期性，都称 ω_0 是它的频率。

7. 复指数序列

复指数序列的样本值是复数，具有实部和虚部。复指数序列是最常见的复序列，表达式为

$$x(n) = \mathrm{e}^{\mathrm{j}\omega_0 n} = \cos(\omega_0 n) + \mathrm{j}\sin(\omega_0 n) \tag{5-15}$$

也可以用极坐标表示为模和相位的形式，即

$$x(n) = |x(n)|\,\mathrm{e}^{\mathrm{jarg}[x(n)]} \tag{5-16}$$

对于式（5-15）复指数序列，模 $|x(n)| = 1$，相位 $\arg[x(n)] = \omega_0 n$。

5.1.3　序列的运算

1. 移位、反折（褶）和尺度变换

序列移位是指将序列 $x(n)$ 逐项依次右移（后移）或左移（前移）后给出一个新序列。其表达式分别为

右移　　　　　　　　　　　$z(n) = x(n - m)$ 　　　　　　　　　　(5-17)

左移　　　　　　　　　　　$z(n) = x(n + m)$ 　　　　　　　　　　(5-18)

序列的反折（褶）是序列 $x(n)$ 以纵轴为对称轴翻转 180° 形成的新序列，表达式为

$$z(n) = x(-n) \tag{5-19}$$

序列的尺度变换是将波形压缩或扩展，若 a 为正整数，则 $x(an)$ 为波形压缩，$x(n/a)$ 为波形扩展。需要注意的是，$x(an)$ 是序列 $x(n)$ 每隔 a 点"抽取"一点形成的，因此压缩后的序列会去除原信号的一些样值。例如 $a = 2$ 时，序列的压缩如图 5-8 所示。

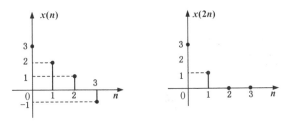

图 5-8　序列的压缩

与之相反，$x(n/a)$ 将时间轴扩展为原来的 a 倍，因此序列 $x(n)$ 需要在每个样点后"插值" $a - 1$ 个零值点。例如 $a = 2$ 时，序列的展宽如图 5-9 所示。

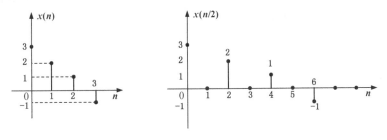

图 5-9　序列的展宽

2. 差分和累加

与连续时间信号的微分及积分运算相对应，离散时间序列有差分和累加运算。序列的差分可分为前向差分和后向差分。一阶前向差分定义为

$$\Delta x(n) = x(n+1) - x(n) \tag{5-20}$$

一阶后向差分定义为

$$\nabla x(n) = x(n) - x(n-1) \tag{5-21}$$

前向差分和后向差分仅仅是移位不同，没有原则上的差别。本书主要采用后向差分，并简称其为差分。

二阶差分可定义为

$$\nabla^2 x(n) = \nabla x(n) - \nabla x(n-1) = x(n) - 2x(n-1) + x(n-2) \tag{5-22}$$

类似地，可定义三阶、四阶、$\cdots$、n 阶差分。

序列的累加可定义为

$$z(n) = \sum_{m=-\infty}^{n} x(m) \tag{5-23}$$

3. 两序列相加和相乘

两个序列 $x(n)$ 和 $y(n)$ 相加或相乘的表达式分别为

$$z(n) = x(n) + y(n) \tag{5-24}$$

$$z(n) = x(n)y(n) \tag{5-25}$$

$z(n)$ 是两个序列对应项相加或相乘形成的序列。

4. 序列的能量

离散序列的能量为

$$E = \sum_{n=-\infty}^{\infty} |x(n)|^2 \tag{5-26}$$

5. 序列的分解

由式（5-3）可知，$x(n)\delta(n-m) = x(m)$，这是因为 $\delta(n-m)$ 只有在 $n=m$ 时其值为 1。因此任意一个序列都可以分解为加权、延迟的单位样值信号之和，即

$$x(n) = \sum_{m=-\infty}^{\infty} x(m)\delta(n-m) \tag{5-27}$$

课堂练习题

5.1-1　$\sin\left(\dfrac{4\pi}{5}n\right)$ 的周期是　　　　　　　　　　　　　　　　　（　　　）

A. 2　　　　　　　　　　B. 2.5　　　　　　　　　　C. 5　　　　　　　　　　D. 无周期

5.1-2　下面四个离散信号中，周期序列是　　　　　　　　　　　　　　　（　　　）

A. $\sin(100n)$　　　　　　　　　　　　　　　　B. e^{j2n}

C. $\cos(\pi n) + \sin(30n)$　　　　　　　　　　D. $e^{j\frac{2\pi}{3}n} - e^{j\frac{4\pi}{5}n}$

5.1-3　下面四个等式中，正确的是　　　　　　　　　　　　　　　　　　（　　　）

A. $\delta(n) = u(-n) - u(-n+1)$　　　　　　　B. $\delta(n) = u(n) - u(n-1)$

C. $u(n) = n\sum\limits_{m=-\infty}^{\infty} \delta(n-m)$　　　　　　　　D. $u(-n) = \sum\limits_{m=-\infty}^{0} \delta(n+m)$

5.2　LTI 离散时间系统的描述和模拟

5.2.1　LTI 离散时间系统

一个离散时间系统可以看成是离散信号的变换器，系统的功能是完成将输入信号 $x(n)$ 转变为输出信号 $y(n)$ 的运算，通常用符号记为

$$y(n) = T[x(n)] \tag{5-28}$$

与连续 LTI 系统相同，LTI 离散系统应满足线性（叠加性、均匀性）和非时变特性。离散时间系统的线性与非时变特性的示意图分别如图 5-10 和图 5-11 所示。

图 5-10　离散时间系统的线性

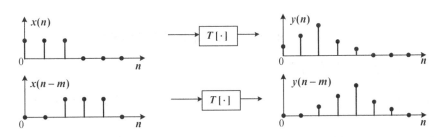

图 5-11　离散时间系统的非时变性

5.2.2　LTI 离散时间系统的数学描述

下面由具体例题讨论离散时间系统数学模型的建立。

【例 5-1】　设某地区在第 n 年的人口为 $y(n)$，人口的正常出生率和死亡率分别为 a 和 b，第 n 年从外地迁入的人口为 $x(n)$，那么该地区第 n 年的人口总数为

$$y(n) = y(n-1) + ay(n-1) - by(n-1) + x(n)$$

经整理后得到

$$y(n) - (1+a-b)y(n-1) = x(n)$$

这是一阶后项差分方程。为求得上述方程的解，除系数 a、b 和 $x(n)$ 外，还需要已知起始年（$n=0$）该地区的人口数 $y(0)$，也称初始条件。

【例 5-2】　图 5-12 所示电阻梯形电路，各支路电阻都为 R，每个节点对地的电压为 $v(n)$，$n=0,1,2,\cdots,N$，已知两边界结点电压为 $v(0) = E$，$v(n) = 0$。求第 n 个结点电压 $v(n)$ 的差分方程。

解：对任一结点 $n-1$，运用 KCL 不难写出

$$\frac{v(n-2) - v(n-1)}{R} = \frac{v(n-1)}{R} + \frac{v(n-1) - v(n)}{R}$$

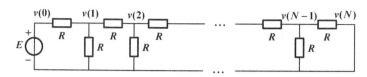

图 5-12   电阻梯形网络

经整理后得出

$$v(n) - 3v(n-1) + v(n-2) = 0$$

这是一个二阶后项差分方程，借助两个边界条件可求解出 $v(n)$。这里，n 不表示时间，而是电路图中结点顺序的编号。

由以上例子可见，虽然系统的内容各不相同，但描述这些离散系统的数学模型都是差分方程。对于 N 阶 LTI 离散时间系统的数学模型是常系数 N 阶线性差分方程，它的一般形式是

$$a_0 y(n) + a_1 y(n-1) + \cdots + a_N y(n-N)$$
$$= b_0 x(n) + b_1 x(n-1) + \cdots + b_M x(n-M) \tag{5-29}$$

式中，a 和 b 是常数。已知序列 $x(n)$ 的位移阶次是 M，未知序列 $y(n)$ 的位移阶次（即差分方程的阶次）是 N，利用取和符号可将式（5-29）缩写为

$$\sum_{k=0}^{N} a_k y(n-k) = \sum_{r=0}^{M} b_r x(n-r) \tag{5-30}$$

为处理方便，若不特别指明，一般默认待求量序号最高项的系数为 1（$a_0 = 1$）。

5.2.3   LTI 离散时间系统的框图

离散时间系统除用数学方程进行精确描述外，还可用框图形象地表示系统激励与响应之间的数学运算关系。

LTI 离散系统的基本运算关系是延时（移位）、乘系数（数乘）和相加，它们的表示符号如图 5-13 所示。其中，符号 $\frac{1}{E}$ 表示单位延时（也可用符号 "T" 和 "D" 表示）；符号 $\sum$ 表示两序列相加；符号 $\otimes$ 表示序列与数的相乘，为使逻辑图形简化，乘系数也可以在信号传输线旁（或圆圈内）标注系数，以示与此系数相乘。下面举例说明，如何建立描述离散时间系统的数学模型——差分方程。

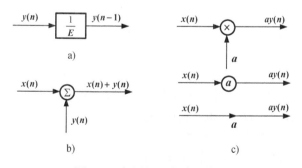

图 5-13   框图的基本单元符号
a）单位延时   b）相加   c）乘系数

【例 5-3】   一个离散时间系统如图 5-14 所示，写出描述系统工作的差分方程。

解： $x(n)$ 经延时器得到 $x(n-1)$，$y(n)$ 经延时器得到 $y(n-1)$。围绕图 5-14 中的相加器可以写出

$$y(n) = a_0 x(n) + a_1 x(n-1) - b_1 y(n-1)$$

经整理后得到

$$y(n) + b_1 y(n-1) = a_0 x(n) + a_1 x(n-1)$$

这是一个一阶常系数线性差分方程。

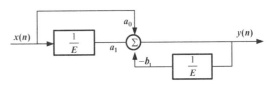

图 5-14   例 5-3 系统框图

【例 5-4】   一个离散时间系统如图 5-15 所示，写出描述系统工作的差分方程。

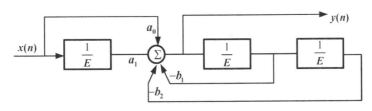

图 5-15   例 5-4 系统框图

解： 图 5-15 中的相加器的输入端分别为 $a_0 x(n)$、$a_1 x(n-1)$、$b_1 y(n-1)$ 和 $b_2 y(n-2)$，因此，输出端为

$$y(n) = a_0 x(n) + a_1 x(n-1) - b_1 y(n-1) - b_2 y(n-2)$$

经整理后得到

$$y(n) + b_1 y(n-1) + b_2 y(n-2) = a_0 x(n) + a_1 x(n-1)$$

这是一个二阶常系数线性差分方程。

如果已知系统的差分方程，也可以画出其相应的框图。

【例 5-5】   已知描述一离散系统的差分方程为

$$y(n) - 5y(n-1) + 6y(n-2) = x(n) - 3x(n-2)$$

绘出此系统的框图。

解： 由给定的差分方程，框图的输出 $y(n)$ 可以表示为

$$y(n) = x(n) - 3x(n-2) + 5y(n-1) - 6y(n-2)$$

系统的框图如 5-16 所示。

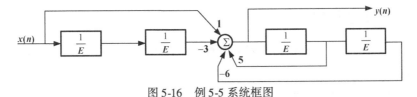

图 5-16   例 5-5 系统框图

课堂练习题

5.2-1   （判断）在常系数线性差分方程中，各序列的序号同时增加或减少同样的数目，该差分方程所描述的输入-输出关系不变。   （   ）

5.2-2   某离散系统的差分方程为 $a_1 y(n+1) + a_2 y(n) + a_3 y(n-1) = b_1 x(n+1) + b_2 x(n)$，该系统的阶次为   （   ）

A. 1   B. 2   C. 3   D. 4

5.2-3   根据题图 5.2-1 所示的模拟框图，其差分方程是   （   ）

A. $y(n) + ay(n-1) = bx(n-1)$ B. $y(n+2) + ay(n) = bx(n)$

C. $y(n-1) + ay(n) = bx(n)$ D. $y(n) + ay(n-1) = bx(n)$

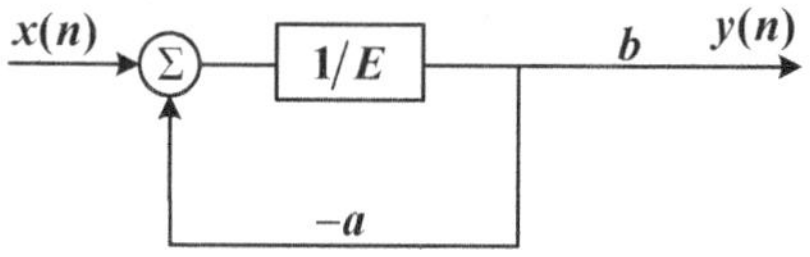

题图 5.2-1

5.3 常系数线性差分方程的求解

求解常系数线性差分方程的方法一般有以下几种。

（1）递推解法（迭代法）

递推解法是解差分方程的一种原始方法，可以手算逐次代入或利用计算机求解。这种方法概念清楚，也比较简便，但只能得到其数值解，不能直接给出一个完整的解析式作为解答。

（2）时域经典法

与第 2 章中微分方程的经典解法类似，先分别求解差分方程的齐次解和特解，然后利用边界条件求出齐次解中的待定系数。这种方法便于从物理概念上说明各响应分量之间的关系，但求解过程比较烦琐，在解决具体问题时已较少采用。

（3）分别求零输入响应与零状态响应

这是利用线性时不变系统的可分解性，将系统响应分解成零输入响应与零状态响应两部分，可以利用时域经典法求齐次解的方式得到零输入响应，利用离散卷积和（简称卷积）的方法求解零状态响应。与连续时间系统的情况类似，卷积和方法在离散时间系统分析中同样占有十分重要的地位。

（4）变换域方法

这是实际应用中简便有效的方法。类似于用拉氏变换求解连续时间系统的微分方程，利用 Z 变换可将离散系统中差分方程的求解转化为代数方程的求解，这样不仅可以得到差分方程的零状态响应，而且也可以得到零输入响应。

5.3.1 差分方程的递推解法

递推解法又称迭代法，就是根据原差分方程逐点代入输入值和已经得出的输出值，来计算出新的输出值。

【例 5-6】 某 LTI 离散时间系统的差分方程为

$$y(n) - 0.1y(n-1) = x(n)$$

已知初始条件 $y(-1) = 0$，输入激励 $x(n) = nu(n)$，求输出响应 $y(n)$。

解：将差分方程改写为

$$y(n) = x(n) + 0.1y(n-1)$$

$n = 0$ 时，将 $y(-1) = 0$，$x(0) = 0$ 代入，得

$$y(0) = x(0) + 0.1y(-1) = 0$$

$n = 1$ 时，将 $y(0) = 0$，$x(1) = 1$ 代入，得

$$y(1) = x(1) + 0.1y(0) = 1$$

$n = 2$ 时，将 $y(1) = 1$，$x(2) = 2$ 代入，得

$$y(2) = x(2) + 0.1y(1) = 2.1$$

重复进行这种迭代运算，可以得到 n 为任意值时的输出 $y(n)$。

由此例的计算可见，迭代法解差分方程的计算过程非常简单，容易编制程序利用计算机求解。

但迭代法的缺点是，除了个别特殊问题，一般不能直接给出一个完整的解析式作为解答。

5.3.2　差分方程的时域经典解

与微分方程的经典解相类似，差分方程的解由齐次解和特解两部分组成，齐次解用 $y_h(n)$ 表示，特解用 $y_p(n)$ 表示，即

$$y(n) = y_h(n) + y_p(n) \tag{5-31}$$

1. 齐次解

对式（5-30）所示的 N 阶线性差分方程，当右端输入 $x(n)$ 及其各移位项均为零时，齐次方程

$$\sum_{k=0}^{N} a_k y(n-k) = 0 \tag{5-32}$$

的解称为齐次解。

下面分别以一阶、二阶 LTI 离散系统为例，推导 N 阶差分方程的齐次解求解过程。

设一阶 LTI 离散系统的齐次解满足的齐次方程为

$$y(n) + a_1 y(n-1) = 0 \tag{5-33}$$

改写式（5-33）为

$$\frac{y(n)}{y(n-1)} = -a_1 \tag{5-34}$$

$y(n)$ 和 $y(n-1)$ 之比等于 $-a_1$ 表明，序列 $y(n)$ 是一个公比为 $-a_1$ 的等比级数，因此齐次解 $y_h(n)$ 应该有如下形式：

$$y_h(n) = C(-a_1)^n \tag{5-35}$$

式中，C 是待定系数，由边界条件确定。

设二阶 LTI 离散系统的齐次解满足的齐次方程为

$$y(n) + a_1 y(n-1) + a_2 y(n-2) = 0 \tag{5-36}$$

它的齐次解由形式为 $C\alpha^n$ 的序列组合而成，将 $C\alpha^n$ 代入式（5-36），得

$$C\alpha^n + a_1 C\alpha^{n-1} + a_2 C\alpha^{n-2} = 0 \tag{5-37}$$

由于 $C \neq 0$，$\alpha \neq 0$，消去常数 C，并逐项除以 α^{n-2}，式（5-37）可简化为

$$\alpha^2 + a_1 \alpha + a_2 = 0 \tag{5-38}$$

将式（5-38）称为二阶差分方程的特征方程，它的两个根 α_1 和 α_2 称为二阶差分方程的特征根。

若特征根是实数根，且 $\alpha_1 \neq \alpha_2$，二阶差分方程的齐次解为

$$y_h(n) = C_1 \alpha_1^n + C_2 \alpha_2^n \tag{5-39}$$

若 $\alpha_1 = \alpha_2$，则齐次解为

$$y_h(n) = (C_1 n + C_2) \alpha_1^n \tag{5-40}$$

这里，C_1 和 C_2 为边界条件决定的系数。

有了求解一阶、二阶齐次差分方程的一般方法，下面就将其推广至 N 阶齐次差分方程，步骤如下。

1）写出系统的特征方程和特征根。将齐次解形式 $y_h(n) = C\alpha^n$ 代入式（5-32），消去常数 C，并逐项除以 α^{n-N}，得到特征方程

$$a_0\alpha^N + a_1\alpha^{N-1} + \cdots + a_{N-1}\alpha + a_N = 0 \qquad (5-41)$$

该方程的 N 个根 $\alpha_i (i = 1\ 2\ \cdots\ N)$ 即为特征根。

2）若特征根 $\alpha_i (i = 1\ 2\ \cdots\ N)$ 是互异单实根，差分方程的齐次解为

$$y_h(n) = C_1\alpha_1^n + C_2\alpha_2^n + \cdots + C_N\alpha_N^n = \sum_{i=1}^{N} C_i\alpha_i^n \qquad (5-42)$$

3）若特征根 $\alpha_i (i = 1\ 2\ \cdots\ N)$ 中 α_1 是 r 阶重实根，其余根为互异单实根，差分方程的齐次解为

$$
\begin{aligned}
y_h(n) &= (C_1 n^{r-1} + C_2 n^{r-2} + \cdots + C_{r-1} n + C_r)\alpha_1^n \\
&\quad + C_{r+1}\alpha_{r+1}{}^n + \cdots + C_N\alpha_N^n \qquad (5-43) \\
&= \sum_{i=1}^{r} C_i n^{r-i}\alpha_i^n + \sum_{j=r+1}^{N} C_j\alpha_j{}^n
\end{aligned}
$$

其中，C_i 为边界条件决定的系数。

依特征根取值的不同，差分方程齐次解的形式见表 5-1，其中 C_i、D_i、A_i、θ_i 等为待定常数。

表 5-1　不同特征根所对应的齐次解

特征根 λ	齐次解 $y_h(n)$
单实根	$C\alpha^n$
r 重根	$(C_1 n^{r-1} + C_2 n^{r-2} + \cdots + C_{r-1} n + C_r)\alpha^n$
一对共轭复根 $\alpha_{1,2} = a + jb = \rho e^{\pm j\beta}$	$\rho^n [C\cos(\beta n) + D\sin(\beta n)]$ 或 $A\rho^n \cos(\beta n - \theta)$ 其中 $Ae^{j\theta} = C + jD$
r 重共轭复根	$\rho^n [A_1 n^{r-1}\cos(\beta n - \theta_1) + A_2 n^{r-2}\cos(\beta n - \theta_2) + \cdots + A_r\cos(\beta n - \theta_r)]$

【例 5-7】　求差分方程的齐次解

$$y(n) - 0.7y(n-1) + 0.1y(n-2) = 0$$

解： 特征方程为

$$\alpha^2 - 0.7\alpha + 0.1 = 0$$
$$(\alpha - 0.2)(\alpha - 0.5) = 0$$

可得特征根 $\alpha_1 = 0.2$，$\alpha_2 = 0.5$。

于是可以写出齐次解

$$y(n) = C_1(0.2)^n + C_2(0.5)^n$$

【例 5-8】　求差分方程的齐次解

$$y(n) + 6y(n-1) + 12y(n-2) + 8y(n-3) = x(n)$$

解： 这是三阶差分方程，特征方程为

$$\alpha^3 + 6\alpha^2 + 12\alpha + 8 = 0$$
$$(\alpha + 2)^3 = 0$$

可见，－2 是此方程的三重特征根，于是求得齐次解为

$$y(n) = (C_1 n^2 + C_2 n + C_3)(-2)^n$$

2. 特解

与微分方程特解求解方法相对应，差分方程的特解与方程式右端的函数形式相关。首先需要将激励 $x(n)$ 代入方程式右端（也称自由项），观察自由项的函数形式来选择含有待定系数的特解函数形式，进而将此特解代入原差分方程，根据方程平衡的原则，求得特解中的待定系数。

一般来说，已知自由项的形式，则特解形式可按表 5-2 确定。

表 5-2　特解和自由项的关系

自　由　项	特　解　形　式	自　由　项	特　解　形　式
C	B（常数）	$e^{j\omega n}$	$Ae^{j\omega n}$（A 为复数）
n	$C_0 + C_1 n$	$\sin(\omega n)$（或 $\cos(\omega n)$）	$C_1 \sin(\omega n) + C_2 \cos(\omega n)$
n^k	$C_0 + C_1 n + C_2 n^2 + \cdots + C_{k-1} n^{k-1} + C_k n^k$	α^n	$C\alpha^n$（α 不是方程的特征根）
α^n	$C\alpha^n$	α^n	$Cn^r \alpha^n$（α 是方程的 r 重特征根）

3. 完全解

由式（5-31）可知，系统的齐次解与特解之和即是系统的全解。设 N 阶 LTI 离散系统的特征根 $\alpha_i (i = 1\ 2\ \cdots\ N)$ 互异单实根，则全解为

$$y(n) = y_h(n) + y_p(n) = \sum_{i=1}^{N} C_i \alpha_i^n + y_p(n) \tag{5-44}$$

若 N 阶 LTI 离散系统的特征根 $\alpha_i (i = 1\ 2\ \cdots\ N)$ 中，α_1 是 r 阶重实根，其余根为互异单实根，则全解为

$$y(n) = y_h(n) + y_p(n) = \sum_{i=1}^{r} C_i n^{r-i} \alpha_i^n + \sum_{j=r+1}^{N} C_j \alpha_j^{\ n} + y_p(n) \tag{5-45}$$

要想获取唯一解，还需要确定式（5-44）和式（5-45）中各系数 C_i。

如果系统的输入 $x(n)$ 是在 $n = 0$ 时接入的，差分方程的解区间在 $n \geq 0$ 范围内。对于 N 阶后向差分方程，将给定的 N 个初始条件 $y(0)$，$y(1)$，$\cdots$，$y(N-1)$ 代入式中，从而构成一组联立方程，就可确定全部待定系数 C_i。

需要注意的是，若题目中给出的 N 个边界条件是 $y(-1)$，$y(-2)$，$\cdots$，$y(-N)$，则不能直接用来确定齐次解中的待定系数，需要利用迭代法推导出 $y(0)$，$y(1)$，$\cdots$，$y(N-1)$ 后才能最终确定系数 C_i。

【例 5-9】　系统的差分方程表达式为

$$y(n) - 0.9y(n-1) = x(n) \tag{5-46}$$

已知激励信号 $x(n) = 0.05u(n)$，边界条件 $y(-1) = 1$，求系统的全响应 $y(n)$。

解：

（1）求齐次解

由特征方程 $\alpha - 0.9 = 0$，得到特征根 $\alpha = 0.9$，于是可以写出齐次解为

$$y_h(n) = C(0.9)^n, \quad n \geq 0 \tag{5-47}$$

（2）求特解

将 $x(n) = 0.05u(n)$ 代入差分方程的右端，因此特解的函数形式为

$$y_p(n) = D$$

代入原方程并比较两端系数得到

$$D(1 - 0.9) = 0.05 \Rightarrow D = 0.5$$

所以特解为

$$y_p(n) = 0.5, n \geqslant 0 \tag{5-48}$$

（3）完全解

由式（5-47）和式（5-48）可得，完全解为

$$y(n) = C(0.9)^n + 0.5, n \geqslant 0 \tag{5-49}$$

由于 $x(n)$ 是在 $n = 0$ 时接入的，要想确定完全解中的系数 C，需要获取边界条件 $y(0)$。利用迭代法，将初始条件 $y(-1) = 1$ 代入差分方程（5-46），解得 $y(0) = 0.95$。再将得到的 $y(0)$ 代入式（5-49），得到

$$y(0) = C + 0.5 = 0.95$$

$$\Rightarrow C = 0.45$$

最后，可写出系统的全响应为

$$y(n) = [\underbrace{0.45 \times (0.9)^n}_{\text{自由响应}} + \underbrace{0.5}_{\text{强迫响应}}]u(n)$$

从上述差分方程求解过程可以看出，差分方程和微分方程之间存在着很多相似之处。一般地，微分方程的齐次解具有 $e^{\alpha t}$ 的形式，而差分方程的齐次解具有 α_i^n 的形式，并且值 α_i 都是特征方程的根，其函数形式与激励信号无关，所以齐次解也称为系统的自由响应。而系统方程特解的函数形式则与各自微分或差分方程的自由项形式相关，即取决于输入信号的函数形式，因而特解也称为系统的强迫响应。

值得注意的是，尽管齐次解的函数形式与激励信号无关，但是齐次解的系数 C_i 的确定却与激励信号有关。若激励是在 $n = 0$ 时接入的，求解系数 C_i 需要获取 $n \geqslant 0$ 范围内的一组边界条件 $y(0)$，$y(1)$，$\cdots$，$y(N-1)$，并将其代入完全解中得到。

课堂练习题

5.3-1 某 LTI 系统的差分方程为 $y(n) + 3y(n-1) + 2y(n-2) = 2^n u(n)$，全响应的初始值为 $y(0) = 0$，$y(1) = 2$，则系统的初始状态 $y(-1)$、$y(-2)$ 分别为（　　）

A. 0，0.5　　　　　B. 0.5，0　　　　　C. 0，-0.5　　　　　D. -0.5，0

5.3-2 某离散系统的齐次差分方程为 $y(n) - 2y(n-1) = 0$，系统的初始状态 $y(0) = 1/2$，则系统的响应 $y(n)$ 等于（　　）

A. $(-2)^n - 1$　　　　B. $2^n + 1$　　　　C. $2^n - 1$　　　　D. $(-2)^n + 1$

5.4 零输入响应和零状态响应

线性时不变离散时间系统的完全响应不仅可分解为自由响应分量与强迫响应分量，也可以分解为零输入响应分量与零状态响应分量。

5.4.1 零输入响应

若系统的输入激励 $x(n)$ 为零，仅由系统的初始状态 $y(-1)$，$y(-2)$，$\cdots$，$y(-N)$ 引起的响应，称为离散时间系统的零输入响应，用 $y_{zi}(n)$ 表示。

由定义可知，系统的零输入响应满足齐次差分方程

$$\sum_{k=0}^{N} a_k y(n-k) = 0 \tag{5-50}$$

因此它和系统的自由响应具有相同的函数形式，若其特征根均为单根，则零输入响应可表示为

$$y_{zi}(n) = \sum_{k=1}^{N} C_{zik} \alpha_k^n \tag{5-51}$$

式中，系数 $C_{zik}(k=1,2,\cdots,N)$ 由边界条件 $y(-1)$，$y(-2)$，$\cdots$，$y(-N)$ 确定。

【例 5-10】　某 LTI 离散系统的差分方程为

$$y(n) + 3y(n-1) + 2y(n-2) = x(n)$$

初始条件 $y(-1)=0$，$y(-2)=1/2$，求系统的零输入响应 $y_{zi}(n)$。

解：令 $x(n)=0$，改写方程为

$$y(n) + 3y(n-1) + 2y(n-2) = 0$$

由上式得特征方程为

$$\alpha^2 + 3\alpha + 2 = 0$$

解得 $\alpha_1 = -1$，$\alpha_2 = -2$，则零输入响应为

$$y_{zi}(n) = C_{zi1}(-1)^n + C_{zi2}(-2)^n$$

为确定系数 C_{zi1} 和 C_{zi2}，需要获取边界条件 $y(-1)$、$y(-2)$。

将初始条件 $y(-1)=0$，$y(-2)=1/2$ 代入上式，得

$$y(-1) = -C_{zi1} - \frac{1}{2}C_{zi2} = 0$$

$$y(-2) = C_{zi1} + \frac{1}{4}C_{zi2} = \frac{1}{2}$$

联立解以上两式，解得 $C_{zi1}=1$，$C_{zi2}=-2$。所以完全解为

$$y_{zi}(n) = (-1)^n - 2 \times (-2)^n,\ n \geq 0$$

【例 5-11】　一 LTI 离散系统的差分方程为

$$y(n) - 2y(n-1) + y(n-2) = 4\delta(n) + \delta(n-1)$$

初始条件 $y(-1)=-1$，$y(-2)=1$，求系统的零输入响应 $y_{zi}(n)$。

解：特征方程为

$$\alpha^2 - 2\alpha + 1 = 0$$

解得 $\alpha_1 = \alpha_2 = 1$，α 是二阶重根，则零输入响应为

$$y_{zi}(n) = (C_{zi1} + nC_{zi2}) \times 1^n$$

为确定系数 C_{zi1} 和 C_{zi2}，将边界条件 $y(-1)=-1$，$y(-2)=1$ 代入上式，得

$$y(-1) = C_{zi1} - C_{zi2} = -1$$

$$y(-2) = C_{zi1} - 2C_{zi2} = 1$$

联立解以上两式，解得 $C_{zi1}=-3$，$C_{zi2}=-2$。所以完全解为

$$y_{zi}(n) = (-3-2n)u(n)$$

5.4.2　零状态响应

若系统的初始状态 $y(-1)=y(-2)=\cdots=y(-n)=0$ 为零，仅由输入激励 $x(n)$ 所产生的响应，称为离散时间系统的零状态响应，用 $y_{zs}(n)$ 表示。

在零状态情况下，系统的差分方程是非齐次方程，若其特征根均为单根，则零状态响应为

$$y_{zs}(n) = \sum_{k=1}^{N} C_{zsk}\alpha_k^n + y_p(n) \tag{5-52}$$

式中，$y_p(n)$ 为特解；系数 $C_{zsk}(k = 1, 2, \cdots, N)$ 由边界条件 $y(0)$，$y(1)$，$\cdots$，$y(N-1)$ 确定，这组边界条件可由系统已知的零初始状态 $y(-1) = y(-2) = \cdots = y(-N) = 0$ 用迭代法逐次导出。

【例 5-12】 求例 5-9 所示离散时间系统的零输入响应和零状态响应。

解：

（1）根据例 5-9，零输入响应为

$$y_{zi}(n) = C_{zi}(0.9)^n, \ n \geq 0$$

要想确定零输入响应中的系数 C_{zi}，需要获取边界条件 $y(-1)$。将 $y(-1) = 1$ 代入上式，得到

$$y(-1) = C_{zi}(0.9)^{-1} = 1$$
$$\Rightarrow C_{zi} = 0.9$$

系统零输入响应为

$$y_{zi}(n) = 0.9 \times (0.9)^n, n \geq 0$$

（2）零状态响应为

$$y_{zs}(n) = C_{zs}(0.9)^n + 0.5, \ n \geq 0$$

注意，零状态响应对应的系统初始状态是 $y(-1) = 0$。因此，要想确定零状态响应中的系数 C_{zs}，需要利用迭代法，由 $y(-1) = 0$ 推导出边界条件 $y(0)$。

令 $n = 0$，将 $y(-1) = 0$ 代入系统差分方程，得到 $y(0) = 0.05$，将 $y(0)$ 代入零状态响应中，得到

$$y_{zs}(0) = C_{zs} + 0.5 = 0.05$$
$$\Rightarrow C_{zs} = -0.45$$

系统零状态响应为

$$y_{zs}(n) = -0.45 \times (0.9)^n + 0.5, \ n \geq 0$$

系统全响应为

$$y(n) = [\underbrace{0.9 \times (0.9)^n}_{\text{零输入响应}} \underbrace{-0.45 \times (0.9)^n + 0.5}_{\text{零状态响应}}]u(n)$$
$$= [\underbrace{0.45 \times (0.9)^n}_{\text{自由响应}} + \underbrace{0.5}_{\text{强迫响应}}]u(n)$$

可见，与连续时间系统各响应分量的求解规律十分相似，离散系统的全响应也有两种分解方式：一是分解为自由响应与强迫响应，这种分解方式着眼于观察响应随 n 增加的变化规律；二是分解为零输入响应与零状态响应，这种分解方式侧重于以因果关系做分解，也就是说，零输入响应是仅由系统本身的储能引起的，零状态响应是由外加输入引起的。

对 N 阶 LTI 离散时间系统，若齐次差分方程的特征值均为单根，则全响应为

$$y(n) = \underbrace{\sum_{k=1}^{N} C_{zik}\alpha_k^n}_{\text{零输入响应}} + \underbrace{\sum_{k=1}^{N} C_{zsk}\alpha_k^n + y_p(n)}_{\text{零状态响应}} \tag{5-53}$$
$$= \underbrace{\sum_{k=1}^{N} C_k\alpha_k^n}_{\text{自由响应}} + \underbrace{y_p(n)}_{\text{强迫响应}}$$

式中

$$\sum_{k=1}^{N} C_k \alpha_k^n = \sum_{k=1}^{N} C_{zik} \alpha_k^n + \sum_{k=1}^{N} C_{zsk} \alpha_k^n \tag{5-54}$$

在时域中，求解零状态响应的方法有两种：一种是上述的经典法，该方法在系统差分方程阶数较高且所施加的激励信号较复杂时，求解过程容易变得相当烦琐，在解决具体问题时已较少采用；另一种是卷积和法，该方法具有计算简单、物理含义明确等优点，在离散时间系统分析中同样占有十分重要的地位。

由式（5-27）可知，离散时间系统的任意激励信号 $x(n)$ 可以分解为单位样值序列移位加权和的形式，即 $x(n) = \sum_{m=-\infty}^{\infty} x(m)\delta(n-m)$。设离散时间系统对单位样值 $\delta(n)$ 的零状态响应为 $h(n)$，如图 5-17 所示，利用 LTI 离散系统的线性和非时变特性，得到系统的零状态响应为

$$y_{zs}(n) = \sum_{m=-\infty}^{\infty} x(m)h(n-m) = x(n) * h(n) \tag{5-55}$$

即系统在任意激励信号下的零状态响应是激励信号和其单位样值响应的卷积和。5.5 节和 5.6 节将分别讨论单位样值响应 $h(n)$ 和卷积和的求解方法。

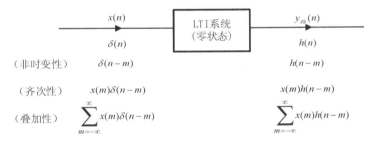

图 5-17　离散时间系统零状态响应的卷积分析过程

离散时间系统的时域分析演示可扫描二维码 5-1 进行观看。

5-1　离散系统
时域分析

课堂练习题

5.4-1　某离散系统的差分方程为 $y(n) + 0.5y(n-1) = x(n)$，系统的响应是 $y(n) = [5(0.5)^n + 3(-0.5)^n]u(n)$，则其中的零输入响应是　　　　　　　（　　　）

A. $y(n) = [5(0.5)^n]u(n)$　　　　　　　　B. $y(n) = [4(0.5)^n]u(n)$

C. $y(n) = [3(-0.5)^n]u(n)$　　　　　　　D. $y(n) = [8(-0.5)^n]u(n)$

5.4-2　某离散系统的差分方程为 $y(n) + 0.5y(n-1) = x(n)$，系统的响应是 $y(n) = [5(0.5)^n + 3(-0.5)^n]u(n)$，则其中的零状态响应是　　　　　　　（　　　）

A. $5 \times [(0.5)^n - (-0.5)^n]u(n)$　　　　B. $10 \times [(0.5)^n - (-0.5)^n]u(n)$

C. $5 \times (0.5)^n u(n)$　　　　　　　　　D. $-5 \times (-0.5)^n u(n)$

5.5　单位样值响应

当输入是单位样值序列 $\delta(n)$ 时，LTI 离散系统的零状态响应称为系统的单位样值响应（也称为单位冲激响应或单位脉冲响应），记为 $h(n)$。

由于 $\delta(n)$ 仅在 $n=0$ 处等于 1，而在 $n>0$ 时处处为零，因而在 $n>0$ 区间，$h(n)$ 满足的是

齐次差分方程，其函数形式与该系统的零输入响应相同。若系统为式（5-30）所示的 N 阶离散系统，假定系统的特征根为互异单实根，则 $h(n)$ 的函数形式为

$$h(n) = \sum_{i=1}^{N} C_i \alpha_i^n \tag{5-56}$$

式中，系数 $C_i (i = 1, 2, \cdots, N)$ 由边界条件 $h(0)$，$h(1)$，$\cdots$，$h(N-1)$ 确定，这组边界条件可由零初始状态 $h(-1) = h(-2) = \cdots = h(-n) = 0$ 用迭代法逐次导出。

【例 5-13】 已知系统的差分方程为

$$y(n) - 5y(n-1) + 6y(n-2) = x(n)$$

求系统的单位样值响应。

解：

（1）求差分方程的齐次解

系统特征方程 $\qquad\qquad\qquad\qquad \alpha^2 - 5\alpha + 6 = 0$

解得特征根为 $\qquad\qquad\qquad\qquad \alpha_1 = 3, \ \alpha_2 = 2$

从而齐次解为 $\qquad\qquad\qquad h(n) = C_1(3)^n + C_2(2)^n$

（2）求解系数 C_1 和 C_2

初始状态 $h(-1) = h(-2) = 0$，根据差分方程可以推导出边界条件 $h(0) = 1$ 和 $h(1) = 5$，代入齐次解中，建立系数 C 的方程组

$$\begin{cases} h(0) = C_1 + C_2 = 1 \\ h(1) = 3C_1 + 2C_2 = 5 \end{cases}$$

解得 $C_1 = 3$，$C_2 = -2$。

由上，单位样值响应为

$$h(n) = (3^{n+1} - 2^{n+1})u(n)$$

【例 5-14】 已知系统的差分方程为

$$y(n) - 5y(n-1) + 6y(n-2) = x(n) + x(n-1) - 3x(n-2)$$

求系统的单位样值响应。

解：

1）假定差分方程式右端只有项 $x(n)$ 作用，不考虑 $x(n-1)$ 和 $-3x(n-2)$ 作用，则不难看出，改写后的差分方程就是例 5-13 所示离散系统的差分方程，因此有

$$h_1(n) = (3^{n+1} - 2^{n+1})u(n)$$

2）只考虑 $x(n-1)$ 项引起的响应 $h_2(n)$。由线性非时变特性可知

$$h_2(n) = h_1(n-1) = (3^n - 2^n)u(n-1)$$

3）只考虑 $-3x(n-2)$ 项引起的响应 $h_3(n)$。由线性非时变特性可知

$$h_3(n) = -3h_1(n-2) = -3(3^{n-1} - 2^{n-1})u(n-2)$$

4）将以上结果叠加，得到系统的单位样值响应为

$$h(n) = h_1(n) + h_2(n) + h_3(n)$$
$$= (3^{n+1} - 2^{n+1})u(n) + (3^n - 2^n)u(n-1) - 3(3^{n-1} - 2^{n-1})u(n-2)$$

在连续时间系统中曾利用系统函数求拉氏逆变换的方法决定冲激响应 $h(t)$，与此类似，在离散时间系统中，也可利用系统函数求逆 Z 变换的方法，简洁而方便地获得系统单位样值响应的闭式解，具体应用及求解将在第 6 章详细论述。

课堂练习题

5.5-1　(判断) 单位样值响应属于零状态响应。　　　　　　　　　　　　　　　( )

5.2-2　某离散系统的差分方程为 $y(n) - 2y(n-1) = 3x(n)$，系统的单位样值响应是　( )

A. $h(n) = 2^n u(n)$　　　　　　　　　　　B. $h(n) = 3 \times 2^n u(n)$

C. $h(n) = 3 \times (-2)^n u(n)$　　　　　　　D. $h(n) = (-2)^n u(n)$

5.6　卷积和

离散序列卷积的一般表达式为

$$y(n) = x_1(n) * x_2(n) = \sum_{m=-\infty}^{\infty} x_1(m) x_2(n-m) \tag{5-57}$$

若令 $x_1(n) = x(n)$，$x_2(n) = h(n)$，式 (5-57) 则等同于 5.4.2 节中式 (5-55)，即利用激励信号和其单位样值响应的卷积和运算求解离散系统的零状态响应，这也正是引入卷积和运算的物理意义。

5.6.1　卷积和的运算

与连续信号的卷积相似，计算离散序列卷积和的基本步骤可以分为 4 步：①两个序列变量置换；②任选其中一个序列反折移位；③两个序列相乘；④对相乘后的非零值序列求和。

【例 5-15】　某 LTI 离散系统的激励信号为 $x(n) = u(n) - u(n-N)$，其单位样值响应是 $h(n) = a^n u(n)$，其中 $0 < a < 1$，求零状态响应 $y_{zs}(n)$。

解：

第一步　两个序列 $x(n)$ 和 $h(n)$ 变量置换

$$n \to m, \ x(n) \to x(m) = u(m) - u(m-N), \ h(n) \to h(m) = a^m u(m)$$

第二步　选择序列 $h(m)$ 反折移位

$$h(m) \to h(n-m) = a^{n-m} u(n-m)$$

第三步　两个序列相乘

$$x(n)h(n) = [u(m) - u(n-m)] a^{n-m} u(n-m)$$

第四步　对相乘后的非零值序列求和

$$y_{zs}(n) = x(n) * h(n) = \sum_{m=-\infty}^{\infty} [u(m) - u(n-m)] a^{n-m} u(n-m)$$

1) 当 $n < 0$ 时，$h(n-m)$ 与 $x(m)$ 相乘，处处为零值，即 $y_{zs}(n) = 0$。

2) 当 $0 \leqslant n \leqslant N-1$ 时，从 $m=0$ 到 $m=n$ 的范围内 $h(n-m)$ 与 $x(m)$ 有交叠相乘而得的非零值，得到

$$y_{zs}(n) = \sum_{m=0}^{n} a^{n-m} = a^n \sum_{m=0}^{n} a^{-m} = a^n \frac{1-a^{-(n+1)}}{1-a^{-1}} = \frac{a^n - a^{-1}}{1-a^{-1}}$$

3) 当 $n \geqslant N-1$ 时，交叠相乘的非零值从 $m=0$ 延伸到 $m=N-1$，因此

$$y_{zs}(n) = \sum_{m=0}^{N-1} a^{n-m} = a^n \sum_{m=0}^{N-1} a^{-m} = a^n \frac{1-a^{-N}}{1-a^{-1}} = \frac{a^n - a^{n-N}}{1-a^{-1}}$$

上述求解过程与结果如图 5-18 所示。离散信号的卷积和图解法演示可扫描二维码 5-2 进行观看。

5-2　离散信号卷积

当被卷积的两个序列都是有限长序列时，可利用一种"对位相乘求和"的方法较快地求出卷积和结果，这是不同于连续信号卷积积分运算的特殊计算方法，具体步骤如下。

1）将两序列样值以各自序号 n 的最高值按右端对齐。

2）按普通乘法将样值对应相乘但不要进位。

3）将位于同一列上的乘积值按对位求和得出卷积结果。

需要注意的是，卷积结果的序列号 n 满足，其最小值等于被卷积序列各自 n 最小值之和，最大值等于被卷积序列各自 n 最大值之和。由此，可建立卷积结果的序号 n 和样值的一一对应关系。

【例 5-16】 已知 $x(n) = \begin{bmatrix} 1 & 2 & 3 & 4 \\ \uparrow & & & \end{bmatrix}$，$h(n) = \begin{bmatrix} 3 & 2 & 1 \\ & \uparrow & \end{bmatrix}$，试求响应 $y_{zs}(n)$。

解：将两序列样值分成两行排列，逐位竖式相乘得到

$$
\begin{array}{cccccc}
x(n) & \overset{n=0}{1} & 2 & 3 & \overset{n=3}{4} \\
h(n) \quad \times & & \overset{n=-1}{3} & 2 & \overset{n=1}{1} \\
\hline
 & 1 & 2 & 3 & 4 \\
 & 2 & 4 & 6 & 8 \\
+ & 3 & 6 & 9 & 12 \\
\hline
y_{zs}(n) \quad \underset{n=-1}{3} & 8 & 14 & 20 & 11 & \underset{n=4}{4}
\end{array}
$$

按从左到右的顺序将同一列上的乘积结果对位相加，并推导出 $n=0$ 所对应的样值 8，得到

$$y(n) = \begin{bmatrix} 3 & 8 & 14 & 20 & 11 & 4 \\ & \uparrow & & & & \end{bmatrix}$$

5-3 离散卷积
（样值点）

两离散信号（样值点）的卷积演示可扫描二维码 5-3 进行观看。

不难发现，这种方法实质上是将作图过程的反折与移位两步骤以对位排列方式巧妙地取代，读者可自行对此例用作图法求解，将两种方法进行对比。显然，这里的"对位相乘求和"解法比较便捷。

以上两例着重说明了求卷积和的原理。为计算方便，将常用因果序列卷积和结果列于表 5-3 中。

表 5-3 卷积和

序 号	$x_1(n)$	$x_2(n)$	$x_1(n) * x_2(n) = x_2(n) * x_1(n)$
1	$\delta(n)$	$x(n)$	$x(n)$
2	$u(n)$	$x(n)u(n)$	$\sum_{m=0}^{n} x(m)$
3	$a^n u(n)$	$u(n)$	$\dfrac{1-a^{n+1}}{1-a} u(n)$
4	$a^n u(n)$	$a^n u(n)$	$(n+1)a^n u(n)$
5	$u(n)$	$u(n)$	$(n+1)u(n)$
6	$a^n u(n)$	$nu(n)$	$\left[\dfrac{n}{1-a} + \dfrac{a(a^n-1)}{(1-a)^2} \right] u(n)$
7	$a_1^n u(n)$	$a_2^n u(n)$	$\dfrac{a_1^{n+1} - a_2^{n+1}}{a_1 - a_2} u(n)$

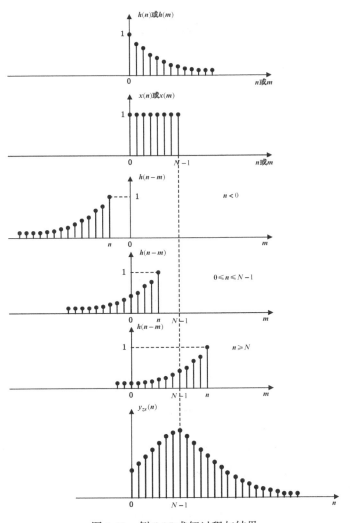

图 5-18 例 5-15 求解过程与结果

5.6.2 卷积和的性质

离散序列卷积和性质与连续信号的卷积积分性质相似,这里不加证明地给出结论。

(1)代数性质

交换律 $$x_1(n) * x_2(n) = x_2(n) * x_1(n) \tag{5-58}$$

结合律 $$[x_1(n) * x_2(n)] * x_3(n) = x_1(n) * [x_2(n) * x_3(n)] \tag{5-59}$$

分配律 $$x_1(n) * [x_2(n) + x_3(n)] = x_1(n) * x_2(n) + x_1(n) * x_3(n) \tag{5-60}$$

其中,卷积和的结合律和分配律可以用于级联和并联系统的分析。

(2)与单位样值序列 $\delta(n)$ 的卷积

$$x(n) * \delta(n) = x(n) \tag{5-61}$$

$$x(n) * \delta(n-m) = x(n-m) \tag{5-62}$$

(3)与单位阶跃序列 $u(n)$ 的卷积

$$x(n) * u(n) = \sum_{m=-\infty}^{n} x(m) \tag{5-63}$$

课堂练习题

5.6-1 （判断）已知某离散时间线性时不变系统的单位样值响应为 $h(n)$，则当输入信号为 $x(n) = 2\delta(n-1)$ 时，系统的零状态响应为 $2h(n-1)$。 （ ）

5.6-2 已知 $x(n) = \{\underset{\uparrow}{1}, 2, 3, 4\}$，$y(n) = \{\underset{\uparrow}{5}, 4, 3\}$，则 $x(n) * y(n)$ 等于 （ ）

A. $\{\underset{\uparrow}{5}, 14, 26, 38, 25, 12\}$　　　　　　B. $\{\underset{\uparrow}{5}, 14, 26, 38, 25, 12\}$

C. $\{\underset{\uparrow}{5}, 16, 26, 38, 25, 12\}$　　　　　　D. $\{\underset{\uparrow}{10}, 14, 26, 38, 25, 12\}$

5.6-3 $\delta(n) * f(n) * \delta(n)$ 等于 （ ）

A. $f(n)$　　　　B. $f^2(n)$　　　　C. $\delta(n)$　　　　D. $\delta^2(n)$

5.6-4 题图 5.6-1 所示离散时间系统的单位样值响应 $h(n)$ 等于 （ ）

A. $\delta(n) + h_1(n) * h_2(n)$　　B. $1 + h_1(n) * h_2(n)$　　C. $\delta(n) + h_1(n)h_2(n)$　　D. $1 + h_1(n)h_2(n)$

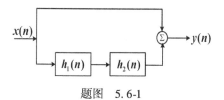

题图 5.6-1

5.7 离散时间系统的因果性和稳定性

单位样值响应 $h(n)$ 能够表征系统本身的性能，所以在时域分析中，由 $h(n)$ 可以判断 LTI 离散时间系统的因果性和稳定性。

因果离散系统：就是输出变化发生不领先于输入变化的系统，它要求任一时刻的输出 $y(n)$ 只取决于此时刻及此时刻以前的输入 $x(n)$，$x(n-1)$，$x(n-2)$，…。LTI 离散系统具有因果性的充分必要条件为

$$h(n) = h(n)u(n) \tag{5-64}$$

也就是

$$h(n) = 0, n < 0 \tag{5-65}$$

稳定离散系统：就是输入是有界的，输出也一定是有界的系统。LTI 离散系统具有稳定性的充分必要条件是系统的单位样值响应绝对可和，即

$$\sum_{m=-\infty}^{\infty} |h(n)| < \infty \tag{5-66}$$

既满足稳定条件又满足因果条件的系统是本书的主要研究对象，这种系统的单位样值响应 $h(n)$ 是单边的而且是有界的，即

$$\sum_{m=-\infty}^{\infty} |h(n)| < \infty \text{ 且 } h(n) = h(n)u(n) \tag{5-67}$$

【例 5-17】 已知系统的单位样值响应 $h(n) = a^n u(n)$，试判断系统的稳定性和因果性。

解：

1）由题所示，$h(n) = a^n u(n)$，当 $n < 0$ 时 $h(n) = 0$，则系统是因果系统。

2）稳定性的确定与 a 的取值相关

$$\sum_{m=-\infty}^{\infty} |h(n)| = \sum_{m=-0}^{\infty} |a^n| = \begin{cases} \dfrac{1}{1 - |a|}, & |a| < 1 \\ \infty, & |a| \geq 1 \end{cases}$$

由上式可得，当 $|a| < 1$ 时，单位样值响应绝对可和，系统是稳定的；当 $|a| \geq 1$ 时，该几何级数发散，系统是非稳定的。

课堂练习题

5.7-1 （判断）累加器的差分方程表示为 $y(n) = y(n-1) + x(n)$，该系统是稳定的。　　　（　　）

5.7-2 已知某离散系统的单位样值响应为 $nu(n)$，则该系统为　　　　　　　　　　　（　　）

A. 非因果稳定系统　　　　B. 非因果不稳定系统　　C. 因果不稳定系统　　　　D. 因果稳定系统

5.7-3 判断下列系统哪一项是线性时不变因果系统。　　　　　　　　　　　　　　　　（　　）

A. $y(n) + 3y(n-1) + 2y(n-2) = x(n-1) + 3$

B. $y(n) + 3y(n-1) + 2y(n-2) = x(n-1) + (n-2)x(n-2)$

C. $y(n) + 3y(n-1) + 2y(n-2) = x(n+1) + x(n-2)$

D. $y(n) + 3y(n-1) + 2y(n-2) = x(n-1) + 3x(n-2)$

习　　题

5-1 画出以下各序列的波形。

(1) $x(n) = 2^n u(n)$

(2) $x(n) = (-2)^n u(n)$

(3) $x(n) = \left(\dfrac{1}{2}\right)^n u(n)$

(4) $x(n) = \left(\dfrac{1}{2}\right)^n u(-n)$

(5) $x(n) = \left(\dfrac{1}{2}\right)^n u(-n-1)$

(6) $x(n) = \left(\dfrac{1}{2}\right)^{n+1} u(n+1)$

5-2 用 $\delta(n)$ 的加权和形式写出题图 5-1 所示序列 $x(n)$ 的表达式。

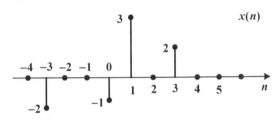

题图 5-1

5-3 试判断下列信号是否是周期序列，若是周期序列，试写出其周期。

(1) $x(n) = A\cos\left(\dfrac{3\pi}{7}n - \dfrac{\pi}{8}\right)$

(2) $x(n) = e^{j\left(\frac{n}{8} - \pi\right)}$

(3) $x(n) = 2\sin\left(\dfrac{2n\pi}{5} - \dfrac{\pi}{4}\right)$

(4) $x(n) = \left(\dfrac{2}{3}\right)^n \sin\left(\dfrac{n\pi}{5}\right)$

(5) $x(n) = \cos\left(\dfrac{2\pi}{3}n\right) + \sin\left(\dfrac{3\pi}{5}n\right)$

(6) $x(n) = \sin^2\left(\dfrac{\pi}{8}n\right)$

5-4 已知 $x(n) = \begin{cases} n+1, & -1 \leq n \leq 4 \\ 0, & \text{其他} \end{cases}$，画出 $x(n)$ 及下列各序列的波形。

(1) $x(n-2)$

(2) $2x(2-n)x(n)$

(3) $x(1-n) + x(n+1)$

(4) $x(n-2) + x(n+2)$

5-5 列出题图 5-2 所示系统的差分方程，已知边界条件 $y(-1) = 0$。分别求输入为以下序列时的输出 $y(n)$，并绘出其图形（用逐次迭代方法求解）。

(1) $x(n) = \delta(n)$

(2) $x(n) = u(n)$

5-6 列出题图 5-3 所示系统的差分方程，已知边界条件 $y(-1)=0$ 并限定当 $n<0$ 时，全部 $y(n)=0$，若 $x(n)=\delta(n)$，求 $y(n)$。比较本题与习题 5-2 相应的结果。

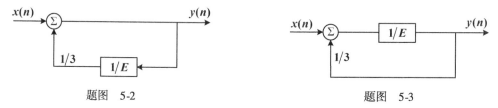

题图 5-2   题图 5-3

5-7 求下列齐次差分方程的解。

(1) $y(n)+3y(n-1)=0$，$y(1)=1$

(2) $y(n)+3y(n-1)+2y(n-2)=0$，$y(-1)=2$，$y(-2)=1$

(3) $y(n)+2y(n-1)+y(n-2)=0$，$y(0)=y(-1)=1$

5-8 求下列差分方程的单位样值响应 $h(n)$。

(1) $3y(n)-6y(n-1)=x(n)$

(2) $y(n)=x(n)-5x(n-1)+8x(n-2)$

(3) $y(n)-5y(n-1)+6y(n-2)=x(n)-3x(n-2)$

5-9 解差分方程 $y(n)+2y(n-1)=n-2$，已知 $y(0)=1$。

5-10 解差分方程 $y(n)+2y(n-1)+y(n-2)=3^n$，已知 $y(-1)=0$，$y(0)=0$。

5-11 以下各序列是离散系统的单位样值响应 $h(n)$，试分别讨论各系统的因果性与稳定性。

(1) $\delta(n)$ (2) $\delta(n-5)$ (3) $\delta(n+4)$

(4) $u(3-n)$ (5) $3^n u(-n)$ (6) $0.5^n u(n)$

5-12 判断下列系统是否为线性的、时不变的。

(1) $y(n)=2x(n)+3$ (2) $y(n)=x(n)\sin\left(\dfrac{2\pi}{5}n+\dfrac{\pi}{3}\right)$

(3) $y(n)=\left[x(n)\right]^2$ (4) $y(n)=\displaystyle\sum_{m=-\infty}^{n}x(m)$

5-13 已知 $x(n)=\{3,\ -3,\ 7,\ 0,\ \underset{\uparrow}{-1},\ 5,\ 2\}$，$h(n)=\{2,\ \underset{\uparrow}{3},\ 0,\ -5,\ 2,\ 1\}$，求 $y(n)=x(n)*h(n)$。

5-14 $x_1(n)$ 与 $x_2(n)$ 如题图 5-4 所示，$y(n)=x_1(n)*x_2(n)$，求 $y(4)$。

5-15 已知线性时不变系统的单位样值响应 $h(n)$ 以及输入 $x(n)$，求零状态响应 $y(n)$。

(1) $x(n)=u(n)$，$h(n)=\delta(n-3)$

(2) $x(n)=a^n u(n)$，$h(n)=\delta(n-1)$

(3) $x(n)=u(n)$，$h(n)=u(n-1)$

(4) $x(n)=2^n\left[u(n)-u(n-4)\right]$，$h(n)=\delta(n)-\delta(n-2)$

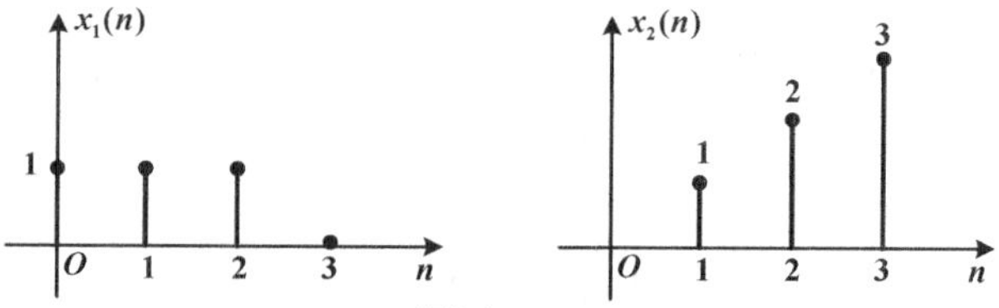

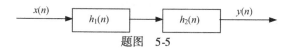

题图 5-4

5-16 如题图 5-5 所示的系统包括两个级联的线性时不变系统，它们的单位样值响应分别为 $h_1(n)$ 和 $h_2(n)$，已知 $h_1(n)=\delta(n)-\delta(n-3)$，$h_2(n)=(0.6)^n u(n)$，令 $x(n)=u(n)$。

(1) 按下式求 $y(n)$：$y(n)=\{x(n)*h_1(n)\}*h_2(n)$

(2) 按下式求 $y(n)$：$y(n)=x(n)*\{h_1(n)*h_2(n)\}$

两种方法的结果应当是一样的（卷积结合律）。

题图 5-5

第6章 离散时间信号与系统的 z 域分析

第 4 章引入了拉氏变换这一重要的数学工具，通过变换，可以将时间域复杂烦琐的数学计算和表达式转换为简单易懂的变换域函数，从而大大简化了连续时间系统各种响应的求解过程。与此相似，离散时间信号和系统也存在类似的变换域分析理论和工具——Z 变换。作为一种重要的数学工具，它可以把描述离散系统的差分方程变换成代数方程，使其求解过程得到简化；还可以利用系统函数的零、极点分布，定性分析系统的时域特性、频率响应和稳定性等。Z 变换是离散系统分析的重要方法，本章将讨论 Z 变换及其在离散时间信号和系统分析中的具体应用，请读者在学习时注意比较 Z 变换与拉氏变换的异同点。

6.1 Z 变换的定义和收敛域

6.1.1 Z 变换的定义

离散时间序列可以由连续时间信号等间隔采样得到，为建立连续时间信号和离散时间信号在变换域中的联系，先来看采样信号的拉氏变换。

设离散信号 $x(n)$ 是由连续信号 $x(t)$ 采样得到的，即 $x(n) = x(nT)$，并设 $x_s(t)$ 为连续信号 $x(t)$ 经理想采样后得到的采样信号，即

$$x_s(t) = x(t)\delta_T(t) = \sum_{n=-\infty}^{\infty} x(nT)\delta(t-nT)$$

式中，T 为采样间隔。对上式取双边拉氏变换得

$$X_s(s) = \int_{-\infty}^{\infty} x_s(t)e^{-st}\,dt = \int_{-\infty}^{\infty}\Big[\sum_{n=-\infty}^{\infty} x(nT)\delta(t-nT)\Big]e^{-st}\,dt$$

交换上式中的积分和求和次序，并利用冲激函数的抽样性，得到采样信号的拉氏变换为

$$X_s(s) = \sum_{n=-\infty}^{\infty}\int_{-\infty}^{\infty}\big[x(nT)\delta(t-nT)\big]e^{-st}\,dt = \sum_{n=-\infty}^{\infty} x(nT)e^{-snT} \tag{6-1}$$

令 $z = e^{sT}$，引入新的复变量，式（6-1）可写成

$$X(z) = \sum_{n=-\infty}^{\infty} x(nT)\,z^{-n} \tag{6-2}$$

将 $x(nT)$ 中的 T 归一化处理，即令其为 1，则有

$$X(z) = \sum_{n=-\infty}^{\infty} x(n)\,z^{-n}$$
$$z = e^{sT} \tag{6-3}$$

上述推导过程说明，如果离散序列 $x(n)$ 各样值与抽样信号 $x(t)\delta_T(t)$ 各冲激函数的强度相对应，就可借助符号 $z = e^{sT}$，用抽样信号的拉氏变换来表示离散时间信号的 Z 变换，下面给出 Z 变换的定义。

与拉氏变换的定义类似，Z 变换也有单边和双边之分。

序列 $x(n)$ 的单边 Z 变换定义为

$$X(z) = \sum_{n=0}^{\infty} x(n) z^{-n} = x(0) + x(1)z^{-1} + x(2)z^{-2} + \cdots \tag{6-4}$$

序列 $x(n)$ 的双边 Z 变换定义为

$$X(z) = \sum_{n=-\infty}^{\infty} x(n) z^{-n} \tag{6-5}$$

其中，z 是复变量。无论单边 Z 变换还是双边 Z 变换都用符号 $\mathscr{Z}[\,\cdot\,]$ 表示，即

$$X(z) = \mathscr{Z}[x(n)] \tag{6-6}$$

或简记作

$$x(n) \leftrightarrow X(z) \tag{6-7}$$

显然，如果 $x(n)$ 为因果序列，则双边 Z 变换与单边 Z 变换是等同的。

Z 变换是复变量 z^{-1} 的幂级数（也称罗朗级数），其系数是序列 $x(n)$ 的样值。在连续时间系统中，信号一般都是因果的，所以主要讨论单边拉氏变换；但在离散时间系统分析中，因有延时器和存储器的应用，可以产生非因果序列，因此在本章中单边和双边 Z 变换都要涉及。

6.1.2 Z 变换的收敛域

根据 Z 变换的定义，Z 变换是复变量 z^{-1} 的幂级数，而依级数理论，只有当级数收敛时，Z 变换才有意义。对于任意给定的有界序列 $x(n)$，使 Z 变换定义式级数收敛的 z 值的集合，称为 Z 变换的收敛域。

【例 6-1】 已知两序列分别为

$$x_1(n) = a^n u(n) = \begin{cases} a^n, & n \geqslant 0 \\ 0, & n < 0 \end{cases}, x_2(n) = -a^n u(-n-1) = \begin{cases} 0, & n \geqslant 0 \\ -a^n, & n < 0 \end{cases}$$

分别求它们的 Z 变换和收敛域。

解：由定义，$x_1(n)$ 的 Z 变换为

$$X_1(z) = \sum_{n=0}^{\infty} a^n z^{-n} = \sum_{n=0}^{\infty} (az^{-1})^n$$

根据级数理论，只有在 $|az^{-1}| < 1$，即 $|z| > |a|$ 时，级数收敛，于是

$$X_1(z) = \lim_{n \to \infty} \frac{1 - (az^{-1})^n}{1 - az^{-1}} = \frac{1}{1 - az^{-1}} = \frac{z}{z - a}$$

同理，$x_2(n)$ 的 Z 变换为

$$X_2(z) = \sum_{n=-\infty}^{-1} (-a^n) z^{-n} = \sum_{n=1}^{\infty} -(a^{-1}z)^n = 1 - \sum_{n=0}^{\infty} (a^{-1}z)^n$$

根据级数理论，只有在 $|a^{-1}z| < 1$，即 $|z| < |a|$ 时，级数收敛，于是

$$X_2(z) = 1 - \lim_{n \to \infty} \frac{1 - (a^{-1}z)^n}{1 - a^{-1}z} = 1 - \frac{1}{1 - a^{-1}z} = \frac{z}{z - a}$$

上述结果说明，只有当级数收敛时，Z 变换才有意义。两个不同的序列可以具有相同的 Z 变换表达式，但它们的 z 的取值范围不同。所以为了唯一确定 Z 变换所对应的序列，双边 Z 变换除了要给出 $X(z)$ 的表达式外，还必须标明 $X(z)$ 的收敛范围。

任意序列 Z 变换存在的充分条件是级数满足绝对可和条件，即

$$\sum_{n=-\infty}^{\infty} |x(n)z^{-n}| < \infty \tag{6-8}$$

上式的左端构成正项级数，通常可以采用两种方法——比值判定法和根值判定法来判别正项级数的收敛性。

1）比值判定法：若有一个正项级数 $\displaystyle\sum_{n=-\infty}^{\infty}|a_n|$，令它的后项与前项比值的极限等于 ρ，即

$$\rho = \lim_{n\to\infty}\left|\frac{a_{n+1}}{a_n}\right| \tag{6-9}$$

当 $\rho<1$ 时级数收敛，当 $\rho>1$ 时级数发散，当 $\rho=1$ 时级数可能收敛也可能发散。

2）根值判定法：令正项级数的一般项 $|a_n|$ 的 n 次根的极限等于 ρ，即

$$\rho = \lim_{n\to\infty}\sqrt[n]{|a_n|} \tag{6-10}$$

当 $\rho<1$ 时级数收敛，当 $\rho>1$ 时级数发散，当 $\rho=1$ 时级数可能收敛也可能发散。

下面利用根值判定法来讨论几类序列的 Z 变换收敛域问题。

1. 有限长序列

这类序列只在有限的区间具有非零的有限值，即 $x(n)=\begin{cases}x(n),& n_1\leqslant n\leqslant n_2\\ 0,& \text{其他}\end{cases}$，其 Z 变换为

$$X(z) = \sum_{n=n_1}^{n_2} x(n)z^{-n}$$

由于 n_1、n_2 是有限整数，因而上式是一个有限项级数。

1）当 $n_1\geqslant0$ 时，$X(z)$ 除了 $z=0$ 点外，在 z 平面上处处收敛，即收敛域为 $|z|>0$。

2）当 $n_2<0$ 时，$X(z)$ 除了 $z=\infty$ 点外，在 z 平面上处处收敛，即收敛域为 $|z|<\infty$。

3）当 $n_1<0$，$n_2>0$ 时，$X(z)$ 除了在 $z=0$ 和 $z=\infty$ 两点外，在 z 平面上处处收敛，因而收敛域为 $0<|z|<\infty$。

所以有限长序列 Z 变换的收敛域至少为 $0<|z|<\infty$，但可能还包括 $z=0$ 或 $z=\infty$，这是由序列的具体时间区域所决定的。特别是，序列 $\delta(n)$ 的 Z 变换，其收敛域为全 z 平面，即 $0\leqslant|z|\leqslant\infty$。

【例 6-2】 已知序列 $x(n)=u(n+2)-u(n-3)$，求其 Z 变换的收敛域。

解： $x(n)$ 的 Z 变换为

$$X(z) = \sum_{n=-2}^{2} z^{-n} = \underbrace{z^2+z}_{|z|<\infty}+1+\underbrace{z^{-1}+z^{-2}}_{|z|>0}$$

收敛域为 $0<|z|<\infty$。

2. 因果序列

因果序列 $x(n)u(n)$，其 Z 变换为

$$X(z) = \sum_{n=0}^{\infty} x(n)z^{-n} = x(0)+x(1)z^{-1}+x(2)z^{-2}+\cdots \tag{6-11}$$

根据式（6-10），若满足 $\rho=\lim_{n\to\infty}\sqrt[n]{|x(n)z^{-n}|}<1$，即

$$|z|>\lim_{n\to\infty}\sqrt[n]{|x(n)|}=R_{x_1} \tag{6-12}$$

则该级数收敛，其中 R_{x_1} 称为级数的收敛半径。可见，因果序列的收敛域是 z 平面上以原点为圆心、以 R_{x_1} 为半径的圆的外部。由式（6-11）可以看到，其展开式是 z 的负幂项之和，因此收敛域包括 $z=\infty$。

所以，因果序列 $x(n)u(n)$ 的 Z 变换收敛域为

$$R_{x_1} < |z| \leqslant \infty \tag{6-13}$$

【例6-3】 已知序列 $x(n) = \left(\dfrac{1}{3}\right)^n u(n)$，求其 Z 变换的收敛域。

解：$x(n)$ 的 Z 变换为

$$X(z) = \sum_{n=0}^{\infty} \left(\frac{1}{3}\right)^n z^{-n} = \sum_{n=0}^{\infty} \left(\frac{1}{3z}\right)^n = 1 + \frac{1}{3z} + \frac{1}{(3z)^2} + \frac{1}{(3z)^3} + \cdots$$

由根值判别法可得 $\dfrac{1}{3|z|} < 1$，即收敛域为 $|z| > \dfrac{1}{3}$。

3. 左边序列

左边序列 $x(n)u(-n-1)$，其 Z 变换为

$$X(z) = \sum_{n=-\infty}^{-1} x(n) z^{-n} = x(-1)z + x(-2)z^2 + \cdots \tag{6-14}$$

令 $m = -n$，该式变为 $X(z) = \sum\limits_{m=1}^{\infty} x(-m) z^m$。

根据式 (6-10)，若满足 $\rho = \lim\limits_{n \to \infty} \sqrt[n]{|x(-n)z^n|} < 1$，即

$$|z| < \frac{1}{\lim\limits_{n \to \infty} \sqrt[n]{|x(-n)|}} = R_{x_2} \tag{6-15}$$

则该级数收敛。可见，左边序列的收敛域是 z 平面上以原点为圆心、以 R_{x_2} 为半径的圆的内部。由式 (6-14) 可以看到，其展开式是 z 的正幂项之和，因此收敛域包括 $z = 0$。

所以，左边序列 $x(n)u(-n-1)$ 的 Z 变换收敛域为

$$0 \leqslant |z| < R_{x_2} \tag{6-16}$$

【例6-4】 已知序列 $x(n) = 2^n u(-n-1)$，求其 Z 变换的收敛域。

解：$x(n)$ 的 Z 变换为

$$X(z) = \sum_{n=-\infty}^{-1} 2^n z^{-n} = \sum_{m=1}^{\infty} \left(\frac{z}{2}\right)^m = \frac{z}{2} + \left(\frac{z}{2}\right)^2 + \left(\frac{z}{2}\right)^3 + \cdots$$

由根值判别法可得，$\dfrac{|z|}{2} < 1$，即收敛域为 $|z| < 2$。

4. 双边序列

双边序列 $x(n)(-\infty < n < +\infty)$，其 Z 变换为

$$X(z) = \sum_{n=-\infty}^{-1} x(n) z^{-n} + \sum_{n=0}^{\infty} x(n) z^{-n}$$

显然，它可以看成是左边序列与右边序列 Z 变换的叠加。上式右边第一个级数是左边序列的 Z 变换，其收敛域为 $|z| < R_{x_2}$；第二个级数是右边序列的 Z 变换，其收敛域为 $|z| > R_{x_1}$；因而双边序列的收敛域是左边序列与右边序列两个收敛域的交叠部分。如果 $R_{x_1} < R_{x_2}$，则双边序列 $x(n)$ 的 Z 变换 $X(z)$ 的收敛域为

$$R_{x_1} < |z| < R_{x_2} \tag{6-17}$$

即双边序列的收敛域是 z 平面上的一个环形区域。如果 $R_{x_1} > R_{x_2}$，即两个收敛域不交叠，则双边序列 $x(n)$ 不存在 Z 变换。

【例6-5】 已知双边序列 $x(n) = 2^n u(-n-1) + \left(\dfrac{1}{3}\right)^n u(n)$，求其 Z 变换的收敛域。

解：$x(n)$ 的 Z 变换为

$$X(z) = \underbrace{\sum_{n=-\infty}^{-1} 2^n z^{-n}}_{|z| < \frac{1}{2}} + \underbrace{\sum_{n=0}^{\infty} \left(\frac{1}{3}\right)^n z^{-n}}_{|z| > \frac{1}{3}}$$

双边序列的收敛域是左边序列与右边序列两个收敛域的交叠部分，根据例 6-3 和例 6-4 的结果，其收敛域为 $\frac{1}{3} < |z| < \frac{1}{2}$。

Z 变换的收敛域与序列类型密切相关，为了方便读者比较，表 6-1 归纳总结了上述 4 种类型序列的双边 Z 变换收敛域及其图示。

表 6-1 序列的形式与双边 Z 变换收敛域的关系

序 列 形 式		收 敛 域	图 示
有限长序列 ①$n_2 > n_1 \geqslant 0$	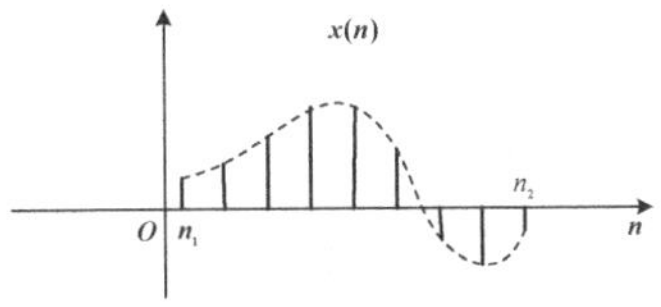	$0 < |z| \leqslant \infty$	
②$n_1 < n_2 < 0$	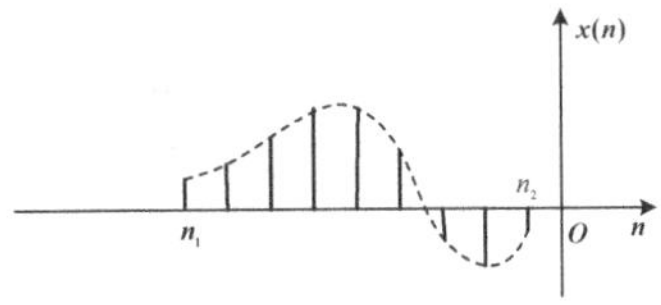	$0 \leqslant |z| < \infty$	
③$n_1 < 0, n_2 > 0$	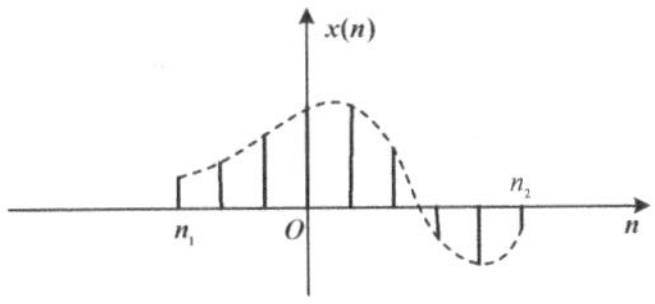	$0 < |z| < \infty$	
因果序列 $x(n)u(n)$	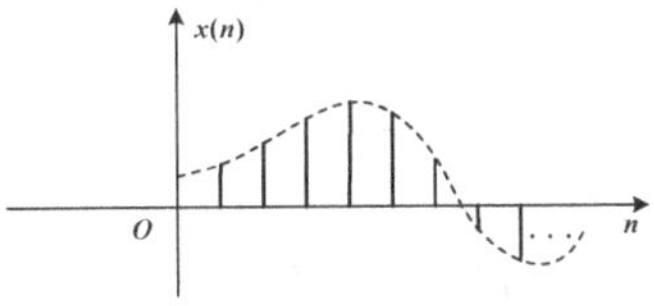	$R_{x_1} < |z| \leqslant \infty$	
左边序列 $x(n)u(-n-1)$	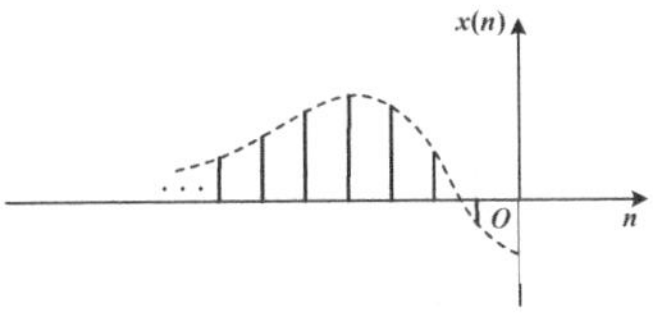	$0 \leqslant |z| < R_{x_2}$	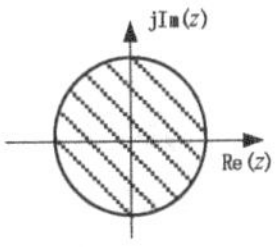
双边序列 $x(n), -\infty < n < \infty$	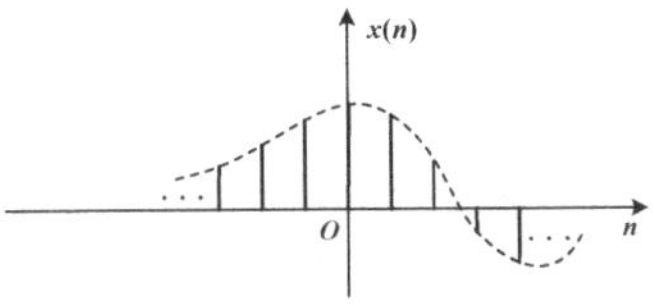	$R_{x_1} < |z| < R_{x_2}$	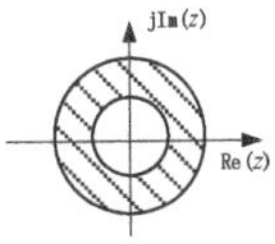

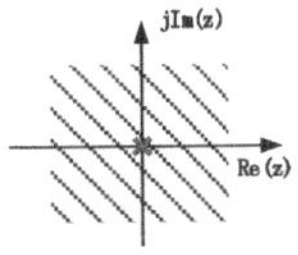

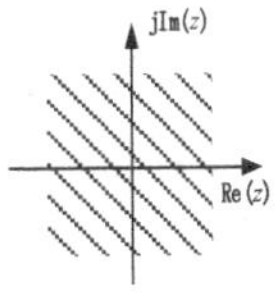

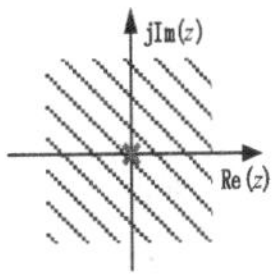

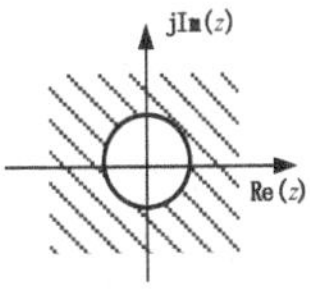

6.1.3 s 平面到 z 平面的映射

在 6.1.1 节中，将连续信号的拉氏变换与离散序列的 Z 变换联系起来，并给出了复变量 z 与复变量 s 的映射关系：

$$z = \mathrm{e}^{sT} \text{或} s = \frac{1}{T}\ln z \tag{6-18}$$

式中，T 是采样间隔，对应的采样频率 $\omega_s = 2\pi/T$。

为了更清楚地说明 $s \sim z$ 的映射关系，将 s 表示成直角坐标系，而把 z 表示成极坐标系，令 $s = \sigma + \mathrm{j}\omega$ 并代入式（6-18），得

$$z = \mathrm{e}^{sT} = \mathrm{e}^{(\sigma + \mathrm{j}\omega)T} = \mathrm{e}^{\sigma T}\mathrm{e}^{\mathrm{j}\omega T} = r\mathrm{e}^{\mathrm{j}\theta} \tag{6-19}$$

其中

$$\begin{cases} r = \mathrm{e}^{\sigma T} \\ \theta = \omega T \end{cases} \tag{6-20}$$

式（6-20）表明 s 平面和 z 平面之间具有如下映射关系：

1）s 平面上的原点 $s = 0$（$\sigma = 0$，$\omega = 0$）映射到 z 平面上是（$r = 1$，$\theta = 0$）的点。

2）s 平面上的实轴 $s = \sigma$（$\omega = 0$）映射到 z 平面上是正实轴（$\theta = 0$）。

3）s 平面上的虚轴 $s = \mathrm{j}\omega$（$\sigma = 0$）映射到 z 平面上是单位圆（$|z| = r = 1$）。

4）s 平面上的左半平面（$\sigma < 0$）映射到 z 平面上是单位圆的内部（$|z| = r < 1$）。

5）s 平面上的右半平面（$\sigma > 0$）映射到 z 平面上是单位圆的外部（$|z| = r > 1$）。

s 平面与 z 平面的映射关系见表 6-2。

表 6-2　z 平面与 s 平面的映射关系

s 平面（$s = \sigma + \mathrm{j}\omega$）			z 平面（$z = \mathrm{e}^{\mathrm{j}\theta}$）	
原点 $\begin{pmatrix} \sigma = 0 \\ \omega = 0 \end{pmatrix}$				点 $\begin{pmatrix} r = 1 \\ \theta = 0 \end{pmatrix}$
实轴 $\begin{pmatrix} \omega = 0 \\ s = \sigma \end{pmatrix}$				正实轴 $\begin{pmatrix} \theta = 0 \\ r\ 任意 \end{pmatrix}$
虚轴 $\begin{pmatrix} \sigma = 0 \\ s = \mathrm{j}\omega \end{pmatrix}$				单位圆上 $\begin{pmatrix} r = 1 \\ \theta\ 任意 \end{pmatrix}$
左半平面 （$\sigma < 0$）				单位圆内 $\begin{pmatrix} r < 1 \\ \theta\ 任意 \end{pmatrix}$

（续）

s 平面 $(s = \sigma + j\omega)$		z 平面 $(z = e^{j\theta})$	
右半平面 $(\sigma > 0)$	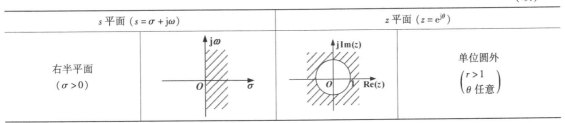		单位圆外 $\begin{pmatrix} r > 1 \\ \theta \text{ 任意} \end{pmatrix}$

如图 6-1 所示，$s \sim z$ 平面的映射关系不是单 θ 值的，在 s 平面上沿虚轴移动的点映射在 z 平面上沿单位圆周期性旋转。这是因为 $z = re^{j\theta}$ 是 θ 的周期函数，当 ω 由 $-\pi/T$ 增长到 π/T 时，θ 由 $-\pi$ 增长到 π。也就是说，在 s 平面上 ω 每平移一个采样频率 $\omega_s = 2\pi/T$，相应于 z 平面上 θ 变化 2π（沿单位圆转一圈）。

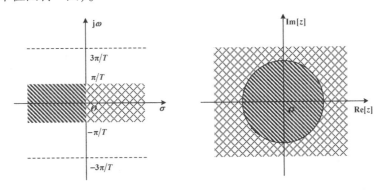

图 6-1　s 平面与 Z 变换的映射关系举例

在连续时间系统分析中，利用系统函数 $H(s)$ 的零、极点分布特性定性分析了系统的时域特性、频率响应和稳定性等。掌握了上述 s 平面与 z 平面映射规律之后，就可以利用类似的方法研究离散时间系统性能。

课堂练习题

6.1-1　（判断）因果序列 Z 变换的收敛域是 z 平面上的某个圆外区域。　　　　　　　　（　　）

6.1-2　（判断）一个序列的收敛域为圆环，即 $R_1 < |z| < R_2$，R_1、R_2 均为正实数，则该序列为左边序列。

　　　　　　　　　　　　　　　　　　　　　　　　　　　　　　　　　　　　　（　　）

6.1-3　（判断）有限序列 Z 变换的收敛域为 z 平面上的某个圆内区域。　　　　　　　（　　）

6.1-4　（判断）s 平面的左半平面映射到 z 平面的单位圆内部。　　　　　　　　　　（　　）

6.1-5　（判断）s 平面中的虚轴映射到 z 平面中的单位圆内部。　　　　　　　　　　（　　）

6.2　典型序列的 Z 变换

1. 单位样值序列 $\delta(n)$

$$\mathscr{Z}[\delta(n)] = \sum_{n=0}^{\infty} \delta(n) z^{-n} = 1 \tag{6-21}$$

简记为 $\qquad\qquad\qquad\qquad \delta(n) \leftrightarrow 1, \ 0 \leqslant |z| \leqslant \infty$

2. 单位阶跃序列 $u(n)$

$$\mathscr{Z}[u(n)] = \sum_{n=0}^{\infty} z^{-n} = \frac{1}{1-z^{-1}} = \frac{z}{z-1}, \quad |z| > 1 \tag{6-22}$$

简记为

$$u(n) \leftrightarrow \frac{z}{z-1}, \quad |z| > 1$$

3. 斜变序列 $nu(n)$

由式 (6-22) 可知

$$\sum_{n=0}^{\infty} z^{-n} = \frac{1}{1-z^{-1}}, \quad |z| > 1$$

将上式两边分别对 z^{-1} 求导，得到

$$\sum_{n=0}^{\infty} n(z^{-1})^{n-1} = \frac{-1}{(1-z^{-1})^2} = \frac{z^2}{(z-1)^2}$$

两边各乘 z^{-1}，便得到了斜变序列的 Z 变换

$$\mathscr{Z}[nu(n)] = \sum_{n=0}^{\infty} nz^{-n} = \frac{z}{(z-1)^2}, \quad |z| > 1 \tag{6-23}$$

简记为

$$nu(n) \leftrightarrow \frac{z}{(z-1)^2}, \quad |z| > 1$$

4. 实指数序列 $a^n u(n)$ 和 $-a^n u(-n-1)$

（1）
$$\mathscr{Z}[a^n u(n)] = \sum_{n=0}^{\infty} a^n z^{-n} = \frac{1}{1-az^{-1}} = \frac{z}{z-a}, \quad |z| > |a| \tag{6-24}$$

若 $a = e^b$，则

$$\mathscr{Z}[e^b u(n)] = \frac{z}{z-e^b}, \quad |z| > |e^b| \tag{6-25}$$

（2）$\mathscr{Z}[-a^n u(-n-1)] = \sum_{n=-\infty}^{-1} -a^n z^{-n} = \sum_{m=1}^{\infty} -a^{-m} z^m = \frac{-a^{-1}z}{1-a^{-1}z} = \frac{z}{z-a}, \quad |z| < |a|$

$$\tag{6-26}$$

式 (6-24) 和式 (6-26) 简记为

$$a^n u(n) \leftrightarrow \frac{z}{z-a}, \quad |z| > |a|$$

$$-a^n u(-n-1) \leftrightarrow \frac{z}{z-a}, \quad |z| < |a|$$

5. 单边正弦和余弦序列

根据式 (6-25)，令 $b = j\omega_0$，则当 $|z| > |e^b| = 1$ 时，得

$$\mathscr{Z}[e^{j\omega_0 n} u(n)] = \frac{z}{z-e^{j\omega_0}}, \quad |z| > 1$$

同样，令 $b = -j\omega_0$，得

$$\mathscr{Z}[e^{j\omega_0 n} u(n)] = \frac{z}{z-e^{-j\omega_0}}, \quad |z| > 1$$

将上面两式相加，得

$$\mathscr{Z}[e^{j\omega_0 n} u(n)] + \mathscr{Z}[e^{j\omega_0 n} u(n)] = \frac{z}{z-e^{j\omega_0}} + \frac{z}{z-e^{-j\omega_0}}, \quad |z| > 1$$

根据欧拉公式，可得

$$\mathscr{Z}\left[\cos(\omega_0 n)u(n)\right] = \frac{1}{2}\left(\frac{z}{z-e^{j\omega_0}} + \frac{z}{z-e^{-j\omega_0}}\right) \tag{6-27}$$

$$= \frac{z(z-\cos\omega_0)}{z^2 - 2z\cos\omega_0 + 1}, \ |z| > 1$$

$$\mathscr{Z}\left[\sin(\omega_0 n)u(n)\right] = \frac{1}{2j}\left(\frac{z}{z-e^{j\omega_0}} - \frac{z}{z-e^{-j\omega_0}}\right) \tag{6-28}$$

$$= \frac{z\sin\omega_0}{z^2 - 2z\cos\omega_0 + 1}, \ |z| > 1$$

课堂练习题

6.2-1 双边序列 $x(n) = a^{|n|}$ 存在 Z 变换的条件是   (   )

A. $a > 1$ B. $a \geq 1$ C. $a < 1$ D. $a \leq 1$

6.2-2 $3^n u(n)$ 的 Z 变换和收敛域是   (   )

A. $\frac{z}{z-3}$, $|z| < 3$ B. $\frac{1}{z-3}$, $|z| < 3$ C. $\frac{z}{z-3}$, $|z| > 3$ D. $\frac{1}{z-3}$, $|z| > 3$

6.2-3 $3^n u(-n-1)$ 的 Z 变换和收敛域是   (   )

A. $\frac{-z}{z-3}$, $|z| < 3$ B. $\frac{z}{z-3}$, $|z| < 3$ C. $\frac{-1}{z-3}$, $|z| > 3$ D. $\frac{z}{z-3}$, $|z| > 3$

6.3 逆 Z 变换

若已知序列 $x(n)$ 的 Z 变换为 $X(z) = \mathscr{Z}[x(n)]$，则 $X(z)$ 的逆变换记为

$$x(n) = \mathscr{Z}^{-1}[X(z)] \tag{6-29}$$

由柯西积分定理可以推得逆变换的表示式为

$$x(n) = \mathscr{Z}^{-1}[X(z)] = \frac{1}{2\pi j}\oint_C X(z)z^{n-1}\mathrm{d}z \tag{6-30}$$

其中 C 是包围 $X(z)z^{n-1}$ 所有极点的逆时针闭合积分路线，通常选择 z 平面上收敛域内以原点为中心的圆，如图 6-2 所示。

求逆 Z 变换的方法通常有三种：围线积分法、幂级数展开法（也称为长除法），以及仿照拉氏逆变换的部分分式展开法。本节主要介绍后两种逆 Z 变换方法。

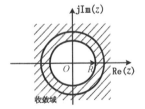

图 6-2 逆 Z 变换积分围线的选择

1. 幂级数展开法（长除法）

因为 $x(n)$ 的 Z 变换定义为 z^{-1} 的幂级数，即

$$X(z) = \sum_{n=-\infty}^{\infty} x(n)z^{-n} = \cdots + x(-2)z^2 + x(-1)z + x(0) + x(1)z^{-1} + x(2)z^{-2} + \cdots$$

所以，只要在给定的收敛域内把 $X(z)$ 展成幂级数，级数的系数就是序列 $x(n)$。其中，z 的正幂次项前的系数对应 $x(n)$ 在 $n < 0$ 时的各序列值；z 的负幂次项前的系数对应 $x(n)$ 在 $n > 0$ 时的各序列值。

当 $X(z)$ 为有理函数时，幂级数法也称为长除法。以下将举例说明用长除法将 $X(z)$ 展开成级数求得 $x(n)$ 的方法。

【例6-6】 已知 $X(z) = \dfrac{a}{a - z^{-1}}$，$|z| > \dfrac{1}{|a|}$，求 $x(n)$。

解： 由于 $X(z)$ 的收敛域是 $|z| > \dfrac{1}{|a|}$，因而 $x(n)$ 是因果序列，应展开为 z 的降幂级数。

$$
\begin{array}{r}
1 + a^{-1}z^{-1} + a^{-2}z^{-2} + a^{-3}z^{-3} + \cdots \\
a - z^{-1} \overline{)\,a} \\
\underline{a - z^{-1}} \\
z^{-1} \\
\underline{z^{-1} - a^{-1}z^{-2}} \\
a^{-1}z^{-2} \\
\underline{a^{-1}z^{-2} - a^{-2}z^{-3}} \\
\cdots
\end{array}
$$

所以
$$X(z) = 1 + a^{-1}z^{-1} + a^{-2}z^{-2} + a^{-3}z^{-3} + \cdots = \sum_{n=0}^{\infty} a^{-n}z^{-n}$$

由此可得
$$x(n) = a^{-n}u(n)$$

【例6-7】 已知 $X(z) = \dfrac{a}{a - z^{-1}}$，$|z| < \dfrac{1}{|a|}$，求 $x(n)$。

解： 由于 $X(z)$ 的收敛域是 $|z| < \dfrac{1}{|a|}$，因而 $x(n)$ 是左边序列，应展开为 z 的升幂级数。

$$
\begin{array}{r}
-az - a^2z^2 - a^3z^3 - a^4z^4 - \cdots \\
-z^{-1} + a \overline{)\,a} \\
\underline{a - a^2z} \\
a^2z \\
\underline{a^2z - a^3z^2} \\
a^3z^2 \\
\underline{a^3z^2 - a^4z^3} \\
\cdots
\end{array}
$$

所以
$$X(z) = -az - a^2z^2 - a^3z^3 - a^4z^4 - \cdots = -\sum_{n=-\infty}^{-1} a^{-n}z^{-n}$$

由此可得
$$x(n) = -a^{-n}u(-n-1)$$

用长除法可将 $X(z)$ 展开为 z 的升幂或降幂级数，它取决于 $X(z)$ 的收敛域。所以在用长除法之前，首先要确定 $x(n)$ 是左序列还是右序列，由此决定分母多项式是按升幂还是按降幂排列。由长除法可以直接得到 $x(n)$ 的具体数值，但当 $X(z)$ 有两个或两个以上极点时，用长除法得到的序列值要归纳为 $x(n)$ 闭合式还是比较困难的，这时可以用部分分式法求解 $x(n)$。

2. 部分分式展开法

在实际的离散系统分析中，$X(z)$ 一般是 z 的有理分式，和拉氏变换相似，这种情况的逆 Z 变换，使用部分分式展开法来求解是最为简便的。

通常有理分式 $X(z)$ 的表示式为

$$X(z) = \frac{N(z)}{D(z)} = \frac{b_0 + b_1 z + \cdots + b_{M-1} z^{M-1} + b_M z^M}{a_0 + a_1 z + \cdots + a_{N-1} z^{N-1} + a_N z^N} \tag{6-31}$$

式中，分子最高次为 M，分母最高次为 N。对于因果序列，它的 Z 变换收敛域为 $|z| > R$，为保证在 $|z| = \infty$ 处收敛，其分母多项式的阶次不低于分子多项式的阶次，即满足 $M \leqslant N$。

在部分分式展开式中，Z 变换最基本的形式是 $\dfrac{z}{z - z_m}$，因而在进行 Z 变换的部分分式展开时，通常是将 $X(z)/z$ 展开。将 $X(z)/z$ 进行部分分式展开的方法和拉氏逆变换中将 $F(s)$ 展开成部分分式的方法相同，下面给出一阶极点和高阶极点的展开过程。

1) 设 $M \leqslant N$，且 $X(z)$ 均为单极点，$X(z)/z$ 可展开为

$$\frac{X(z)}{z} = \frac{A_0}{z} + \sum_{k=1}^{N} \frac{A_k}{z - z_k} \tag{6-32}$$

式中，系数

$$A_0 = X(z) \big|_{z=0} \tag{6-33}$$

$$A_k = (z - z_k) \frac{X(z)}{z} \bigg|_{z = z_k}, \ k = 0, 1, \cdots, N \tag{6-34}$$

将式（6-32）两端同乘以 z，有

$$X(z) = A_0 + \sum_{k=1}^{N} \frac{A_k z}{z - z_k} \tag{6-35}$$

式中，A_0 对应的序列为 $A_0 \delta(n)$，其余各项分式则需要根据收敛域最终确定。

2) 若 $X(z)$ 在 $z = z_1$ 有一个 s 阶的重极点，其余为单极点。$X(z)$ 可展开为

$$X(z) = A_0 + \sum_{k=1}^{s} \frac{B_k z}{(z - z_1)^k} + \sum_{k=s+1}^{N} \frac{A_k z}{z - z_k} \tag{6-36}$$

式中，A_0、A_k 计算同前，B_k 为

$$X(z) = \frac{1}{(s-k)!} \left[\frac{\mathrm{d}^{s-k}}{\mathrm{d}z^{s-k}} (z - z_1)^s \frac{X(z)}{z} \right] \bigg|_{z = z_1} \tag{6-37}$$

表 6-3 和表 6-4 分别给出了常用因果序列和左边序列的逆 Z 变换对。利用这两个表再结合 Z 变换的性质，可求一般序列的正、反变换。

【例 6-8】 已知 $X(z) = \dfrac{-3z}{2z^2 - 5z + 2}$，求下列三种收敛域下的逆变换 $x(n)$。

(1) $|z| > 2$　　　　(2) $|z| < 0.5$　　　　(3) $0.5 < |z| < 2$

解：将 $X(z)/z$ 展开成部分分式为

$$\frac{X(z)}{z} = \frac{-3}{2z^2 - 5z + 2} = \frac{-1.5}{(z - 0.5)(z - 2)} = \frac{A_1}{z - 0.5} + \frac{A_2}{z - 2}$$

$$A_1 = (z - 0.5) \frac{X(z)}{z} \bigg|_{z = 0.5} = \frac{-1.5}{z - 2} \bigg|_{z = 0.5} = 1$$

$$A_2 = (z - 2) \frac{X(z)}{z} \bigg|_{z = 2} = \frac{-1.5}{z - 0.5} \bigg|_{z = 2} = -1$$

$$X(z) = \frac{z}{z - 0.5} - \frac{z}{z - 2}$$

(1) 收敛域为 $|z| > 2$，则 $x(n)$ 为因果序列，故有 $x(n) = (0.5^n - 2^n) u(n)$。

(2) 收敛域为 $|z| < 0.5$，则 $x(n)$ 为左边序列，故有 $x(n) = (2^n - 0.5^n) u(-n-1)$。

(3) 收敛域为 $0.5 < |z| < 2$，则 $x(n)$ 为双边序列。可以判断，第一项的收敛域满足 $|z| > 0.5$，因而对应的逆变换应是因果序列；第二项的收敛域满足 $|z| < 2$，故对应的逆变换应是左

边序列。即

$$x(n) = 0.5^n u(n) + 2^n u(-n-1)$$

表6-3　常用的逆 Z 变换对（因果序列）

Z 变换 $X(z)$ ($|z| > |a|$)	序列 $x(n)$
1	$\delta(n)$
$\dfrac{z}{z-1}$	$u(n)$
$\dfrac{z}{z-a}$	$a^n u(n)$
$\dfrac{z}{(z-1)^2}$	$n u(n)$
$\dfrac{z}{(z-a)^2}$	$n a^{n-1} u(n)$
$\dfrac{z^2}{(z-a)^2}$	$(n+1) a^n u(n)$
$\dfrac{z}{(z-a)^3}$	$\dfrac{n(n-1)}{2!} a^{n-2} u(n)$
$\dfrac{z^3}{(z-a)^3}$	$\dfrac{(n+1)(n+2)}{2!} a^n u(n)$
$\dfrac{z}{(z-a)^{m+1}}$	$\dfrac{n(n-1)\cdots(n-m+1)}{m!} a^{n-m} u(n)$
$\dfrac{z^{m+1}}{(z-a)^{m+1}}$	$\dfrac{(n+1)(n+2)\cdots(n+m)}{m!} a^n u(n)$

表6-4　常用的逆 Z 变换对（左边序列）

Z 变换 $X(z)$ ($|z| < |a|$)	序列 $x(n)$
$\dfrac{z}{z-1}$	$-u(-n-1)$
$\dfrac{z}{z-a}$	$-a^n u(-n-1)$
$\dfrac{z}{(z-a)^2}$	$-n a^{n-1} u(-n-1)$
$\dfrac{z^2}{(z-a)^2}$	$-(n+1) a^n u(-n-1)$
$\dfrac{z}{(z-a)^3}$	$-\dfrac{n(n-1)}{2!} a^{n-2} u(-n-1)$
$\dfrac{z^3}{(z-a)^3}$	$-\dfrac{(n+1)(n+2)}{2!} a^n u(-n-1)$

（续）

z 变换 $X(z)(\lvert z\rvert<\lvert a\rvert)$	序列 $x(n)$
$\dfrac{z}{(z-a)^{m+1}}$	$-\dfrac{n(n-1)\cdots(n-m+1)}{m!}a^{n-m}u(-n-1)$
$\dfrac{z^{m+1}}{(z-a)^{m+1}}$	$-\dfrac{(n+1)(n+2)\cdots(n+m)}{m!}a^{n}u(-n-1)$

课堂练习题

6.3-1　序列 $x(n)$ 的 Z 变换为 $X(z)=2z-3+z^{-2}+2z^{-1},0<\lvert z\rvert<\infty$，那么 $x(n)$ 等于　　　（　　）

A. $2\delta(n+1)-3\delta(n)+\delta(n-1)+2\delta(n-2)$ 　　B. $2\delta(n+1)-3\delta(n)+\delta(n-2)+2\delta(n-3)$

C. $2\delta(n+1)-3\delta(n)+\delta(n-2)+2\delta(n+3)$ 　　D. $2\delta(n-1)-3+\delta(n-2)+2\delta(n-3)$

6.3-2　若 $X(z)=\dfrac{-2z}{z-2}+\dfrac{3z}{z-3},2<\lvert Z\rvert<3$，则序列 $x(n)$ 等于　　　（　　）

A. $2\times2^{n}u(-n-1)-3\times3^{n}u(-n-1)$ 　　　B. $-2\times2^{n}u(n)+3\times3^{n}u(n)$

C. $2\times2^{n}u(-n-1)-3\times3^{n}u(n)$ 　　　　　D. $-2\times2^{n}u(n)-3\times3^{n}u(-n-1)$

6.4　Z 变换的基本性质

Z 变换的性质讨论的是离散序列在时域和 z 域间的对应关系和变换规律，它们既能揭示时域与复频域之间的内在联系，又能提供系统分析和简化运算的新方法。本节讨论 Z 变换的性质，若无特殊说明的性质或定理，它们既适用于双边 Z 变换，亦适用于单边 Z 变换。

6.4.1　线性

Z 变换的线性表现在它的叠加性与均匀性，若

$$x(n)\leftrightarrow X(z),\ R_{x1}<\lvert z\rvert<R_{x2}$$
$$y(n)\leftrightarrow Y(z),\ R_{y1}<\lvert z\rvert<R_{y2}$$

则
$$ax(n)+by(n)\leftrightarrow aX(z)+bY(z) \tag{6-38}$$

式中，a、b 为任意常数。

相加后序列的 Z 变换收敛域一般为两个收敛域的重叠部分，即 R_1 取 R_{x1} 与 R_{y1} 中的较大者，而 R_2 取 R_{x2} 与 R_{y2} 中的较小者，记作：$\max(R_{x1},R_{y1})<\lvert z\rvert<\min(R_{x2},R_{y2})$。然而，如果在这些线性组合中某些零点与极点相抵消，则收敛域可能扩大。

【例 6-9】　求序列 $x(n)=a^{n}u(n)-a^{n}u(n-1)$ 的 Z 变换 $X(z)$。

解：假设 $x_1(n)=a^{n}u(n)$，$x_2(n)=a^{n}u(n-1)$，则 $x(n)=x_1(n)-x_2(n)$。由式 (6-24) 得

$$X_1(z)=\frac{z}{z-a},\ \lvert z\rvert>\lvert a\rvert$$

$$X_2(z)=\sum_{n=0}^{\infty}x_2(n)z^{-n}=\sum_{n=1}^{\infty}a^{n}z^{-n}=\frac{a}{z-a},\ \lvert z\rvert>\lvert a\rvert$$

所以
$$X(z)=X_1(z)-X_2(z)=\frac{z}{z-a}-\frac{a}{z-a}=1$$

可见，在本例中线性叠加后序列的 Z 变换的收敛域由 $\lvert z\rvert>\lvert a\rvert$ 扩展到整个 z 平面。

6.4.2　位移性（时移特性）

位移性表示序列位移后的 Z 变换与原序列 Z 变换的关系。在实际中可能遇到序列的左移（超前）或右移（延迟）两种不同情况，所取的变换形式又可能有单边 Z 变换与双边 Z 变换，它们的位移性基本相同，但又各具不同的特点。下面分几种情况进行讨论。

（1）双边 Z 变换

若序列 $x(n)$ 的双边 Z 变换为

$$x(n) \leftrightarrow X(z), \quad R_{x1} < |z| < R_{x2}$$

则

$$x(n \pm m) \leftrightarrow z^{\pm m} X(z), \quad R_{x1} < |z| < R_{x2} \tag{6-39}$$

式中，m 为任意正整数。

证明：

$$\mathscr{Z}[x(n \pm m)] = \sum_{n=-\infty}^{\infty} x(n \pm m) z^{-n} = \sum_{n=-\infty}^{\infty} x(n \pm m) z^{-(n \pm m)} z^{\pm m}$$

令 $n \pm m = k$，代入上式得

$$\mathscr{Z}[x(n \pm m)] = z^{\pm m} \sum_{k=-\infty}^{\infty} x(k) z^{-k} = z^{\pm m} X(z)$$

式（6-39）说明，序列位移只会使 Z 变换在 $z=0$ 或 $z=\infty$ 处的零极点情况发生变化。如果 $x(n)$ 是双边序列，$X(z)$ 的收敛域为环形区域（即 $R_{x1} < |z| < R_{x2}$），在这种情况下序列位移不会改变 Z 变换的收敛域。

（2）单边 Z 变换

如果 $x(n)$ 是双边序列，其单边 Z 变换记为 $\mathscr{Z}[x(n)u(n)] = X(z)$，则序列右移后，它的单边 Z 变换为

$$\mathscr{Z}[x(n-m)u(n)] = z^{-m}\left[X(z) + \sum_{k=-m}^{-1} x(k) z^{-k}\right] \tag{6-40}$$

证明：$\mathscr{Z}[x(n-m)u(n)] = \sum_{n=0}^{\infty} x(n-m) z^{-n}$，令 $n-m=k$，则该式变成

$$\mathscr{Z}[x(n-m)u(n)] = z^{-m} \sum_{k=-m}^{\infty} x(k) z^{-k}$$

$$= z^{-m}\left[\sum_{k=-m}^{-1} x(k) z^{-k} + \sum_{k=0}^{\infty} x(k) z^{-k}\right]$$

$$= z^{-m}\left[X(z) + \sum_{k=-m}^{-1} x(k) z^{-k}\right]$$

同样，可以得到左移序列的单边 Z 变换为

$$\mathscr{Z}[x(n+m)u(n)] = z^{m}\left[X(z) - \sum_{k=0}^{m-1} x(k) z^{-k}\right] \tag{6-41}$$

式中，m 为正整数。对于 $m=1,2$ 的情况，式（6-40）和式（6-41）可以写作

$$\mathscr{Z}[x(n-1)u(n)] = z^{-1}X(z) + x(-1)$$

$$\mathscr{Z}[x(n-2)u(n)] = z^{-2}X(z) + z^{-1}x(-1) + x(-2)$$

$$\mathscr{Z}[x(n+1)u(n)] = zX(z) - zx(0)$$

$$\mathscr{Z}[x(n+2)u(n)] = z^2 X(z) - z^2 x(0) - zx(1)$$

如果 $x(n)$ 是因果序列，则式（6-40）右边的 $\sum\limits_{k=-m}^{-1} x(k)z^{-k}$ 项都等于零。于是右移序列的单边 Z 变换为

$$\mathscr{Z}[x(n-m)u(n)] = z^{-m}X(z) \tag{6-42}$$

这说明，当 $x(n)$ 是因果序列时，其位移序列 $x(n-m)u(n-m)$ 与 $x(n-m)u(n)$ 的 Z 变换相同，但左移序列的单边 Z 变换仍为式（6-41）。

【例 6-10】 已知差分方程表示式：$y(n)-0.9y(n-1)=0.05u(n)$，边界条件 $y(-1)=0$，用 Z 变换方法求系统响应 $y(n)$。

解： 对差分方程两边分别取单边 Z 变换，应用时移特性

$$Y(z)-0.9z^{-1}Y(z) = \frac{0.05z}{z-1}$$

所以

$$Y(z) = \frac{0.05z^2}{(z-0.9)(z-1)}$$

将上式展开成部分分式形式，即

$$Y(z) = \frac{-0.45z}{z-0.9} + \frac{0.5z}{z-1}$$

$$y(n) = [-0.45(0.9)^n + 0.5]u(n)$$

6.4.3 序列线性加权（z 域微分）

若 $x(n) \leftrightarrow X(z)$，则

$$nx(n) \leftrightarrow -z\frac{\mathrm{d}X(z)}{\mathrm{d}z} \tag{6-43}$$

证明： 根据 Z 变换定义

$$X(z) = \sum_{n=0}^{\infty} x(n)z^{-n}$$

上式两边对 z 求导，得

$$\frac{\mathrm{d}X(z)}{\mathrm{d}z} = \frac{\mathrm{d}}{\mathrm{d}z}\sum_{n=0}^{\infty} x(n)z^{-n}$$

交换求导与求和的次序，上式变为

$$\frac{\mathrm{d}X(z)}{\mathrm{d}z} = \sum_{n=0}^{\infty} x(n)\frac{\mathrm{d}}{\mathrm{d}z}(z^{-n})$$

$$= -z^{-1}\sum_{n=0}^{\infty} nx(n)z^{-n}$$

$$= -z^{-1}\mathscr{Z}[nx(n)]$$

所以

$$nx(n) \leftrightarrow -z\frac{\mathrm{d}X(z)}{\mathrm{d}z}$$

由此可见，序列线性加权（乘以 n）等效于对其 Z 变换求导数并乘以（$-z$）。

如果将 $nx(n)$ 再乘以 n，利用式（6-43）可得

$$\mathscr{Z}[n^2x(n)] = \mathscr{Z}[n\cdot nx(n)] = -z\frac{\mathrm{d}}{\mathrm{d}z}\mathscr{Z}[nx(n)] = -z\frac{\mathrm{d}}{\mathrm{d}z}\left[-z\frac{\mathrm{d}}{\mathrm{d}z}X(z)\right]$$

即
$$n^2 x(n) \leftrightarrow z^2 \frac{\mathrm{d}^2 X(z)}{\mathrm{d}z^2} + z \frac{\mathrm{d}X(z)}{\mathrm{d}z} \tag{6-44}$$

用同样的方法，可以得到
$$n^m x(n) \leftrightarrow \left[-z \frac{\mathrm{d}}{\mathrm{d}z} \right]^m X(z) \tag{6-45}$$

式中，符号 $\left[-z \dfrac{\mathrm{d}}{\mathrm{d}z} \right]^m$ 表示 $-z \dfrac{\mathrm{d}}{\mathrm{d}z} \left\{ -z \dfrac{\mathrm{d}}{\mathrm{d}z} \left[-z \dfrac{\mathrm{d}}{\mathrm{d}z} \cdots \left(-z \dfrac{\mathrm{d}}{\mathrm{d}z} \right) \right] \right\}$，共求导 m 次。

【例 6-11】 已知 $\mathscr{Z}[u(n)] = \dfrac{z}{z-1}$，求斜变序列 $nu(n)$ 的 Z 变换。

解： 由式（6-43）可得
$$\mathscr{Z}[nu(n)] = -z \frac{\mathrm{d}}{\mathrm{d}z} \mathscr{Z}[u(n)] = -z \frac{\mathrm{d}}{\mathrm{d}z} \left(\frac{z}{z-1} \right) = \frac{z}{(z-1)^2}, \quad |z| > 1$$

显然与式（6-23）的结果完全一致。

6.4.4　序列指数加权（z 域尺度变换）

若 $x(n) \leftrightarrow X(z)$，$R_{x1} < |z| < R_{x2}$，则
$$a^n x(n) \leftrightarrow X\left(\frac{z}{a} \right), \quad R_{x1} < \left| \frac{z}{a} \right| < R_{x2} \tag{6-46}$$

证明： 因为
$$\mathscr{Z}[a^n x(n)] = \sum_{n=-\infty}^{\infty} a^n x(n) z^{-n} = \sum_{n=-\infty}^{\infty} x(n) \left(\frac{z}{a} \right)^{-n}$$

所以
$$a^n x(n) \leftrightarrow X\left(\frac{z}{a} \right)$$

可见，$x(n)$ 乘以指数序列等效于在 z 平面内做尺度展缩。同样可以得到下列关系：
$$a^{-n} x(n) \leftrightarrow X(az), \quad R_{x1} < |az| < R_{x2} \tag{6-47}$$
$$(-1)^n x(n) \leftrightarrow X(-z), \quad R_{x1} < |z| < R_{x2} \tag{6-48}$$

【例 6-12】 已知 $\mathscr{Z}[\cos(\omega_0 n) \cdot u(n)] = \dfrac{z(z-\cos\omega_0)}{z^2 - 2z\cos\omega_0 + 1}$（$|z| > 1$），求序列 $\beta^n \cos(\omega_0 n) \cdot u(n)$ 的 Z 变换。

解： 由式（6-46）可得
$$\mathscr{Z}[\beta^n \cos(\omega_0 n) \cdot u(n)] = \frac{\dfrac{z}{\beta}\left(\dfrac{z}{\beta} - \cos\omega_0 \right)}{\left(\dfrac{z}{\beta} \right)^2 - 2\dfrac{z}{\beta}\cos\omega_0 + 1} = \frac{z(z - \beta\cos\omega_0)}{z^2 - 2z\beta\cos\omega_0 + \beta^2}$$

其收敛域为 $\left| \dfrac{z}{\beta} \right| > 1$，即 $|z| > |\beta|$。

6.4.5　序列反折

若 $x(n) \leftrightarrow X(z)$，$R_{x1} < |z| < R_{x2}$，则
$$x(-n) \leftrightarrow X\left(\frac{1}{z} \right), \quad R_{x1} < \left| \frac{1}{z} \right| < R_{x2} \tag{6-49}$$

证明： 根据 Z 变换的定义，令 $k = -n$ 有

$$\mathscr{Z}[x(-n)] = \sum_{n=\infty}^{\infty} x(-n)z^{-n} = \sum_{k=\infty}^{-\infty} x(k)z^{k} = \sum_{k=\infty}^{-\infty} x(k)(z^{-1})^{-k} = X\left(\frac{1}{z}\right)$$

其收敛域为 $R_{x1} < \left|\frac{1}{z}\right| < R_{x2}$。

6.4.6 卷积定理

1. 时域卷积定理

若两序列 $x(n)$、$h(n)$ 的 Z 变换分别为

$$x(n) \leftrightarrow X(z), \quad R_{x1} < |z| < R_{x2}$$

$$h(n) \leftrightarrow H(z), \quad R_{h1} < |z| < R_{h2}$$

则 $\qquad\qquad\qquad x(n) * h(n) \leftrightarrow X(z)H(z)$ (6-50)

一般情况下，其收敛域是 $X(z)$ 和 $H(z)$ 收敛域的重叠部分，即 $\max(R_{x1}, R_{h1}) < |z| < \min(R_{x2}, R_{h2})$。若位于某一 Z 变换收敛域边缘上的极点被另一 Z 变换的零点抵消，则收敛域将会扩大。

证明：

$$\begin{aligned}
\mathscr{Z}[x(n) * h(n)] &= \sum_{n=-\infty}^{\infty} [x(n) * h(n)]z^{-n} \\
&= \sum_{n=-\infty}^{\infty} \left[\sum_{m=-\infty}^{\infty} x(m)h(n-m)\right]z^{-n} \\
&= \sum_{m=-\infty}^{\infty} x(m)\left[\sum_{n=-\infty}^{\infty} h(n-m)z^{-(n-m)}z^{-m}\right] \\
&= \sum_{m=-\infty}^{\infty} x(m)z^{-m}H(z) \\
&= X(z)H(z)
\end{aligned}$$

可见两序列在时域中的卷积等效于在 z 域中两序列 Z 变换的乘积。若 $x(n)$ 与 $h(n)$ 分别为线性时不变离散系统的激励序列和单位样值响应，那么在求系统的响应序列 $y(n)$ 时，可以避免卷积运算，而借助于式 (6-50) 通过 $X(z)H(z)$ 的逆变换求出 $y(n)$，在很多情况下这样会更方便些。

【例 6-13】 求两单边指数序列 $x(n) = a^n u(n)$ 和 $h(n) = b^n u(n)$ 的卷积。

解：因为 $X(z) = \dfrac{z}{z-a}$（$|z| > a$）；$H(z) = \dfrac{z}{z-b}$（$|z| > b$），由式 (6-50) 得

$$Y(z) = X(z)H(z) = \frac{z^2}{(z-a)(z-b)} = \frac{1}{a-b}\left(\frac{az}{z-a} - \frac{bz}{z-b}\right)$$

显然，收敛域为 $|z| > a$ 与 $|z| > b$ 的重叠部分，如图 6-3 所示。

其逆变换为

$$y(n) = x(n) * h(n) = \frac{1}{a-b}(a^{n+1} - b^{n+1})u(n)$$

【例 6-14】 求两序列 $x(n) = u(n)$ 和 $h(n) = a^n u(n) - a^{n-1} u(n-1)$ 的卷积。

解：

$$X(z) = \frac{z}{z-1}, \quad |z| > 1$$

由位移性可得
$$H(z) = \frac{z}{z-a} - \frac{z}{z-a} \cdot z^{-1} = \frac{z-1}{z-a}, \ |z| > |a|$$

由式（6-50）得
$$Y(z) = X(z)H(z) = \frac{z}{z-1}\frac{z-1}{z-a} = \frac{z}{z-a}, \ |z| > |a|$$

其逆变换为
$$y(n) = x(n) * h(n) = a^n u(n)$$

显然，$X(z)$的极点（$z=1$）被 $H(z)$ 的零点抵消，若$|a| < 1$，$Y(z)$的收敛域比 $X(z)$ 与 $H(z)$ 的收敛域的重叠部分要大，如图 6-4 所示。

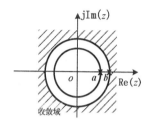

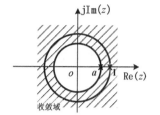

图 6-3　例 6-13 的 Z 变换的收敛域　　　　图 6-4　例 6-14 的 Z 变换的收敛域

2. z 域卷积定理

若两序列 $x(n)$、$h(n)$ 的 Z 变换分别为
$$x(n) \leftrightarrow X(z), \ R_{x1} < |z| < R_{x2}$$
$$h(n) \leftrightarrow H(z), \ R_{h1} < |z| < R_{h2}$$

则
$$x(n)h(n) \leftrightarrow \frac{1}{2\pi \mathrm{j}} \oint_{C_1} X\left(\frac{z}{v}\right) H(v) v^{-1} \mathrm{d}v \tag{6-51}$$

或
$$x(n)h(n) \leftrightarrow \frac{1}{2\pi \mathrm{j}} \oint_{C_2} X(v) H\left(\frac{z}{v}\right) v^{-1} \mathrm{d}v \tag{6-52}$$

式中，C_1、C_2 分别为 $X\left(\frac{z}{v}\right)$ 与 $H(v)$ 或 $X(v)$ 与 $H\left(\frac{z}{v}\right)$ 收敛域的重叠部分内逆时针旋转的围线。

而 $\mathscr{Z}[x(n)h(n)]$ 的收敛域一般为 $X(v)$ 与 $H\left(\frac{z}{v}\right)$ 或 $X\left(\frac{z}{v}\right)$ 与 $H(v)$ 的重叠部分，即 $R_{x1}R_{h1} < |z| < R_{x2}R_{h2}$。

6.4.7 初值和终值定理

1. 初值定理

若 $x(n)$ 是因果序列，且已知 $x(n) \leftrightarrow X(z)$，则
$$x(0) = \lim_{z \to \infty} X(z) \tag{6-53}$$

证明： 因为
$$X(z) = \sum_{n=0}^{\infty} x(n) z^{-n} = x(0) + x(1)z^{-1} + x(2)z^{-2} + \cdots$$

当 $z \to \infty$ 时，在上式的级数中除了第一项 $x(0)$ 外，其他各项都趋近于零，所以
$$\lim_{z \to \infty} X(z) = \lim_{z \to \infty} \sum_{n=0}^{\infty} x(n) z^{-n} = x(0)$$

2. 终值定理

若 $x(n)$ 是因果序列，且已知 $x(n) \leftrightarrow X(z)$，则

$$x(\infty) = \lim_{z \to 1}\left[(z-1)X(z)\right] \tag{6-54}$$

证明： 因为

$$\mathscr{Z}\left[x(n+1)-x(n)\right] = zX(z) - zx(0) - X(z) = (z-1)X(z) - zx(0)$$

取极限得

$$
\begin{aligned}
\lim_{z \to 1}(z-1)X(z) &= x(0) + \lim_{z \to 1}\sum_{n=0}^{\infty}\left[x(n+1)-x(n)\right]z^{-n} \\
&= x(0) + \left[x(1)-x(0)\right] + \left[x(2)-x(1)\right] + \left[x(3)-x(2)\right] + \cdots \\
&= x(0) - x(0) + x(\infty) \\
&= x(\infty)
\end{aligned}
$$

注意终值定理的应用条件：只有当 $n \to \infty$，$x(n)$ 收敛时，才能利用式（6-54）求 $x(\infty)$。$x(\infty)$ 是否存在可以从 z 域做出判断，即 $X(z)$ 的极点必须处在单位圆之内（若极点在单位圆上只能位于 $z = \pm 1$ 点处，且是一阶极点），才能应用终值定理，否则终值定理不成立。

以上两个定理的应用类似于拉氏变换，如果已知序列 $x(n)$ 的 Z 变换，在不求逆变换的情况下，利用这两个定理可以很方便地求出序列的初值 $x(0)$ 和终值 $x(\infty)$。

【例 6-15】 已知因果序列的 Z 变换 $X(z)$，求序列的初值 $x(0)$ 和终值 $x(\infty)$。

(1) $X(z) = \dfrac{z^2}{z^2 - \frac{1}{6}z - \frac{1}{6}}$
　　　　　　　　(2) $X(z) = \dfrac{z^2}{z^2 - 5z + 6}$

解：

(1) $X(z) = \dfrac{z^2}{z^2 - \frac{1}{6}z - \frac{1}{6}} = \dfrac{z^2}{\left(z-\frac{1}{2}\right)\left(z+\frac{1}{3}\right)}$，极点 $\frac{1}{2}$ 和 $-\frac{1}{3}$ 都在单位圆内，所以

$$x(0) = \lim_{z \to \infty}X(z) = \lim_{z \to \infty}\dfrac{z^2}{z^2 - \frac{1}{6}z - \frac{1}{6}} = 1$$

$$x(\infty) = \lim_{z \to 1}\left[(z-1)X(z)\right] = \lim_{z \to 1}(z-1)\dfrac{z^2}{\left(z-\frac{1}{2}\right)\left(z-\frac{1}{3}\right)} = 0$$

(2) $X(z) = \dfrac{z^2}{z^2 - 5z + 6} = \dfrac{z^2}{(z-2)(z-3)}$，极点 2 和 3 在单位圆外，所以不能应用终值定理。

$$x(0) = \lim_{z \to \infty}X(z) = \lim_{z \to \infty}\dfrac{z^2}{z^2 - 5z + 6} = 1$$

$x(\infty)$ 不存在

Z 变换的一些主要性质（定理）列于表 6-5 中。

表 6-5　Z 变换的主要性质

序号	性　　质	序　列	Z 变换	收　敛　域
1	线性	$ax(n)+by(n)$	$aX(z)+bY(z)$	$\max(R_{x1},R_{y1}) < \vert z\vert < \min(R_{x2},R_{y2})$
2	双边移序	$x(n\pm m)$	$z^{\pm m}X(z)$	$R_{x1} < \vert z\vert < R_{x2}$

（续）

序号	性　　质	序　　列	Z 变换	收　敛　域
3	单边移序	$x(n-m)u(n)$	$z^{-m}\left[X(z)+\sum\limits_{k=-m}^{-1}x(k)z^{-k}\right]$	$R_{x1}<|z|<R_{x2}$
		$x(n+m)u(n)$	$z^{m}\left[X(z)-\sum\limits_{k=0}^{m-1}x(k)z^{-k}\right]$	
4	序列线性加权 （z 域微分）	$nx(n)$	$-z\dfrac{\mathrm{d}X(z)}{\mathrm{d}z}$	$R_{x1}<|z|<R_{x2}$
5	序列指数加权 （z 域尺度）	$a^{n}x(n)$	$X\left(\dfrac{z}{a}\right)$	$R_{x1}<\left|\dfrac{z}{a}\right|<R_{x2}$
6	序列反折	$x(-n)$	$X\left(\dfrac{1}{z}\right)$	$R_{x1}<\left|\dfrac{1}{z}\right|<R_{x2}$
7	时域卷积定理	$x(n)*h(n)$	$X(z)H(z)$	$\max(R_{x1},R_{h1})<|z|<\min(R_{x2},R_{h2})$
8	z 域卷积定理	$x(n)h(n)$	$\dfrac{1}{2\pi\mathrm{j}}\oint_{C_2}X(v)H\left(\dfrac{z}{v}\right)v^{-1}\mathrm{d}v$	$R_{x1}R_{h1}<|z|<R_{x2}R_{h2}$
9	初值定理	$x(0)=\lim\limits_{z\to\infty}X(z)$		$x(n)$ 为因果序列，$|z|>R_{x1}$
10	终值定理	$x(\infty)=\lim\limits_{z\to1}\left[(z-1)X(z)\right]$		$x(n)$ 为因果序列，且当 $|z|\geqslant1$ 时 $(z-1)X(z)$ 收敛

课堂练习题

6.4-1　已知序列 $x(n)\leftrightarrow X(z)$，收敛域为 R_x；序列 $y(n)\leftrightarrow Y(z)$，收敛域为 R_y。关于 $ax(n)+by(n)$ 的 Z
变换收敛域，以下说法正确的是　　　　　　　　　　　　　　　　　　　　　　　　　　（　　）

A. 一般情况下是收敛域 R_x 和收敛域 R_y 的重叠部分，但可能扩大

B. 是收敛域 R_x 和收敛域 R_y 的并集

C. 是收敛域 R_x 和收敛域 R_y 的交集

D. 一般情况下是收敛域 R_x 和收敛域 R_y 的重叠部分，但可能减小

6.4-2　$\delta(n+2)+\delta(n)-\dfrac{1}{4}\delta(n-3)$ 的单边 Z 变换是　　　　　　　　　　　　（　　）

A. $z^2+1+\dfrac{1}{4}z^{-3}$　　　　B. $1+\dfrac{1}{4}z^{-3}$　　　　C. $1-\dfrac{1}{4}z^{-3}$　　　　D. $z^2+1-\dfrac{1}{4}z^{-3}$

6.4-3　若序列 $x(n)$ 的 Z 变换 $X(z)=\dfrac{1}{z+1}$，$|z|>1$，则 $x(\infty)$ 为　　　　　　　（　　）

A. 不存在　　　　　　B. ∞　　　　　　　C. 0　　　　　　　D. 1

6.4-4　已知 $y(n)=x(n)*\delta(n-4)*\delta(n+2)$，$x(n)\leftrightarrow X(z)$，则 $Y(z)$ 等于　　（　　）

A. $z^4X(z)$　　　　　B. $z^2X(z)$　　　　　C. $z^{-2}X(z)$　　　　D. $z^{-4}X(z)$

6.5　应用 Z 变换求解差分方程

　　如同拉氏变换在线性连续系统分析中的作用一样，Z 变换在线性离散系统分析中充当着重

要的角色。应用 Z 变换的时移及线性特性，可以将时域差分方程转换为 z 域的代数方程，从而简化求解过程。由于一般的激励和响应都是有始序列，所以应用 Z 变换法求解差分方程一般是指单边 Z 变换。

为了便于理解，首先利用 Z 变换求解二阶 LTI 离散系统，进而给出 N 阶系统求解的一般规律。

（1）二阶 LTI 离散系统的 z 域求解

二阶 LTI 离散系统的差分方程一般形式是

$$a_0 y(n) + a_1 y(n-1) + a_2 y(n-2) = b_0 x(n) + b_1 x(n-1) + b_2 x(n-2) \tag{6-55}$$

若 $x(n)$ 是因果序列，且已知初始条件 $y(-1)$ 和 $y(-2)$，对式（6-55）两边取 Z 变换，利用单边 Z 变换的位移性，得到

$$a_0 Y(z) + a_1 [z^{-1}Y(z) + y(-1)] + a_2 [z^{-2}Y(z) + z^{-1}y(-1) + y(-2)] = (b_0 + b_1 z^{-1} + b_2 z^{-2})X(z) \tag{6-56}$$

整理后，得到

$$(a_0 + a_1 z^{-1} + a_2 z^{-2})Y(z) + (a_1 + a_2 z^{-1})y(-1) + a_2 y(-2) = (b_0 + b_1 z^{-1} + b_2 z^{-2})X(z) \tag{6-57}$$

因此

$$Y(z) = \underbrace{\frac{b_0 + b_1 z^{-1} + b_2 z^{-2}}{a_0 + a_1 z^{-1} + a_2 z^{-2}}X(z)}_{(\text{I})\ Y_{zs}(z)} - \underbrace{\frac{(a_1 + a_2 z^{-1})y(-1) + a_2 y(-2)}{a_0 + a_1 z^{-1} + a_2 z^{-2}}}_{(\text{II})\ Y_{zi}(z)} \tag{6-58}$$

（2）N 阶 LTI 离散系统的 z 域求解

N 阶 LTI 离散系统的差分方程一般形式是

$$\sum_{k=0}^{N} a_k y(n-k) = \sum_{r=0}^{M} b_r x(n-r) \tag{6-59}$$

若 $x(n)$ 是因果序列，且已知初始条件 $y(-1)$、$y(-2)$、$\cdots$、$y(-N)$，对式（6-59）两边取单边 Z 变换，得到代数方程

$$\sum_{k=0}^{N} a_k z^{-k} \Big[Y(z) + \sum_{l=-k}^{-1} y(l)z^{-l} \Big] = \sum_{r=0}^{M} b_r z^{-r} X(z) \tag{6-60}$$

整理后，得出

$$Y(z) = \underbrace{\frac{\sum\limits_{r=0}^{M} b_r z^{-r}}{\sum\limits_{k=0}^{N} a_k z^{-k}}X(z)}_{(\text{I})\ Y_{zs}(z)} - \underbrace{\frac{\sum\limits_{k=0}^{N} a_k z^{-k} \Big(\sum\limits_{l=-k}^{-1} y(l)z^{-l} \Big)}{\sum\limits_{k=0}^{N} a_k z^{-k}}}_{(\text{II})\ Y_{zi}(z)} \tag{6-61}$$

观察式（6-58）和式（6-61）可以看到，式中（I）部分只与系统的输入信号 $x(n)$ 有关，因而是系统的零状态响应 $Y_{zs}(z)$。令

$$H(z) = \frac{\sum\limits_{r=0}^{M} b_r z^{-r}}{\sum\limits_{k=0}^{N} a_k z^{-k}} \tag{6-62}$$

$H(z)$ 由系统的特性所决定，它就是下节将要讨论的离散系统的"系统函数"。由式（6-61），零状态响应 $Y_{zs}(z)$ 还可以表示为

$$Y_{zs}(z) = H(z)X(z) \qquad (6\text{-}63)$$

将其进行逆 Z 变换，得到系统序列 $y_{zs}(n)$。

而（Ⅱ）部分只含有系统初始条件，不包含输入信号，因而是系统的零输入响应 $Y_{zi}(z)$，将其进行逆 Z 变换，得到时间序列 $y_{zi}(n)$。可以看出，离散系统的总响应等于零输入响应与零状态响应之和，即

$$\begin{aligned}
y(n) &= y_{zi}(n) + y_{zs}(n) \\
&= \mathscr{Z}^{-1}[Y_{zi}(z) + Y_{zs}(z)] \\
&= \mathscr{Z}^{-1}[Y_{zi}(z) + H(z)X(z)]
\end{aligned} \qquad (6\text{-}64)$$

【例 6-16】 已知一离散时间系统的差分方程为 $y(n) - by(n-1) = x(n)$，激励 $x(n) = a^n u(n)$，求以下三种初始条件下系统的全响应 $y(n)$。

（1）$y(-1) = 0$　（2）$y(-1) = 2$　（3）$y(0) = 0$

解： 对差分方程两边取单边 Z 变换，得到

$$Y(z) - b[z^{-1}Y(z) + y(-1)] = X(z)$$

整理后，得到

$$Y(z) = Y_{zs}(z) + Y_{zi}(z) = \frac{1}{1-bz^{-1}}X(z) + \frac{by(-1)}{1-bz^{-1}} \qquad (6\text{-}65)$$

（1）$y(-1) = 0$，$y(n)$ 是零状态响应 $y_{zs}(n)$。由题可知 $x(n) = a^n u(n)$，其 Z 变换为

$$X(z) = \frac{z}{z-a}, \quad |z| > a$$

于是

$$\begin{aligned}
Y_{ZS}(z) &= \frac{1}{1-bz^{-1}}X(z) = \frac{z^2}{(z-b)(z-a)} \\
&= \frac{1}{a-b}\left(\frac{az}{z-a} - \frac{bz}{z-b}\right)
\end{aligned}$$

进行逆变换，可得到系统的全响应

$$y(n) = y_{zs}(n) = \frac{1}{a-b}(a^{n+1} - b^{n+1})u(n) \qquad (6\text{-}66)$$

（2）$y(-1) = 2$，$y(n)$ 包括零输入响应和零状态响应。根据式（6-65），零输入响应 $y_{zi}(n)$ 的 Z 变换为

$$Y_{zi}(z) = \frac{by(-1)}{1-bz^{-1}} = \frac{2bz}{z-b}$$

进行逆变换，得到

$$y_{zi}(n) = 2b^{n+1}u(n) \qquad (6\text{-}67)$$

结合（1）中得到的零状态响应 $y_{zs}(n)$，系统的全响应为

$$\begin{aligned}
y(n) &= y_{zs}(n) + y_{zi}(n) \\
&= \left[\frac{1}{a-b}(a^{n+1} - b^{n+1}) + 2b^{n+1}\right]u(n)
\end{aligned} \qquad (6\text{-}68)$$

（3）由于给定的初始条件是 $y(0) = 0$，需要通过迭代法求出边界条件 $y(-1)$。将 $n = 0$ 代入原方程，得到 $y(0) - by(-1) = x(0)$，解出 $y(-1) = -1/b$。根据式（6-65），零输入响应 $y_{zi}(n)$ 的 Z 变换为

$$Y_{zi}(z) = \frac{by(-1)}{1 - bz^{-1}} = \frac{-z}{z - b}$$

进行逆变换，得到

$$y_{zi}(n) = -b^n u(n) \tag{6-69}$$

结合式（6-66）的零状态响应 $y_{zs}(n)$，系统的全响应为

$$y(n) = y_{zs}(n) + y_{zi}(n) \tag{6-70}$$

$$= \left[\frac{1}{a - b}(a^{n+1} - b^{n+1}) - b^n \right] u(n)$$

6.6　离散时间系统的系统函数

6.6.1　系统函数的定义

在第 5 章离散系统时域分析中已经知道，系统的零状态响应等于输入信号 $x(n)$ 与系统单位样值响应 $h(n)$ 的卷积和，即

$$y_{zs}(n) = h(n) * x(n) \tag{6-71}$$

根据 Z 变换的卷积定理，得

$$Y_{zs}(z) = H(z)X(z) \tag{6-72}$$

可见，系统函数 $H(z)$ 是单位样值响应 $h(n)$ 的 Z 变换，即

$$h(n) \leftrightarrow H(z) = \frac{Y_{zs}(z)}{X(z)} \tag{6-73}$$

由式（6-62）可知，若已知离散系统的差分方程，可以获取系统函数 $H(z)$，将该式等号右端的分子和分母多项式分别进行因式分解（假定都为单根），得到

$$H(z) = \frac{b_0 + b_1 z^{-1} + \cdots + b_M z^{-M}}{a_0 + a_1 z^{-1} + \cdots + a_N z^{-N}} = G \frac{\prod\limits_{r=1}^{M}(1 - z_r z^{-1})}{\prod\limits_{k=1}^{N}(1 - p_k z^{-1})} \tag{6-74}$$

由式（6-74）可见，当复数变量 $z = z_r$ 时，$H(z) = 0$，因此 $\{z_r\}$ 是系统函数 $H(z)$ 的零点；当复数变量 $z = p_k$ 时，$H(z) \to \infty$，因此 $\{p_k\}$ 是系统函数 $H(z)$ 的极点。将 $H(z)$ 的零点 z_r 与极点 p_k 画在 z 平面上，可得到离散系统的零、极点图，其中零点用符号"O"表示，极点用符号"×"表示。

【例 6-17】　已知描述某因果离散系统的差分方程为

$$y(n) + 3y(n-1) + 2y(n-2) = x(n) + 4x(n-1)$$

（1）求系统函数 $H(z)$ 并画出其零、极点图；

（2）求单位样值响应 $h(n)$；

（3）若激励 $x(n) = u(n)$，求零状态响应 $y(n)$。

解：

（1）由式（6-73）和式（6-74），在零状态下，对给定差分方程取单边 Z 变换，得到

$$Y(z) + 3z^{-1}Y(z) + 2z^{-2}Y(z) = X(z) + 4z^{-1}X(z)$$

$$H(z) = \frac{Y(z)}{X(z)} = \frac{1 + 4z^{-1}}{1 + 3z^{-1} + 2z^{-2}} = \frac{z(z + 4)}{(z + 1)(z + 2)}$$

因此，系统函数 $H(z)$ 的零点为 $z_1 = 0$，$z_2 = -4$；极点为 $p_1 = -1$，$p_2 = -2$。零、极点图如图 6-5 所示。

（2）将 $H(z)$ 展成部分分式，得到

$$H(z) = \frac{3z}{z+1} - \frac{2z}{z+2}$$

取逆变换，得到单位样值响应

$$h(n) = \left[3 \, (-1)^n - 2 \, (-2)^n \right] u(n)$$

（3）对激励 $x(n) = u(n)$

$$Y(z) = H(z)X(z) = \frac{z(z+4)}{(z+1)(z+2)} \frac{z}{z-1}$$

$$= \frac{3}{2} \frac{z}{z+1} - \frac{4}{3} \frac{z}{z+2} + \frac{5}{6} \frac{z}{z-1}$$

故得到

$$y(n) = \left[\frac{3}{2} \times (-1)^n - \frac{4}{3} \times (-2)^n + \frac{5}{6} \right] u(n)$$

由于离散系统的很多性质、特点都和系统函数的零点、极点以及收敛域具有密切的关系，下面对系统函数的几个重要特点进行介绍。

利用 $H(z)$ 求系统的零状态响应可扫描二维码 6-1 进行观看。

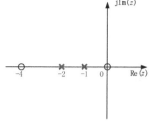

图 6-5　例 6-17 的零、极点图

6-1　利用 $H(z)$ 求系统零状态响应

6.6.2　系统函数的零极点分布与时域特性

假设 $H(z)$ 的极点都是一阶极点，利用式（6-74），系统函数 $H(z)$ 可展开成部分分式为

$$H(z) = G \frac{\prod\limits_{r=1}^{M} (z - z_r)}{\prod\limits_{k=1}^{N} (z - p_k)} = A_0 + \sum_{k=1}^{N} \frac{A_k z}{z - p_k} \tag{6-75}$$

其逆变换就是离散系统的单位样值响应 $h(n)$，即

$$h(n) = \mathscr{Z}^{-1} \left[A_0 + \sum_{k=1}^{N} \frac{A_k z}{z - p_k} \right] = A_0 \delta(n) + \sum_{k=1}^{N} A_k \, (p_k)^n u(n) \tag{6-76}$$

式中，p_k 可能是实数，也可能是成对出现的共轭复数。类似于 s 域中系统函数 $H(s)$ 的零极点对冲激响应 $h(t)$ 波形的影响，$H(z)$ 的极点类型和在 z 平面的位置决定着 $h(n)$ 的不同函数形式和波形特征，而零点只影响 $h(n)$ 的幅度和相位。

将 z 平面分为单位圆内、单位圆上和单位圆外，图 6-6 显示了 $H(z)$ 与 $h(n)$ 的变化规律。

（1）$|p_k| < 1$ 的极点

若 $|p_k| < 1$，极点在 z 平面的单位圆内，$h(n)$ 的幅度随 n 的增长而衰减；当 p_k 为复数时，一对共轭复数极点对应的 $h(n)$ 是衰减振荡。

（2）$|p_k| = 1$ 的极点

若 $|p_k| = 1$，极点在 z 平面的单位圆上，$h(n)$ 的幅度随 n 的增长而不变；当 p_k 为复数时，一对共轭复数极点对应的 $h(n)$ 是等幅振荡。

（3）$|p_k| > 1$ 的极点

若 $|p_k| > 1$，极点在 z 平面的单位圆外，$h(n)$ 的幅度随 n 的增长而增长；当 p_k 为复数时，一对共轭复数极点对应的 $h(n)$ 是增幅振荡。

另外，如果极点 p_k 是高阶极点，则当 $|p_k| < 1$ 时，单位样值响应 $h(n)$ 是一个总体衰减的序列；而当 $|p_k| \geqslant 1$ 时，单位样值响应 $h(n)$ 是一个总体增长的序列。

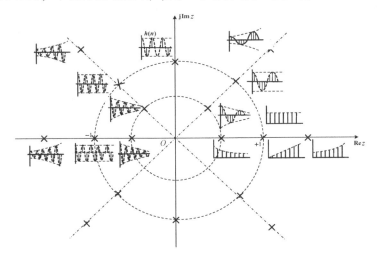

图 6-6　$H(z)$ 的极点位置与 $h(n)$ 形状的关系

6.6.3　系统函数与系统的因果性

从时域角度看，LTI 离散系统具有因果性的充分必要条件为（见 5.7 节）

$$h(n) = 0, \quad n < 0 \tag{6-77}$$

则其系统函数为

$$H(z) = \sum_{n=0}^{\infty} h(n) z^{-n}$$

根据序列 Z 变换的收敛域特征（见 6.1.2 节），右边序列 Z 变换的收敛域是 z 平面上某个圆的外部区域。因此，当 $H(z)$ 的收敛域满足 $R_1 < |z| \leqslant \infty$ 时，该系统是因果系统。

【例 6-18】　由下列系统函数及标定的收敛域，试判别系统的因果性。

(1) $H(z) = \dfrac{z+3}{(z-0.25)(z+0.75)}$, $|z| > 0.75$　　(2) $H(z) = \dfrac{z-2}{(z-1)(z+2)}$, $|z| < 1$

(3) $H(z) = \dfrac{z+5}{(z-0.6)(z+0.9)}$, $0.6 < |z| < 0.9$　(4) $H(z) = \dfrac{2z^3+3z+3}{z^2+0.3z-0.4}$, $|z| > 0.8$

解：

(1) 系统函数 $H(z)$ 的收敛域为 $|z| > 0.75$，且包含无穷远处，因而该系统是因果系统。

(2) 系统函数 $H(z)$ 的收敛域为 $|z| < 1$，其逆变换 $h(n)$ 是左边序列，所以该系统不是因果系统。

(3) 系统函数 $H(z)$ 的收敛域为 $0.6 < |z| < 0.9$，其逆变换 $h(n)$ 是双边序列，所以该系统不是因果系统。

(4) 利用长除法对系统函数 $H(z)$ 进行变形，得到一个多项式和一个真分式之和。

$$H(z) = 2z - 0.6 + \frac{3.98z + 2.76}{(z-0.5)(z+0.8)}$$

其逆变换 $h(n)$ 为

$$h(n) = 2\delta(n+1) - 0.6\delta(n) + \mathscr{Z}^{-1}\left[\frac{3.98z + 2.76}{(z-0.5)(z+0.8)}\right]$$

由于 $h(n)$ 包含样值 $2\delta(n+1)$，所以尽管 $H(z)$ 的收敛域为 $|z| > 0.8$，该系统仍然是非因果系统。

因此，对具有有理分式形式的离散时间系统函数，当其分子的阶次不高于分母的阶次，收敛域为 z 平面上某个圆的外部区域并包含无穷远时，该系统才可能是因果系统。

6.6.4 系统函数与系统的稳定性

从时域角度看，LTI 离散系统稳定的充分必要条件为（见 5.7 节）

$$\sum_{m=-\infty}^{\infty} |h(n)| < \infty \tag{6-78}$$

由 Z 变换定义和系统函数定义可知

$$H(z) = \sum_{n=0}^{\infty} h(n) z^{-n} \tag{6-79}$$

当 $z = 1$（在 z 平面单位圆上）时

$$H(z) = \sum_{n=0}^{\infty} h(n) \tag{6-80}$$

为使系统稳定应满足式（6-78），由此可知，LTI 离散时间系统稳定的充要条件是其系统函数 $H(z)$ 的收敛域包含单位圆。

下面按照单位样值响应 $h(n)$ 的不同形式来讨论稳定系统 $H(z)$ 的极点分布特点。

1）若 $h(n)$ 是因果序列（即因果系统），则 $H(z)$ 的收敛域为圆外部分，即 $|z| > R_1$，由于收敛域要包含单位圆，则必有 $R_1 < 1$，也就是说，$H(z)$ 的全部极点必落在单位圆之内。

2）若 $h(n)$ 是终止于 $n = -1$ 的左边序列，则 $H(z)$ 的收敛域为圆内部分，即 $|z| < R_2$，同样，由于收敛域要包含单位圆，则必有 $R_2 > 1$，也就是说，$H(z)$ 的全部极点必落在单位圆之外。

3）若 $h(n)$ 是双边序列，则 $H(z)$ 的收敛域为圆环部分，即 $R_1 < |z| < R_2$，根据稳定系统的收敛域要包含单位圆，则必有 $R_1 < 1$ 和 $R_2 > 1$，这时 $H(z)$ 的一部分极点在单位圆之内，而另一部分极点则在单位圆之外，但收敛域一定包含单位圆。

在实际问题中经常遇到的稳定因果系统应同时满足以上两方面的条件，也即

$$\begin{cases} R_1 < |z| \leqslant \infty \\ R_1 < 1 \end{cases} \tag{6-81}$$

离散系统稳定性判别演示可扫描二维码 6-2 进行观看。

【例 6-19】 判断下列各系统的因果性和稳定性。

6-2 离散系统
稳定性判别

(1) $H(z) = \dfrac{z}{z - 0.5}$，$|z| > 0.5$ (2) $H(z) = \dfrac{z}{z - 2}$，$|z| > 2$

(3) $H(z) = \dfrac{z}{z - 2}$，$|z| < 2$ (4) $H(z) = \dfrac{z}{(z - 0.5)(z - 2)}$，$0.5 < |z| < 2$

解：

（1）由于收敛域为 $|z| > 0.5$，所以该系统为因果系统。又因为极点 $p = 0.5$ 在单位圆内，所以该系统是稳定的。

（2）由于收敛域为 $|z| > 2$，所以该系统是因果系统。但此时极点 $p = 2$ 在单位圆外，所以该系统是不稳定的。

（3）由于收敛域为 $|z|<2$，它对应 $h(n)$ 为左边序列，所以该系统是非因果系统。由于极点 $p=2$ 在单位圆外，故该系统是稳定的。

（4）由于收敛域为 $0.5<|z|<2$，它对应的 $h(n)$ 为双边序列，因此该系统为非因果系统。由于收敛域包含单位圆，因此该系统是稳定的。

【例 6-20】　表示某离散系统的差分方程为

$$y(n)+0.2y(n-1)-0.24y(n-2)=x(n)+x(n-1)$$

（1）求系统函数 $H(z)$；

（2）讨论此因果系统 $H(z)$ 的收敛域和稳定性；

（3）求单位样值响应 $h(n)$；

（4）当激励 $x(n)$ 为单位阶跃序列时，求零状态响应 $y(n)$。

解：

（1）将差分方程两边取 Z 变换，得

$$Y(z)+0.2z^{-1}Y(z)-0.24z^{-2}Y(z)=X(z)+z^{-1}X(z)$$

于是

$$H(z)=\frac{Y(z)}{X(z)}=\frac{1+z^{-1}}{1+0.2z^{-1}-0.24z^{-2}}=\frac{z(z+1)}{(z-0.4)(z+0.6)}$$

（2）由上式，$H(z)$ 的两个极点分别位于 0.4 和 -0.6，它们都在单位圆内，因此该系统是稳定系统。

由题意，系统也是因果系统，因此 $H(z)$ 的收敛域为 $0.6<|z|\leqslant\infty$。

（3）将 $H(z)/z$ 展成部分分式，得到

$$H(z)=\frac{1.4z}{z-0.4}-\frac{0.4z}{z+0.6},\ |z|>0.6$$

取逆变换，得到单位样值响应

$$h(n)=[1.4(0.4)^{n}-0.4(-0.6)^{n}]u(n)$$

（4）若激励 $x(n)=u(n)$，则

$$X(z)=\frac{z}{z-1},\ |z|>1$$

于是

$$Y(z)=H(z)X(z)=\frac{z^{2}(z+1)}{(z-1)(z-0.4)(z+0.6)}$$

将 $Y(z)$ 展成部分分式，得到

$$Y(z)=\frac{2.08z}{z-1}-\frac{0.93z}{z-0.4}-\frac{0.15z}{z+0.6},\ |z|>1$$

取逆变换后，得到

$$y(n)=[2.08-0.93\times(0.4)^{n}-0.15\times(-0.6)^{n}]u(n)$$

课堂练习题

6.6-1　（判断）某离散时间系统的系统函数为 $H(z)=1+z^{-1}$，该系统既是因果的，又是稳定的。（　　）

6.6-2　某离散 LTI 系统的系统函数为 $H(z)=\dfrac{1+z^{-1}}{1-1.5z^{-1}+0.5z^{-2}}$，则该系统具有以下差分方程形式

（　　）

A. $y(n)-1.5y(n-1)+0.5y(n-2)=x(n)$

B. $y(n) + 1.5y(n-1) + 0.5y(n-2) = x(n-1)$

C. $y(n) - 1.5y(n-1) + 0.5y(n-2) = x(n) + x(n-1)$

D. $y(n) - 1.5y(n-1) + 0.5y(n-2) = x(n) - x(n-1)$

6.6-3 下列说法不正确的是   (   )

A. $H(z)$ 的零点在单位圆内所对应的响应序列为衰减的

B. $H(z)$ 在单位圆上的一阶极点所对应的响应函数为稳态响应

C. $H(z)$ 在单位圆内的极点所对应的响应序列为衰减的

D. $H(z)$ 在单位圆上的高阶极点或单位圆外的极点，其所对应的响应序列都是递增的

6.6-4 判断离散时间系统的稳定性，以下哪条是错误的   (   )

A. 系统函数 $H(z)$ 的极点都在单位圆内   B. 系统的单位样值响应 $h(n)$ 满足绝对可和

C. 系统对于任意的有界输入其对应的输出也有界   D. 系统函数 $H(z)$ 的收敛域包含 z 平面单位圆

6.6-5 为使因果线性时不变离散系统是稳定的，其系统函数 $H(z)$ 的极点必须在 z 平面的   (   )

A. 单位圆上   B. 单位圆内   C. 无穷远处   D. 单位圆外

习　题

6-1 求下列序列的双边 Z 变换及收敛域。

(1) $\delta(n)$

(2) $\delta(n+1)$

(3) $\left(\dfrac{1}{2}\right)^n u(n)$

(4) $\left(\dfrac{1}{2}\right)^n u(-n)$

(5) $-\left(\dfrac{1}{2}\right)^n u(-n-1)$

(6) $\delta(n) - \dfrac{1}{8}\delta(n-3)$

(7) $\left(\dfrac{1}{2}\right)^n [u(n) - u(n-10)]$

(8) $\left(\dfrac{1}{2}\right)^n u(n) + \left(\dfrac{1}{3}\right)^n u(n)$

6-2 直接从下列 Z 变换看出它们所对应的序列。

(1) $X(z) = 1, \ |z| \le \infty$

(2) $X(z) = z^3, |z| < \infty$

(3) $X(z) = z^{-1}, \ 0 < |z| \le \infty$

(4) $X(z) = -2z^{-2} + 2z + 1, \ 0 < |z| < \infty$

(5) $X(z) = \dfrac{1}{1 - az^{-1}}, |z| > a$

(6) $X(z) = \dfrac{1}{1 - az^{-1}}, \ |z| < a$

6-3 求双边序列 $x(n) = \left(\dfrac{1}{2}\right)^n$ 的 Z 变换，并标明收敛域及绘出零、极点分布图。

6-4 已知 $X(z) = \dfrac{z^3 + 2z^2 + 1}{z^3 - 1.5z^2 + 0.5z}, \ |z| > 1$，求 $x(n)$。

6-5 试计算下列 $X(z)$ 函数的逆 Z 变换。

(1) $X(z) = \dfrac{1}{1 + \dfrac{1}{2}z^{-1}}, \ |z| > \dfrac{1}{2}$

(2) $X(z) = \dfrac{z^3 + 2z^2 + 1}{z(z^2 - 1.5z + 0.5)}, \ |z| > 1$

(3) $X(z) = \dfrac{1 - \dfrac{1}{2}z^{-1}}{1 + \dfrac{3}{4}z^{-1} + \dfrac{1}{8}z^{-2}}, \ |z| > 2$

(4) $X(z) = \dfrac{z}{z^2 - 5z + 4}, \ 1 < |z| < 4$

(5) $X(z) = \dfrac{2z + 3}{z^2 - 4z + 3}, \ 1 < |z| < 3$

(6) $X(z) = \dfrac{10}{(1 - 0.5z^{-1})(1 - 0.25z^{-1})}, \ |z| < 0.25$

(7) $X(z) = \dfrac{10z^2}{(z-1)(z+1)}, \ |z| < 1$

6-6 已知因果序列 $x(n)$ 的 Z 变换函数表达式 $X(z)$，求序列的初值 $x(0)$ 和终值 $x(\infty)$。

(1) $X(z) = \dfrac{1 + z^{-1} + z^{-2}}{(1 - 0.5z^{-1})(1 + 2z^{-1})}$

(2) $X(z) = \dfrac{1 + z^{-1}}{(1 - 0.5z^{-1})(1 + 0.5z^{-1})}$

(3) $X(z) = \dfrac{z^{-1}}{(1 - 0.6z^{-1})(1 - z^{-1})}$ (4) $X(z) = \dfrac{1}{1 + 0.25z^{-2}}$

6-7 已知 $\mathscr{Z}[x(n)u(n)] = X(z)$，证明 $\mathscr{Z}\left[\displaystyle\sum_{m=0}^{n} x(m)\right] = \dfrac{z}{z-1} X(z)$。

6-8 利用卷积定理求 $y(n) = x(n) * h(n)$，已知

(1) $x(n) = a^n u(n)$，$h(n) = b^n u(-n)$ (2) $x(n) = a^n u(n)$，$h(n) = \delta(n-2)$

(3) $x(n) = a^n u(n)$，$h(n) = u(n-1)$

6-9 题图 6-10a 所示的级联系统中，已知 $h_1(n)$ 的波形如题图 6-10b 所示，试求出 $h_2(n)$ 并画出其波形。

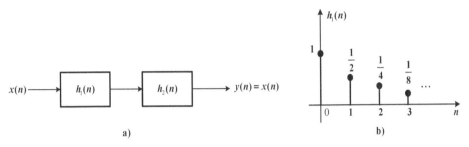

题图 6-1

6-10 由下列差分方程画出因果离散系统的框图，并求系统函数 $H(z)$ 及单位样值响应 $h(n)$。

(1) $3y(n) - 6y(n-1) = x(n)$

(2) $y(n) = x(n) - 5x(n-1) + 8x(n-3)$

(3) $y(n) - 5y(n-1) + 6y(n-2) = x(n) - 3x(n-2)$

6-11 用 Z 变换求解下列差分方程。

(1) $y(n) + 0.1y(n-1) - 0.02y(n-2) = 10u(n)$，$y(-1) = 4$，$y(-2) = 6$

(2) $y(n) + 0.9y(n-1) = 0.05u(n)$，$y(-1) = 0$

(3) $y(n) + 0.9y(n-1) = 0.05u(n)$，$y(-1) = 1$

(4) $y(n) + 5y(n-1) = nu(n)$，$y(-1) = 0$

(5) $y(n) + 2y(n-1) = (n-2)u(n)$，$y(0) = 1$

6-12 因果系统的系统函数 $H(z)$ 如下所示，试说明这些系统是否稳定。

(1) $\dfrac{z+2}{8z^2 - 2z - 3}$ (2) $\dfrac{8(1 - z^{-1} - z^{-2})}{2 + 5z^{-1} + 2z^{-2}}$

(3) $\dfrac{2z-4}{2z^2 + z - 1}$ (4) $\dfrac{1 + z^{-1}}{1 - z^{-1} + z^{-2}}$

6-13 求下列系统函数在 $10 < |z| \leqslant \infty$ 及 $0.5 < |z| < 10$ 两种收敛域情况下系统的单位样值响应，并说明系统的稳定性与因果性。

$$H(z) = \dfrac{9.5z}{(z-0.5)(10-z)}$$

6-14 已知一阶因果离散系统的差分方程为 $y(n) + 3y(n-1) = x(n)$，试求：

(1) 系统的单位样值响应 $h(n)$；

(2) 若 $x(n) = (n + n^2)u(n)$，求响应 $y(n)$。

6-15 已知某 LTI 离散系统的模拟框图如题图 6-2 所示，其初始条件为零，试：

(1) 写出系统所对应的差分方程；

(2) 求系统函数 $H(z)$；

(3) 画出系统的零极点图；

(4) 求单位样值响应 $h(n)$ 及单位阶跃响应 $g(n)$。

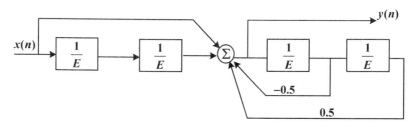

题图 6-2

6-16 已知某 LTI 离散系统的差分方程为 $y(n) + 0.8y(n-1) - 0.2y(n-2) = x(n) + x(n-1)$，试：

(1) 画出系统的模拟框图；

(2) 说明系统的稳定性；

(3) 求单位样值响应 $h(n)$；

(4) 若激励 $x(n) = u(n)$，初始条件 $y(0) = 1$，$y(1) = 1$，求零输入响应 $y_{zi}(n)$、零状态响应 $y_{zs}(n)$ 和全响应 $y(n)$。

6-17 已知某 LTI 离散系统的单位阶跃响应为 $g(n) = \left[\dfrac{4}{3} - \dfrac{3}{7} \times (0.5)^n + \dfrac{2}{21} \times (-0.2)^n \right] u(n)$，若获得的零状态响应 $y(n) = \dfrac{10}{7} \left[(0.5)^n - (-0.2)^n \right] u(n)$，求输入激励信号 $x(n)$。

参 考 文 献

[1] 郑君里，应启珩，杨为理. 信号与系统引论 [M]. 北京：高等教育出版社，2009.
[2] 钱玲，谷亚琳，王海青. 信号与系统 [M]. 5 版. 北京：电子工业出版社，2017.
[3] 张小虹. 信号与系统 [M]. 3 版. 西安：西安电子科技大学出版社，2014.
[4] 张永瑞. 信号与系统：精编版 [M]. 西安：西安电子科技大学出版社，2014.
[5] 管致中，夏恭恪，孟桥. 信号与线性系统 [M]. 6 版. 北京：高等教育出版社，2015.
[6] 吴大正. 信号与线性系统分析 [M]. 5 版. 北京：高等教育出版社，2019.
[7] OPPENHEIM A V, WILLSKY A S, NAWAB S H. Signals and systems [M]. Upper Saddle River：Prentice Hall，1996.
[8] 陈后金，胡健，薛健. 信号与系统 [M]. 3 版. 北京：清华大学出版社，2017.
[9] 王文渊. 信号与系统 [M]. 北京：清华大学出版社，2008.
[10] 段哲民，尹熙鹏. 信号与系统 [M]. 4 版. 北京：电子工业出版社，2020.
[11] 张小虹. 信号与系统学习指导 [M]. 4 版. 西安：西安电子科技大学出版社，2018.
[12] 乐正友，杨为理，应启珩. 信号与系统例题分析及习题 [M]. 北京：清华大学出版社，1985.
[13] 吴楚，李京清，王雪明. 信号与系统例题精解与考研辅导 [M]. 北京：清华大学出版社，2010.
[14] 陈锡辉，张银鸿. LabVIEW 8.20 程序设计从入门到精通 [M]. 北京：清华大学出版社，2007.
[15] 黄松龄，吴静. 虚拟仪器设计基础教程 [M]. 北京：清华大学出版社，2008.
[16] 韩纪庆，张磊，郑铁然. 语音信号处理 [M]. 3 版. 北京：清华大学出版社，2019.
[17] 吕幼新，张明友. 信号与系统 [M]. 2 版. 北京：电子工业出版社，2007
[18] 张卫钢. 信号与线性系统 [M]. 西安：西安电子科技大学出版社，2005.
[19] 陈生潭. 信号与系统学习指导 [M]. 西安：西安电子科技大学出版社，2004.
[20] 范世贵. 信号与系统常见题型解析及模拟题 [M]. 西安：西北工业大学出版社，2002.